冶金工业出版社

普通高等教育“十四五”规划教材

安全工程CAD

高 峰 主编

北 京
冶 金 工 业 出 版 社
2024

内容提要

本书主要内容包括：工程 CAD 概述、AutoCAD 2019 入门基础知识、二维绘图命令、精确绘图、图形修改与编辑、表格与文字输入、尺寸标注、辅助绘图工具、三维图形绘制基本操作、三维实体编辑、图形输出与打印、工程 CAD 制图标准与规范、工程 CAD 在安全领域的应用及实例等。

本书可供高等院校安全工程及相关专业学生、安全工程相关专业从业人员教学和培训使用，也可作为矿山、土木、交通、消防等行业技术及设计人员的参考用书。

图书在版编目(CIP)数据

安全工程 CAD / 高峰主编 .—北京：冶金工业出版社，2022.4
(2024.10 重印)

普通高等教育“十四五”规划教材

ISBN 978-7-5024-8483-5

Ⅰ.①安… Ⅱ.①高… Ⅲ.①安全工程—AutoCAD 软件—高等学校—教材 Ⅳ.①X93-39

中国版本图书馆 CIP 数据核字(2020)第 055781 号

安全工程 CAD

出版发行 冶金工业出版社 **电　话** (010)64027926
地　址 北京市东城区嵩祝院北巷 39 号 **邮　编** 100009
网　址 www.mip1953.com **电子信箱** service@mip1953.com

责任编辑 徐银河 美术编辑 吕欣童 版式设计 禹 蕊 郑小利
责任校对 李 娜 责任印制 禹 蕊

三河市双峰印刷装订有限公司印刷
2022 年 4 月第 1 版，2024 年 10 月第 2 次印刷
787mm×1092mm 1/16；16.5 印张；399 千字；250 页

定价 39.80 元

投稿电话 (010)64027932 投稿信箱 tougao@cnmip.com.cn
营销中心电话 (010)64044283
冶金工业出版社天猫旗舰店 yjgycbs.tmall.com
(本书如有印装质量问题，本社营销中心负责退换)

前　言

工程设计是现代社会工业文明的重要支柱，是工业创新的核心环节，也是现代社会生产力的源头。随着科学技术的飞速发展，利用信息技术来解决安全生产中的各种问题是安全工作者应具备的基本信息技术素养。作为安全工程专业的学生或安全生产从业人员，结合本专业实际，加强对计算机基础及应用能力的培养，包括掌握计算机辅助设计（CAD）绘图、读图和图解能力具有重要的意义。

截至2019年，全国设立安全工程专业的高校有176所，工程CAD是安全工程专业实现学生计算机辅助设计能力培养目标的核心课程，具有很强的实践性和综合性。本书编者长期从事安全工程、采矿工程专业工程CAD的教学工作，积累了丰富的教学经验。在章节的编排和内容的设置上，本书力争简洁明了，图文并茂，循序渐进，充分体现易学实用的特点。

为了进一步突出安全工程专业的特点，本书阐述了安全工程与CAD的关系，深入浅出地介绍了工程制图概念与CAD的发展史。以AutoCAD为工具，介绍了软件的基本操作，并以消防工程、采矿工程和交通工程为例，阐述了安全工程CAD的基本内容和规范。这也是本书的一个特色。

当然，本书不仅可以作为高等学校安全工程及相关专业本科生教学用书，也可供安全从业人员、其他行业技术人员和设计人员参考。

本书由中南大学高峰主编，参与编写的还有龙腾腾、吴晓东、陈大鹏、曹善鹏、熊信。在编写的过程中得到了冶金工业出版社有限公司的大力支持，在此表示衷心的感谢。同时，对本书中所参考的相关图书与文献资料的作者，也在此一并表示谢意。

由于编者水平有限，书中难免存在疏漏和不足之处，敬请广大读者批评指正。

编　者

2022年2月

目　录

1 绪 论

1.1 CAD 概 述

计算机辅助设计（CAD，Computer Aided Design）是利用计算机强有力的计算功能和高效率的图形处理能力，辅助工程技术人员进行工程和产品的设计与分析，以达到理想的目的或取得创新成果的一项技术。它是综合了计算机科学与工程设计方法形成的一门新兴学科。CAD 具有广义和狭义之分，广义的 CAD 指国际信息处理联合会（IFIP）所定义的"CAD 是将人和计算机混编在解题专业组中的一种技术"（1973 年）；而狭义的 CAD 是指工程 CAD，即在产品和工程设计领域应用计算机系统，辅助工程技术人员完成设计的整个过程。

从 CAD 的定义可以看出，其主要包括两个方面的含义：(1) 计算机及 CAD 软件。计算机具有强大的信息存储、记忆能力，以及高速精确的运算能力，CAD 软件则具有丰富灵活的二维和三维图形处理等功能。(2) 人。人不仅具有图形识别的能力，还具有学习、联想、思维、决策和创造能力。因此，将人和计算机最佳特性的结合就是 CAD 的目的。但目前，人在 CAD 中仍处于主导地位，计算机及 CAD 软件仅是人类为了实现这一目的工具和手段。

自 20 世纪 90 年代以来，随着以计算机技术为支柱的信息技术飞速发展，世界经济格局发生了巨大的变化。以工业产品为例，已由传统的机械产品向机电一体化、信息电子产品的方向发展，复杂程度和技术含量不断增加；同时随着人民生活水平的不断提高，社会消费观念也在不断变化，产品的功能已不再是消费者决定购买的最主要因素，产品的创新性、外观造型、安全环保性等因素越来越受到重视，在竞争中占据突出地位。此外，由于知识更新速度的加快和经济全球化的深入发展，产品更新换代的速度已经达到了一个前所未有的水平，行业间的竞争日趋激烈。传统低效、低精度的手工绘图已经无法满足现代工业和产品设计的需要。作为人类 20 世纪重大科技成就之一的 CAD 彻底改变了这一困境，它极大地提高了产品开发与工程设计的速度和精度，使得设计和科技人员的智慧与能力得到了大幅提升，几乎推动了一切领域的发展，计算机辅助设计技术的水平已成为衡量一个国家工业技术水平的重要标志。

1.1.1 CAD 的特点与优势

从工程技术和产品开发设计的实践中对比图 1-1 和图 1-2，不难发现 CAD 绘图比手工绘图的优越性体现在以下几个方面。

(1) 准确清晰。计算机图形绘制和打印的准确性可以达到所用单位的小数点后 14 位。CAD 软件提供的正交、捕捉、追踪等辅助绘图工具，实现了在图像对象上的准确定位，极

图 1-1 传统手工绘图的工作场景

图 1-2 现代 CAD 工作场景

大地提高了绘图的精确度和可靠性。同时，绘图仪所具有的生成精确清晰图像的能力，是优于传统手工方法最明显的优点。

（2）快捷高效。CAD 所具有的复制、编辑、块、外部参照等功能加速了绘图过程，减少相同图形的重复绘制，实现积木式绘图，从而缩短设计周期，设计工作效率可提高 3~10 倍。同时，已绘制的图形可以反复修改直至完善，文件的使用、查阅和保存都极为方便。

（3）一致性。CAD 绘图的一致性包括线条、符号、文字的一致，标注的规范等。在遵循相同的标准进行绘图时，在方法上保持了一致性，消除了因为个人风格不同而产生的问题，提高了设计质量，并便于协同设计和交流。

（4）强大的三维造型能力。通过 CAD 三维软件建立的逼真三维模型，最大程度地表达了工程与产品的设计效果，使二维平面图形中无法清楚表达的内容形象地呈现在屏幕上，具有强烈的视觉效果，而且可以实现图形对象质量、体积、面积等特性的测量和分析。

1.1.2 CAD 的应用领域

目前，CAD 技术在工程和产品设计中的应用几乎覆盖了各行各业，其应用的领域具体如下。

（1）建筑设计。包括方案设计、三维造型、建筑渲染图设计、平面布景、建筑构造设计、小区规划、日照分析、室内装潢等。

（2）土木工程结构设计。包括结构平面设计、框/排架结构设计、地基及基础设计、钢结构设计等。

（3）设备与产品设计。包括各类通用机械设备及零部件、管道设计，日常生活、办公涉及的各类产品等。

（4）测绘（土地规划）、城市规划、城市交通设计。如城市道路、高架、轻轨、地铁等工程设计。

（5）市政管线设计。如自来水、污水排放、煤气、电力、暖气、通信（包括电话、有线电视、数据通信等）各类市政管道线路设计。

（6）交通、水利、矿山工程设计。如公路、桥梁、铁路、航空、机场、港口、码头，及大坝、水渠、河海、矿山等。

（7）其他工程设计。如旅游景点设计与布置、环境艺术设计、电子电气工程设计、消防及安全管理系统设计等。

1.2 CAD 的起源与发展趋势

1.2.1 CAD 技术的发展历程

CAD 技术的发展经历了如下几个阶段。

（1）准备和诞生阶段（20 世纪 50—60 年代）。1950 年，美国麻省理工学院（MIT）研制出 WHIRLWIND 1（旋风 1，见图 1-3）计算机图形显示器。1958 年，美国 Calcomp 公司研制出滚筒式绘图机，美国 GerBer 公司把数控机床发展成平板式绘图机。20 世纪 50 年代，计算机在诞生之初主要用于科学计算，图形设备仅仅具有输出功能，CAD 技术处于酝酿和准备阶段。20 世纪 50 年代末，MIT 林肯实验室研制出的空中防御系统在 WHIRLWIND 计算机上第一次使用了阴极射线管 CRT（Cathode Ray Tube），操作者可以用光笔在屏幕上确定目标，标志着交互式图形技术的诞生，被认为是最早的 CAD。

（2）蓬勃发展和进入应用阶段（20 世纪 60 年代）。1963 年 1 月 7 日，MIT 的博士生 Ivan Sutherland（被誉为计算机图形学之父）研制出世界上第一台利用光笔作图的交互式图形系统 SKETCHPAD（图 1-4），成为 CAD 的起始点和转折点。但在 20 世纪 60 年代，由于计算机及图形设备价格昂贵，技术复杂，只有少数实力雄厚的大公司才能使用这一技术，如波音公司、GM 公司、通用电气公司等。作为 CAD 技术的基础，计算机图形学在这一时期发展很快，直到 20 世纪 60 年代中期出现了商品化的 CAD 设备，CAD 技术进入了推广应用阶段。

图 1-3　旋风计算机

图 1-4　Ivan Sutherland 与 SKETCHPAD

（3）广泛应用阶段（20 世纪 70 年代）。20 世纪 70 年代，MIT 提出了交互式图形学的研究计划，推出了以小型机为平台的 CAD 系统以及代表性软件 CADAM。同时，图形软件和 CAD 应用支撑软件也得到不断充实和提高。图形设备，如光栅扫描显示器、图形输入板、绘图仪等相继推出和完善。随后，出现了面向中小企业的 CAD 商品化系统。

（4）突飞猛进阶段（20 世纪 80 年代）。20 世纪 80 年代，大规模和超大规模集成电路、工作站和 RISC（精简指令集计算机）等的出现使 CAD 系统的性能得到大幅提升。与此同时，图形软件更趋成熟，二维、三维图形处理技术，真实感图形技术，模拟仿真，动态景观，科学计算可视化等方面都已进入实用阶段。包括 CAD/CAE/CAM 一体化的综合软件包使 CAD 技术达到了一个更高的层次。在这个阶段，PC 机不断发展和普及，出现了专门从事 CAD 系统开发的公司。当时，VersaCAD 就是专业的 CAD 制作公司，所开发的 CAD 软件功能强大，但由于其价格昂贵，难以普及。当时的 AutoCAD 公司还只是一个只有十几个员工的小公司，其开发的 AutoCAD 软件虽然功能有限，但由于其可以免费拷贝，在社会上得以广泛应用，开始了 AutoCAD 的大众化路线。

（5）日趋成熟阶段（20 世纪 90 年代）。这一时期的发展主要体现在：CAD 标准化体系进一步完善；系统智能化成为一个技术热点；集成化成为 CAD 技术发展的一大趋势；可视化、虚拟设计、虚拟制造技术是 20 世纪 90 年代 CAD 技术发展的新特点（见图 1-5）。

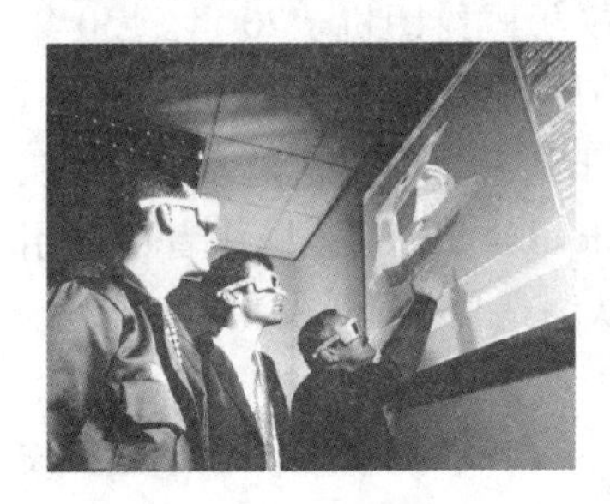
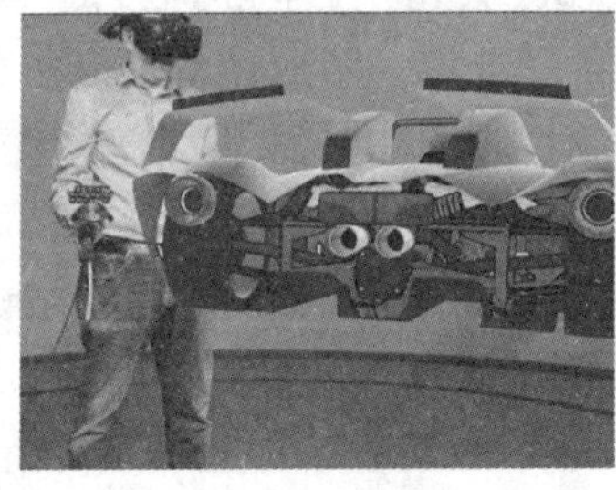

图 1-5 基于 VR 的室内设计与虚拟制造

1.2.2 CAD 的发展趋势

进入 21 世纪，CAD 造型技术在理论上并没有出现人们期待已久的重大突破，但是在应用和实用技术方面取得了不少的进展，主要体现在图形交互功能和应用功能的改进。图形交互功能的改进主要包括智能化的图标菜单、“拖放式”造型和动态导引器；应用功能的改进主要包括发展功能高度集成化的 CAX 体系（CAX 是 CAD、CAM、CAE、CAPP、CIM、CIMS、CAS、CAT、CAI 等各项技术的综合称谓），以及知识融合技术。

总体而言，CAD 技术的发展趋势主要围绕在标准化、开放性、集成化和智能化四个方面。

（1）标准化。CAD 软件一般应集成在一个异构的工作平台之上，只有依靠标准化技术才能解决 CAD 系统支持异构跨平台的环境问题。只有解决了标准化问题，协同设计才有了可能。传统形式的手绘工程图已经有了成熟的国际标准，而存储在磁盘和光盘上形形色色的 CAD 二进制数字记录，实现标准化要困难和复杂得多。纵观 CAD 发展历史，CAD 和计算机图形学的国际标准制定总是滞后于市场上的工业标准。CAD 产品更新频繁，谁的产品技术思想领先、性能最好、用户最多，谁就能主导市场从而成为事实上的工业标准。CAD 技术的发展不是一种纯学术行为，而是作为一种高技术产品在激烈的市场竞争中被不断向前推进。

（2）开放性。CAD 系统目前广泛建立在开放式操作系统 Win7、Win10 和 UNIX 等平台上，在 Java LINUX 平台上也有 CAD 产品。此外 CAD 系统都为最终用户提供二次开发环境，甚至这些环境可以开发其内核源码，使用户可定制自己的 CAD 系统。

（3）集成化。CAD技术的集成化体现在三个层次：1）广义CAD功能CAD/CAE/CAPP/CAM /CAQ/PDM/ERP经过多种集成形式成为企业和用户的一体化解决方案。2）将CAD技术所采用的算法，甚至功能模块系统做成专用芯片，以提高CAD系统的效率。3）CAD基于网络技术环境实现异地、异构系统在企业间集成，并可利用云计算。应运而生的虚拟设计、虚拟制造和虚拟企业就是在该集成层次上的应用。

（4）智能化。设计是一个含有高度智能的人类创造性活动，智能CAD是CAD发展的必然方向。这里的智能CAD不仅是简单地将现有的智能技术与CAD技术相结合，更重要的是深入研究人类设计的思维模型，最终用信息技术来表达和模拟它，才会产生高效的CAD系统，为人工智能领域提供新的理论和方法。CAD的这个发展趋势，将对信息科学的发展产生深刻的影响。

1.2.3 CAD与BIM

1975年佐治亚理工大学的Chuck Eastman教授第一个创建了BIM理念。BIM是建筑信息模型（Building Information Modeling）的简称，是以建筑工程项目的各项相关信息数据作为模型的基础，进行建筑模型的建立，通过数字信息仿真模拟建筑物所具有的真实信息。它具有可视化、协调性、模拟性、优化性和可出图性五大特点，是被誉为“第二次建筑设计革命”的一项建筑数字技术。

狭义的BIM主要是指BIM软件及应用。广义的BIM考虑了外部组织和环境对项目管理的影响，帮助项目在合适的时间和地点获取必要的信息，如图1-6所示。它不仅仅是一种工具，而且还是各参建方通过建立模型相互交流的过程。作为工具时，它可以使项目各参建方共同设计、建造和使用模型；作为应用的过程时，它加强了项目各参建方之间的沟通，使他们从模型应用中受益。近几年，国外已经出现了基于BIM技术为特征的建筑工程应用软件，Autodesk公司的建筑设计软件Revit就是代表之一。

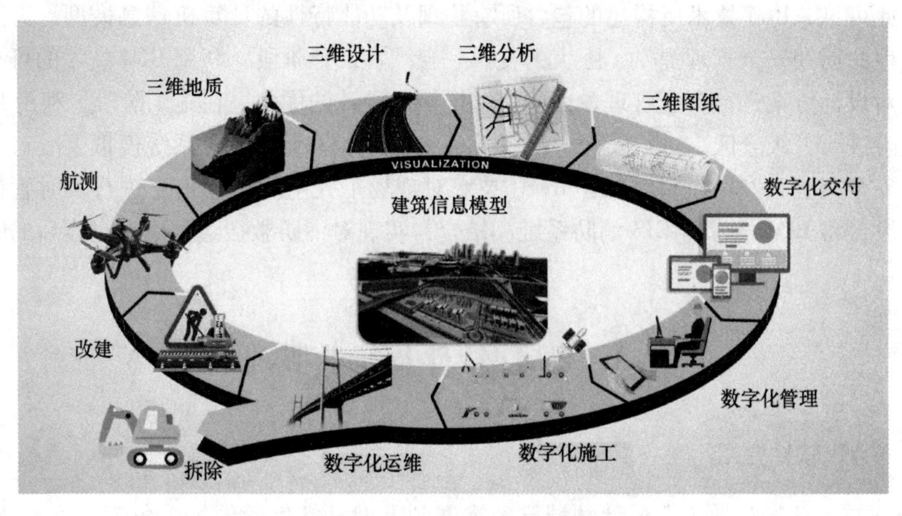

图1-6 广义BIM技术的内涵

BIM技术是基于CAD技术的不断发展和进步而实现的。根据广义BIM可知，CAD和BIM不是专指某种软件应用，更确切地说，它们分别代表着两种技术和所应用的时代。进入 CAD 时代，代表从最初、最基本的手工绘图，进入到计算机辅助绘图的设计时代。进入 BIM 时代，代表从二维绘图时代进入到三维，甚至是多维的设计时代。它的发展历程如图 1-7 所示，总体而言，CAD 与 BIM 的区别见表 1-1。

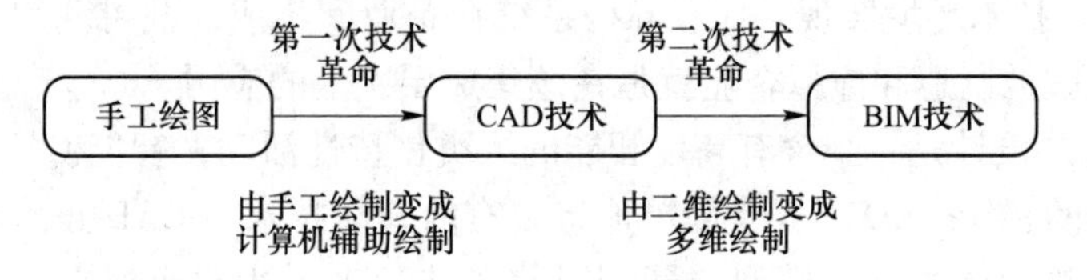

图 1-7 BIM 技术的发展历程

表 1-1 CAD 与 BIM 的区别

内 容	CAD	BIM
设计维度	二维	至少三维，可发展为多维
设计方法	平面图、立面图、剖面图上分别设计、静态设计	可视化设计、动态设计
使用软件	CAD 绘图软件	核心建模软件、BIM 方案设计软件、与 BIM 接口的几何造型软件、可持续分析软件、可视化软件、结构分析软件、深化设计软件和模型检查软件、造价管理软件和运营管理软件等
专业间配合	困难	协同工作
项目全寿命周期应用	不能	可运用于项目全寿命周期

由此可见，BIM 技术所构建的包含所有物理及功能特性的计算机信息模型，为工程建筑的全生命周期安全管理提供了强大的支撑平台。在设计阶段，利用 BIM 技术的可视化和模拟性对设计方案进行安全管理方面的三维推演和设计的优化。在施工阶段，利用 BIM 技术对危险进行分级分区，进行安全分级管控；将 BIM 信息导入 VR 系统模拟事故对工人进行仿真安全交底和安全教育，融合 RFID 技术对现场工人空间位置信息进行实时管控。在运营阶段，将 BIM 技术与 GIS 消防系统相结合，实现对消防救援过程中、过程后的管控和指导。

1.3 CAD 软件及行业概况

1.3.1 CAD 软件介绍

CAD 技术从最初的工业设计领域已经渗透到人们日常生活的每个角落，以 CAD 技术为基础开发的各类商业专业软件已超过 10 万个。以下介绍目前市场上比较主流的 CAD 软件。

（1）AutoCAD 及 MDT。AutoCAD（Autodesk Computer Aided Design）是 Autodesk（欧

特克）公司于 1982 年开发的自动计算机辅助设计软件，用于二维绘图、设计文档和基本三维设计，是目前世界上应用最广的 CAD 软件。AutoCAD 具有良好的用户界面，通过交互菜单或命令行方式便可以进行各种操作。它的多文档设计环境，让非计算机专业人员也能很快地掌握和使用。MDT（Mechanical Desktop）是 Autodesk 公司在机械行业推出的基于参数化特征实体造型和曲面造型的微机 CAD/CAM 软件。

（2）SolidWorks。SolidWorks 软件是世界上第一套基于 Windows 开发的 CAD/CAM/CAE 一体化三维软件，由美国 SolidWorks 公司于 1995 年 11 月开发。由于使用了 Windows OLE 技术、直观式设计技术、先进的 parasolid 内核以及良好的与第三方软件集成技术，使得该软件采用自顶向下的设计方法，采用基于特征的实体模型，自称 100%的参数化设计和 100%的可修改性，其先进的特征树结构使操作更加简洁和直观，同时具有中英文两种界面可供选择，目前 SolidWorks 已成为全球装机量最多的软件之一。

（3）Pro/Engineer。Pro/Engineer 操作软件是美国参数技术公司（PTC）旗下的 CAD/CAM/CAE 一体化三维软件。Pro/Engineer 软件以参数化著称，是参数化技术的最早应用者，在目前的三维造型软件领域占有重要地位。此外，Pro/Engineer 一开始就建立在工作站之上，使系统独立于硬件，便于移植；该系统界面简洁，概念清晰，符合工程人员的设计思维和习惯。Pro/Engineer 整个系统建立在统一的数据库上，具有完整而统一的模型，能将整个设计至生产过程集成在一起，并具有 20 多个模块供用户选择。近年来，Pro/Engineer 已成为三维设计（机械）领域里最富魅力的系统，特别是在国内产品设计领域占据重要位置。

（4）I-DEAS。I-DEAS（Integrated Design，Engineering and Analysis Software）是美国 SDRC（Structure Dynamic Research Corporation）公司于 20 世纪 60 年代为美国航空航天局（NASA）开发的 CAD/CAE 一体化软件。作为一款真正变量化软件，曾主导 CAD 行业从参数化设计到变量化设计的革命。该软件是高度集成化的 CAD/CAE 软件系统。它帮助工程师以极高的效率，在单一的模型中完成从产品设计、仿真分析、测试直至数控加工的产品研发全过程，从而被全世界制造业用户广泛应用，如波音、索尼、三星、现代和福特等公司。

（5）CATIA。CATIA 是法国达索（Dassault）飞机公司开发的产品。该系统是在 CADAM 系统（由原美国洛克希德公司开发，后并入美国 IBM 公司）的基础上开发的。在 CAD 方面购买原 CADAM 系统的源程序，在加工方面则购买了 APT 系统的源程序，经过几年的努力形成了商品化系统，其主要特点是采用了先进的混合建模技术。CATIA 系统如今已经发展为集成化的 CAD/CAM/CAE 系统，它具有统一的用户界面、数据管理以及兼容的数据库和应用程序结构，并拥有 20 多个独立计价的模块。

（6）Unigraphics(UG)。UG 是 Siemens PLM Software 公司出品的一个基于模块化设计的典型软件，是一个交互式 CAD/CAM 系统。主要应用于数字化产品设计、数字化仿真和数字化产品制造等领域。2002 年，Unigraphics 发布了 UG NX1.0 新版本，从此软件更名为 UG NX 或 NX。Unigraphics NX 的主要特点是不仅实现了知识驱动型自动化和利用知识库进行建模，同时能实现自上而下进行设计，以确定子系统和接口，实现完整的系统库建模。主要功能包括工业设计和风格造型、产品设计、NC 加工、模具设计及开发解决方案。

国产 CAD 软件方面，具有代表性的包括北京数码大方科技股份有限公司的 CAXA，广州中望龙腾软件股份有限公司的中望 CAD，苏州浩辰软件股份有限公司的浩辰 CAD，武汉开目信息技术有限责任公司的开目 CAD、武汉天喻软件股份有限公司的 InteCAD 及天喻参数化三维设计平台 InteSolid，纬衡浩建科技（深圳）有限公司的纬衡 CAD、尧创 CAD、天正 CAD、清华天河 CAD 以及高华 CAD 等。其中，开目 CAD 是我国最早的商品化 CAD 软件之一，也是一款完全基于画法几何设计理念的绘图软件。CAXA 主要用于机械制图，软件自带了很多便于机械制图的标准件。中望公司是国际 CAD 联盟 ITC 在我国大陆的首位核心成员，软件界面友好易用、操作方便，可兼容主流 CAD 文件格式。浩辰 CAD 采用自主研发的内核不存在版权纷争，软件的界面、操作习惯与 AutoCAD 完全相同，而且软件的大多数操作速度要比同类 CAD 软件更快。纬衡 CAD 是完全拥有自主版权的专业图形设计软件，具有良好的定制能力和开放性，对 AutoCAD 图纸、命令和应用程序具有极佳的兼容性。天正 CAD 和天河 CAD 都是建立在 AutoCAD 基础上的二次开发软件。

目前，我国 CAD 软件开发取得了一系列成就，但基本上以二维绘图软件为主。虽然国产 CAD 软件在应用习惯、软件性能等方面都能满足我国设计师的需求，且成本投入较低，但由于缺乏对产品设计理论和设计（算法）方法的研究，导致 CAD 技术开发仿制多，产品创新性不足，而且信息集成技术相对落后，在市场上难以与国外 CAD 软件抗衡。同时，我国在三维 CAD 系统方面远远落后于国外，自主开发的三维 CAD 系统还未真正形成商品软件。因此，我国工业设计软件的发展任重道远。

随着移动互联网、云计算和人工智能成为当今 IT 界的发展热点，国内外 CAD 厂商面向移动终端设备的软件开发如火如荼，陆续推出相关应用，如欧特克已推出 Web IOS, Android 版的 AutoCAD WS，国内浩辰推出 CAD MC 等。云服务器的使用大幅提升了计算机硬件资源的使用效率，同时云服务将操作界面扩展到手机、平板电脑甚至是电视机。在云计算环境下，服务器端和客户端相当于万兆网的连接，能更好地满足网速的要求，近年来 SolidWorks 公布了基于云计算的三维 CAD。人工智能与 CAD 系统的结合形成了智能 CAD 系统（ICAD），智能 CAD 系统是 CAD 技术的一个重要发展趋势。通过知识工程的引入和专家 CAD 系统的发展，人工智能将许多实例和有关专业范围内的经验、准则结合在一起，通过自动方案生成、智能交互和显示，给设计者更全面、更可靠的指导。

1.3.2 CAD 软件行业概况

CAD 软件的目标市场主要包含两大行业：工程勘察设计行业（AEC）和制造业（MFG），同时也包括通信、电气、家具装饰、航空航天等其他行业的设计单位和个人，其市场规模约为 200 亿元。自 20 世纪 80 年代末 AutoCAD 被引入我国，经过 20 多年的发展，其 DWG 文件格式成为我国乃至全球二维设计文件的标准格式，至今占据市场的主导地位。虽然目前国产 CAD 跟国外 CAD 比较，在性能和稳定性方面还有一定差距，但较高的性价比还是让国产 CAD 的市场份额不断提升，国内的浩辰、中望等正逐步打破国外垄断，对国际巨头造成了一定的威胁。2009 年欧特克公司在中国将 AutoCAD 及相关产品降价 80%，使得国产 CAD 面临前所未有的压力。

三维 CAD 软件起步于 20 世纪 90 年代，随着曲面造型技术、参数化技术、变量化技术的出现，CAD 技术基础理论的每一次重大进步，均带动了三维 CAD 软件的更新和革命性发展，如第 1.3.1 节介绍的 CATIA、UG、Pro/Engineer、SolidWorks、Inventor 等。在三维 CAD 市场，没有一家公司占据绝对垄断地位。但在三维 CAD 软件市场，还没有国产 CAD 软件可以挑战跨国公司。

1.4 CAD 系统组成与工作流程

1.4.1 CAD 系统组成

CAD 系统基于计算机系统，由软件（又称为程序系统）、硬件设备和系统用户组成。软件是 CAD 系统的核心，相应的系统硬件设备则为软件的正常运行提供了基础保障和运行环境。另外，任何功能强大的 CAD 系统都只是一个辅助设计工具，系统的运行离不开人的创造性思维，使得使用 CAD 系统的技术人员也属于系统组成的一部分。因此，将软件、硬件和人这三者有效地融合在一起，是发挥 CAD 系统强大功能的前提。

1.4.1.1 CAD 系统的分类

CAD 系统通常根据系统的硬件组成、工作方法及功能，以及使用用途进行分类，见表 1-2。

表 1-2 CAD 系统的分类依据及类型

分类依据	硬件组成	工作方法及功能	使用用途
具体分类	主机系统 小型机系统 工作站系统 微机系统 基于网络的微机-工作站系统	检索型 CAD 系统 自动型 CAD 系统 交互型 CAD 系统 智能型 CAD 系统	机械 CAD 系统 建筑 CAD 系统 电器 CAD 系统 服装 CAD 系统 ……

1.4.1.2 CAD 系统的硬件组成

CAD 系统的硬件主要由计算机主机、输入设备（鼠标、键盘、扫描仪等）、输出设备（显示器、绘图仪、打印机等）、信息存储设备（主要指外存，如硬盘、软盘、光盘、各种移动存储设备等）及网络设备、多媒体设备等组成，如图 1-8 所示。

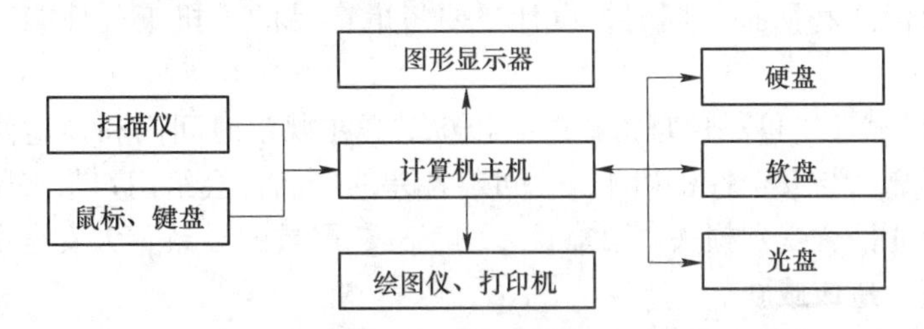

图 1-8 CAD 系统的硬件组成

1.4.1.3 CAD 系统的软件组成

CAD 系统的软件分为三个层次，即系统软件、支撑软件和应用软件。

（1）系统软件是与计算机硬件直接关联的软件，起着扩充计算机功能以及合理调度与运用计算机的作用，如 Windows 操作系统。主要用于计算机的管理、维护、控制、运行，以及计算机程序的编译、装载和运行。系统软件一般具有两个特点：1）公用性，即无论哪个应用领域均要用到；2）基础性，即各种支撑软件及应用软件都需要在系统软件的支持下运行。

（2）支撑软件是 CAD 软件系统的核心，是为满足 CAD 工作中一些用户的共同需要而开发的各种通用软件，如 OpenGL、GKS、UG、Pro/Engineer 等。CAD 支撑软件主要包括图形处理软件、工程分析与计算软件、模拟仿真软件、数据库管理系统、计算机网络工程软件和文档制作软件等。

（3）应用软件则是在系统软件及支撑软件支持下，为实现某个应用领域内的特定任务而二次开发的软件，如 InterCAD、开目 CAD 等。这类软件通常由用户结合当前设计工作的需要自行研究开发或委托开发商进行开发，此项工作又称为“二次开发”。如模具设计软件、机械零件设计软件、电器设计软件，以及汽车、船舶、飞机设计制造行业的专用软件等均属应用软件。能否充分发挥已有 CAD 系统的功能，应用软件的技术开发工作是很重要的，也是 CAD 从业人员的主要任务之一。

1.4.2 CAD 工作流程

一项成功的设计，应满足多方面的要求。这些要求主要体现在以下几个方面。

（1）社会发展的要求。设计新产品和新工程必须以满足社会需要为前提。这里的社会需要，不仅是眼前的社会需要，也要满足较长时期的发展需要。为了满足社会发展的需要，开发先进的产品，设计安全可靠的工程与设施，加快技术进步是关键。

（2）经济效益要求。设计新产品和新工程的主要目的之一，是为了满足市场不断变化的需求，以获得更好的经济效益。好的产品设计可以解决顾客所关心的各种问题，如产品功能如何、质量如何、能否重复利用等；同时，好的工程设计不仅外型美观，而且可以节约建造成本、提高劳动生产率等。

（3）使用的要求。新产品和新工程要为社会所承认，必须从市场和用户需要出发，充分满足使用要求。这是对产品和工程设计的基本要求。使用的要求主要包括以下几方面的内容：

1）使用的安全性。设计新产品和新工程时，必须对使用过程的种种不安全因素，采取有力措施加以消除和防护。同时，设计还要考虑产品的人机工程性能，易于改善使用条件。

2）使用的可靠性。可靠性是指新产品和新工程在规定时间内和预定使用条件下正常工作的概率。可靠性与安全性密切相关，可靠性差的产品，会给用户带来不便，甚至造成安全隐患，使企业信誉受到损失；可靠性差的工程，严重的导致重大安全事故，对人民群众的生命财产安全造成威胁。

3）易于使用、美观协调。对于民用产品（如家电等），产品易于使用十分重要。同时产品设计还要考虑和产品有关的美学问题，以及产品外形和使用环境、用户特点等的关系。在可能的条件下，应设计出用户喜爱的产品，提高产品的欣赏价值。而对于工程设计除了满足功能要求外，具有美观的造形和与周边环境协调的设计风格都是必须要考虑的重要因素。

（4）制造工艺与施工要求。生产工艺对产品设计的最基本要求是产品结构应符合工艺原则。即在规定的产量规模条件下，能采用经济的加工方法，制造出合乎质量要求的产品。这就要求所设计的产品结构能够最大限度地降低产品制造的劳动量，减轻产品的质量，减少材料消耗，缩短生产周期和降低制造成本。施工要求对工程设计的最基本要求，就是工程结构符合专业或行业要求，以及当前工程技术是否满足建造该工程的可行性。

设计要求或需求分析是方案设计的前提，在市场调查和工程现场勘察的基础上，开始进行可行性研究与分析，即进入总体方案设计阶段。产品与工程设计的成败很大程度上取决于总体方案设计阶段的工作，取决于方案的构思和方案拟定时的设计思想。这个阶段是一个不断论证的过程，直到初步设计的出炉。以机械产品设计为例，在总体方案设计阶段后则进行产品建模和工程分析，产品几何建模是 CAD/CAM 系统的核心功能，它为产品的设计和制造提供基本的几何数据。工程分析则是利用 CAE 分析软件进行产品的优化设计，包括产品总体方案优化、产品零件结构优化、工艺参数优化等。此后，通过对产品的设计进行评价，得到最终的设计结果。

目前 CAD 技术可以实现设计中的大多数活动，但也有一些活动难以用 CAD 技术来实现，如设计的需求分析、设计的可行性研究等。将设计过程中能用 CAD 技术实现的活动集合在一起就构成了 CAD 工作流程，设计过程与 CAD 工作流程的关系如图 1-9 所示。

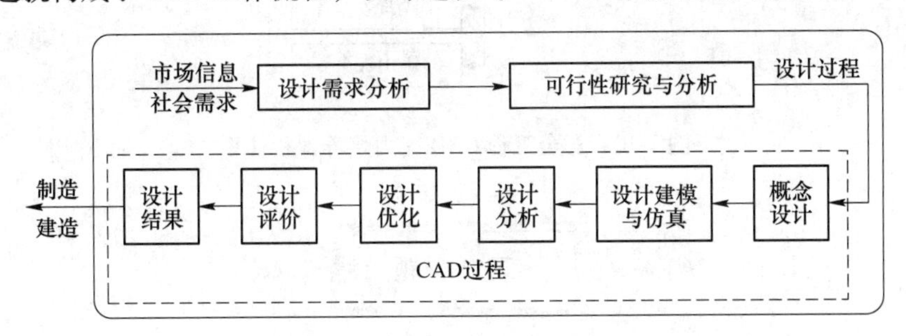

图 1-9 设计过程与 CAD 流程的关系

1.5 安全工程与 CAD

安全科学与工程是一门综合性学科，于 2011 年获批增设为一级学科，其领域涉及建筑、能源、材料、环境、化工、轻工、土木、矿业、交通、运输、航空航天、机电、食品、生物、农业、林业、城市、旅游、消防、公共卫生、行政管理等行业乃至人类生活的各个领域。其研究对象可以从“安全科学”与“安全工程”的内涵得以体现。其中，安全工程是在具体某一领域中运用各种技术、工程、管理等保障安全的方法、手段和措施，从而为人们在生产和生活中有效防范和应对安全问题提供直接和间接的保障。

具备基本的工程制图与工程 CAD 能力，是工科类大学生以及研究生必备的基本素质，对培养学生形象思维能力和创造性空间构思能力起着重要作用。对于安全工程专业的学生而言，其培养目标在于，毕业生能够从事安全工程方面的设计、研究、评估与咨询、监察、管理、培训等方面的工作，可服务于建筑、机电、化工、矿业、能源、交通运输、消防、公共安全、金融投资、保险、信息等行业。CAD在机械安全、化工安全、建筑安全、消防安全和矿山安全等领域都有广泛应用，掌握CAD技术和能力，具备基本的图示能力、读图能力、空间想象力和思维能力，以及熟练掌握绘图的基本技能，为从事安全工程及相关行业的工作奠定基础。同时，在进行一些具有创造性技术工作时，工程CAD对于培养学生的创新素质、艺术素质和审美素质都有着积极的作用。

要实现培养安全工程专业本科生计算机辅助设计能力的人才培养目标，仅凭一门课程是无法达到的。《工程CAD》不是独立的，而是与其他课程紧密结合，形成完整的能力培养课程体系。如图1-10所示，该课程体系一般由基础课、专业基础课、专业选修课以及实践教学环节组成。可见，CAD课程是培养安全工程专业学生计算机辅助设计能力的核心课程之一。

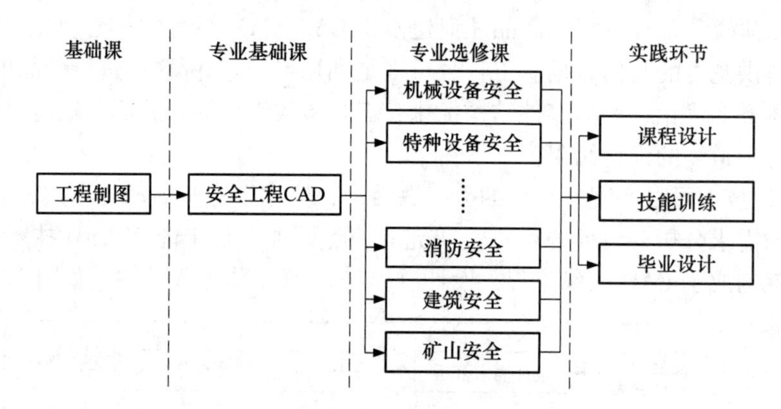

图1-10　安全工程CAD能力培养课程体系

1-1　CAD的特点和优势是什么？

1-2　简述CAD的发展趋势。

1-3　CAD系统的组成包括哪几个部分？

1-4　结合安全工程谈一谈学习CAD的作用和意义。

2　AutoCAD 入门基础知识

2.1　AutoCAD 概述

2.1.1　AutoCAD 的发展简史

Autodesk 公司（Autodesk，Inc.）始建于 1982 年，是全球最大的二维和三维设计、工程与娱乐软件公司，为制造业、工程建设行业、基础设施业以及传媒娱乐业提供数字化设计、工程与娱乐软件服务和解决方案。Autodesk 公司研发的 AutoCAD 系列软件一直是 CAD 市场中的顶尖产品，AutoCAD 软件及其图形格式已成为一种事实上的 CAD 标准和普及新一代设计工作的基本载体，它是目前世界上使用率最高的 CAD 软件，占据全球 CAD/CAM/CAE 软件市场的 40%左右，在我国的二维绘图 CAD 软件市场上有着绝对的优势。

AutoCAD 自 1982 年面世至今版本已更新发展到 2025 版。1982 年，AutoCAD 之父 John Walker 和 Dan Drake 以及 Greg Lutz 分别为 IBM 工作站及 Victor 9000（当时的一种计算机）编写了最初的 AutoCAD 辅助绘图程序，即 1.0 版本。1983 年，分别又推出了 1.1、1.2、1.3 和 1.4 版本。从 2.0 版本开始，AutoCAD 的绘图能力有了质的飞跃，同时改善了兼容性，能够在更多种类的硬件上运行，并增强和完善了 DWG 文件格式。1987 年，2.6 之后的版本没有延续 x. x 的版本号形式，而是改用了 Rx 的编号形式，其中 x 是数字，1987～1997 年，发布了从 R9 到 R14 共 6 个版本。如图 2-1 所示是在 R12 版本中编辑模型照片，其中图的下方是 1984 年制作的 2D 模型，上方是 1988 年绘制的 3D 模型，可见在那个时候 AutoCAD 就已经支持 3D 模型的绘制了。

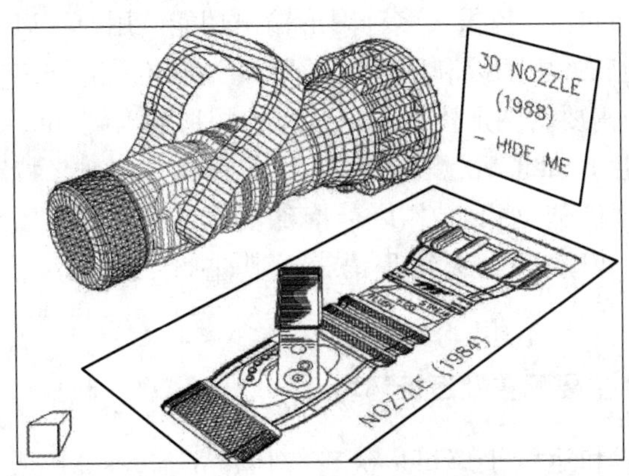

图 2-1　AutoCAD R12 版本编辑模型

1999年，AutoCAD 2000发布，一直到2008版，AutoCAD为不断改进性能，增强DWG文件，改善与其他软件的交互性方面做着不懈的努力。AutoCAD 2009首次采用了与微软Office 2007类似的Ribbon界面，AutoCAD 2010至AutoCAD 2014则在3D建模上达到了新高度，引入了多种新特性，并同时在32位和64位平台上兼容Windows操作系统。AutoCAD 2015新增了新的选项卡、功能区图表等，以及提供了更加人性化的帮助。AutoCAD 2016包含了多项可加速2D与3D设计、创建文件和协同工作流程的新特性，并能为创作任何形状提供丰富的屏幕体验。

AutoCAD 2016版本以后新增的主要功能包括“块”选项板、快速测量、DWG™比较（增强）、PDF导入、共享视图、新视图和视口、Autodesk桌面应用程序及云存储应用程序集成等。并在保存时间、安装速度、用户界面、三维导航性能等方面得到了进一步的改进。近年来，Autodesk公司在每年的4月份左右都会发布最新版本的AutoCAD。作为一款通用绘图系统软件，其多用途的绘图功用、编写操作功能和良好的用户界面受到了工程设计人员的广泛欢迎。

2.1.2 AutoCAD的基本功能

AutoCAD的基本功能主要包括以下几个方面。

（1）绘制图形。AutoCAD提供了多种绘图方式，包括绘图菜单、功能选项卡、绘图工具栏以及命令等，可以绘制点、线、曲线、矩形、多边形、圆及圆弧、椭圆及椭圆弧等图形元素。同时，AutoCAD还具有强大的三维建模功能，用来创建实体、线框或网格模型，并可进行检查干涉、渲染、执行工程分析等。

（2）编辑图形。AutoCAD具有强大的图形编辑功能，包括移动、旋转、缩放、拉伸、延长、断开、修剪、复制、阵列、镜像等。布尔运算使得复杂三维实体的生成变得简单而易于掌握。

（3）尺寸标注。AutoCAD可以对图形进行尺寸标注和注写文本，并提供了各种样式以供用户选择。

（4）精确绘图。为了绘图的方便和准确，AutoCAD提供了坐标显示、栅格捕捉、对象捕捉等功能。在光标点上利用栅格捕捉相当于在坐标纸上绘图。对象捕捉可以捕捉对象的端点、中点、圆心、垂足、交点、切点、圆周上的象限点等，使绘出的图形非常准确。

（5）图形输出。AutoCAD提供了多种图形输出功能。用户可以将图形直接输出到打印机，也可以输出到其他软件中加以利用。同时AutoCAD还具有网络传输功能，用户可以方便地浏览、获取和下载需要的图形资源，也可以将图形输出到Internet上进行共享。

（6）二次开发功能。AutoCAD具有通用性、易用性，但对于特定行业，如建筑、机械和环境等行业，在计算机辅助设计中又有特殊要求。AutoCAD允许用户和开发者采用AutoLISP、ObjectARX、VBA等高级编程语言对其进行二次开发，最大程度地满足用户需求。

2.1.3 AutoCAD 2019主要配置及运行环境

AutoCAD 2019安装和运行于Windows 7/8/10、Windows XP或Windows Vista操作系统。除Windows 10操作系统仅限64位以外（版本1607或更高版本），其他系统都可以安装 32 位或 64 位。Web 浏览器要求安装具有 Service Pack 4 以上的 Mircosoft Internet Explorer 7.0 或更高版本。

硬件方面 CPU 的主频基本要求 2.5~2.9GHz，内存基本要求 8GB，显示器的常规显示 1920×1080 像素，在 Windows10 的 64 位系统（配支持的显卡）上支持高达 3840×2160 像素的分辨率。至少留有 6GB 的硬盘空间用来安装该软件。

2.2 AutoCAD 用户界面

AutoCAD 2019 的默认用户界面如图 2-2 所示。第一次启动 AutoCAD 2019 程序后，点击“开始绘图”和“新图形”，将进入 AutoCAD 2019 默认操作界面。该默认界面主要由标题栏、功能区、绘图区、命令行和状态栏等组成。

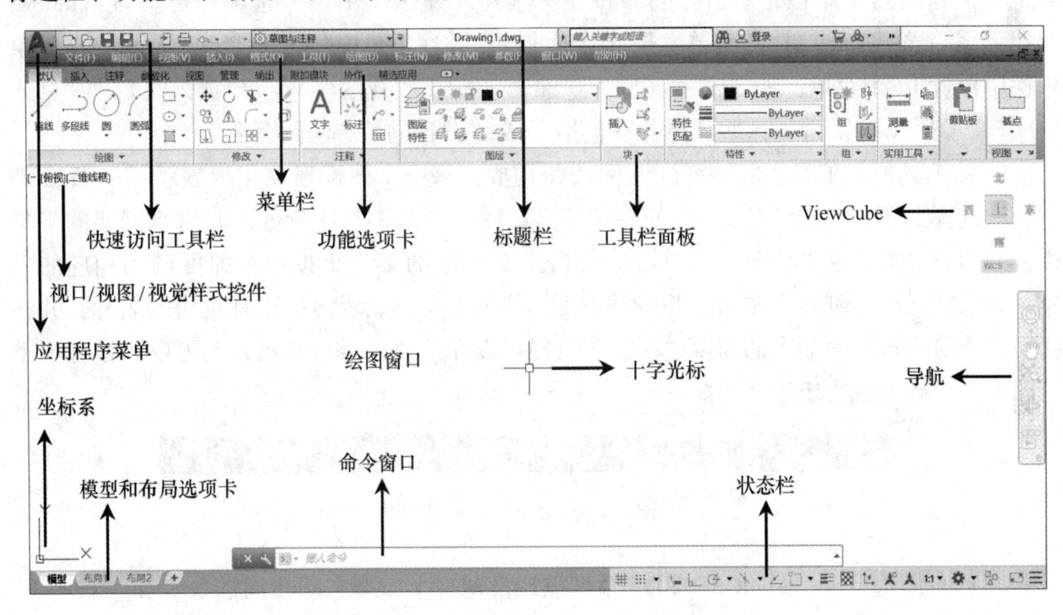

图 2-2 AutoCAD 2019 用户界面

（1）标题栏。标题栏在工作界面的最上方，其左端显示软件的图标、快捷访问工具栏、软件的版本、当前图形文件名称、右端 按钮，可以最小化、最大化或者关闭工作界面。

（2）功能区。AutoCAD 2019 的功能区包括默认、插入、注释、参数化、视图、管理、输出、附加模块等选项卡。选项卡将常用的功能面板集中了起来，方便用户的使用。用户可以单击功能区选项后面的 按钮控制功能的展开和收缩。

（3）绘图区。绘图区域是绘图的工作区域，所有的绘图结果都反映在这个窗口中。绘图区内有一个十字光标，AutoCAD 通过十字光标显示当前点的位置，十字线的方向与当前用户坐标系的 X 轴、Y 轴方向平行，系统将十字光标十字线的长度预设为屏幕大小的 5%。光标随鼠标的移动而移动，其功能是绘图、选择对象等。

在绘图窗口的左下角是坐标系图标，用于显示当前使用的坐标系及坐标方向。

（4）命令行和命令窗口。命令行位于绘图窗口的下方，主要用来接收用户输入的命令并反馈系统提示的信息。命令行窗口可以根据用户需求拖放为浮动窗口，也可以被隐藏/打开。隐藏/打开的方法为选择“工具”下拉菜单中的“命令行”或按（Ctrl+9）组合快捷键。

AutoCAD命令窗口是记录CAD命令的窗口，是放大的命令行窗口，它记录了已执行的命令。用户可以在命令行中输入“Textscr”或按“F2”键打开AutoCAD 2019命令窗口。

（5）状态栏。状态栏位于AutoCAD用户界面的底部，用来显示AutoCAD当前的绘图状态，如是否使用栅格、是否使用正交模式、是否显示线宽等。默认情况下，状态栏不显示所有工具，可以通过状态栏最右侧的“自定义”按钮在弹出的选项菜单上选择显示或关闭。

（6）菜单栏。AutoCAD 2019默认用户界面没有显示菜单栏，可以通过自定义快速访问工具栏处调出菜单栏，单击“”按钮，选择“显示菜单栏”选项即可。与Windows其他程序一样，AutoCAD的菜单也是下拉形式的，并在菜单中包含子菜单。AutoCAD的菜单栏中包含12个菜单，如“文件（F）”“编辑（E）”“视图（V）”“插入（I）”“格式（O）”“工具（T）”等，这些菜单几乎包括了AutoCAD的所有绘图命令。

（7）工具栏。工具栏由一系列图标按钮构成，每一个图标形象化地表示了一条CAD命令。选择菜单栏中的“工具（T）”→“工具栏”→AutoCAD命令，调出所需要的工具栏，如图2-3所示为“绘图”工具栏。单击工具栏中的某一个按钮，即可调用相应的命令。如果把光标移到某个按钮上并停顿一下，屏幕上就会显示出该工具按钮的名称，并在状态栏中给出该按钮命令的简要说明。工具栏可以在绘图区浮动显示，也可以用鼠标拖动至图形区边界变成固定工具栏。

图2-3 “绘图”工具栏

（8）布局选项卡。AutoCAD 2019系统默认设定一个模型空间布局选项卡和“布局1”“布局2”两个图纸空间布局选项卡。在默认情况下，AutoCAD系统打开模型空间。

1）模型。AutoCAD的空间分为模型空间和图纸空间两种。模型空间指的是绘图的环境，而在图纸空间中，用户可以创建称为“浮动视口”的区域，以不同视图显示所绘图形。用户可以在图纸空间中调整浮动视口并决定所包含视图的缩放比例。如果选择图纸空间，则可以打印多个视图。用户可以打印任意布局的视图。

2）布局。布局是系统为绘图设置的一种环境，包括图纸大小、尺寸单位、角度设定、数值精度等。在系数预设的3个标签中，这些环境变量都按默认设置，用户可以根据实际需要修改这些变量值。

2.3 设置绘图环境

使用AutoCAD 2019的默认设置就可以绘图，但为了使用用户的定点设备或打印机，以及提高绘图效率，AutoCAD推荐用户在开始作图前先进行必要的绘图环境设置。

2.3.1 设置绘图工作空间

工作空间是由分组组织的菜单、工具栏、选项板和功能区控制面板组成的集合，使用户可以在专门的、面向任务的绘图环境中工作。使用工作空间时，只会显示与任务相关的菜单、工具栏和选项板。此外，工作空间还可以自动显示功能区，即带有特定任务的控制面板的特殊选项板。为满足不同用户的需要，AutoCAD 2019 提供了“草图与注释”“三维基础”和“三维建模”三种绘图环境，用户可以根据自己的要求选择不同的绘图环境模式。

（1）“草图与注释”。默认状态下，启动的工作环境就是“草图与注释”工作环境。该工作环境的功能区提供了大量的绘图、修改、图层、注释以及块等工具，主要是针对二维图形的绘制。

（2）“三维基础”。在“三维基础”工作空间中可以方便地绘制基础的三维图形，并且可以通过其中的“修改”面板对图形进行快速修改。

（3）“三维建模”。在三维建模工作空间的功能区提供了大量的三维建模和编辑工具，可以方便地绘制出更多、更复杂的三维图形，也可以对三维图形进行修改、编辑等操作。

如果需要处理另一项任务，可随时通过位于右侧底部状态栏上的“工作空间切换”按钮“⚙▾”切换到另一个工作空间，如图 2-4 所示。除了切换工作空间，用户也可以通过修改默认工作空间来创建自己的工作空间，具体方法包括显示、隐藏和重新排列工具栏和窗口、修改功能区设置，然后通过状态栏、“工作空间”工具栏或窗口菜单中的“工作空间切换”或者使用 WORKSPACE 命令，保存当前工作空间；若要进行更多的更改，可以打开“自定义用户界面”对话框来设置工作空间环境。

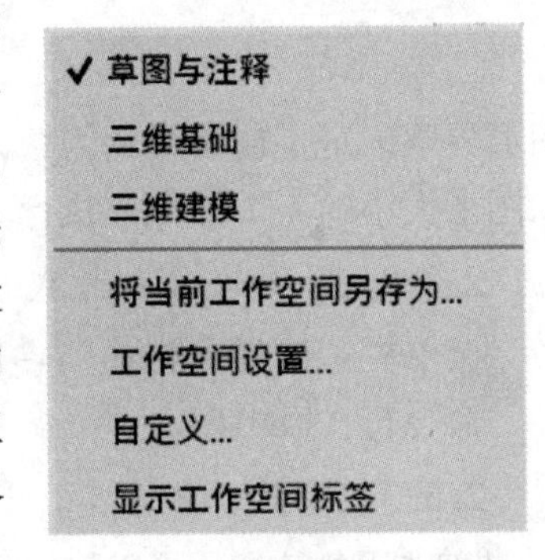

图 2-4 “工作空间切换”对话框

2.3.2 图形单位设置

AutoCAD 中，用户可以采用 1∶1 的比例绘图，因此，所有的直线、圆和其他图形对象都可以按真实大小来绘制。例如，一个零件长 100cm，它可以按 100cm 的真实大小来绘制，在需要打印出图时，再将图形按图纸大小进行缩放。

2.3.2.1 执行方式

菜单栏：选择“格式”→“单位”命令。

命令行：DDUNITS（或 UNITS）。

2.3.2.2 操作步骤

执行后在打开的“图形单位”对话框中设置绘图时使用的长度单位、角度单位，以及单位的显示格式和精度等参数，如图 2-5 所示。

2.3.3 图形界限设置

图形界限是 AutoCAD 绘图空间中假想的矩形绘图区域，相当于用户选择的图纸大小，

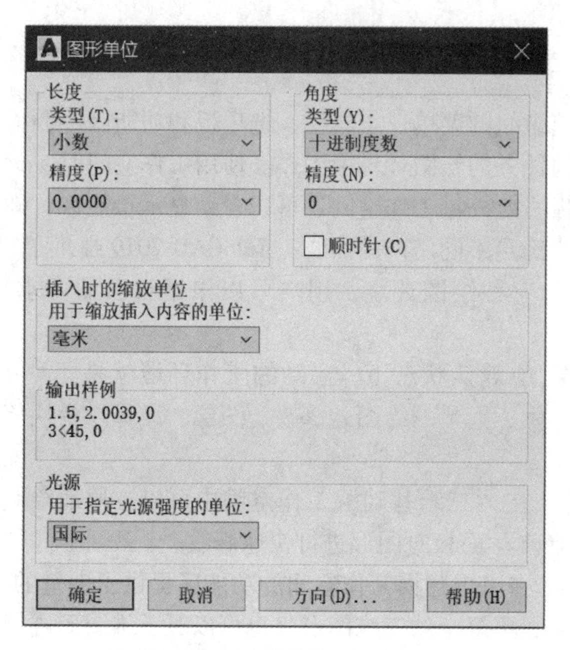

图 2-5 “图形单位”对话框

图形界限确定了栅格显示区域，也是选择“视图”→“缩放”→“全部”命令时决定显示图形大小的一个参数。执行方式如下。

2.3.3.1 命令执行方式

菜单栏：选择“格式”→“图形界限”命令。

命令行：LIMITS。

2.3.3.2 操作步骤

指定左下角点或［开(ON)关(OFF)］<0.0000，0.0000>：

指定右上角点或［开(ON)关(OFF)］<420.0000，297.0000>：

用户按照上述提示，输入相应的坐标值后，即可设置所需要的图形边界。

2.3.4 绘图环境设置

2.3.4.1 命令执行方式

菜单栏：选择“工具”→“选项”命令。

命令行：PREFERENCES。

右键菜单：单击鼠标右键，选择“选项”命令。

2.3.4.2 操作步骤

执行上述操作后，系统将打开“选项”对话框，如图 2-6 所示。用户可以在该对话框中选择有关选项，对系统进行配置，以下对其中主要的几个选项卡进行简要说明。

A 文件设置

“选项”对话框中的第一个选项卡为“文件”，用户可以对搜索路径、文件名和文件位置进行设置。其中，用户可以根据需要对“自动保存文件位置”进行修改，以方便查找

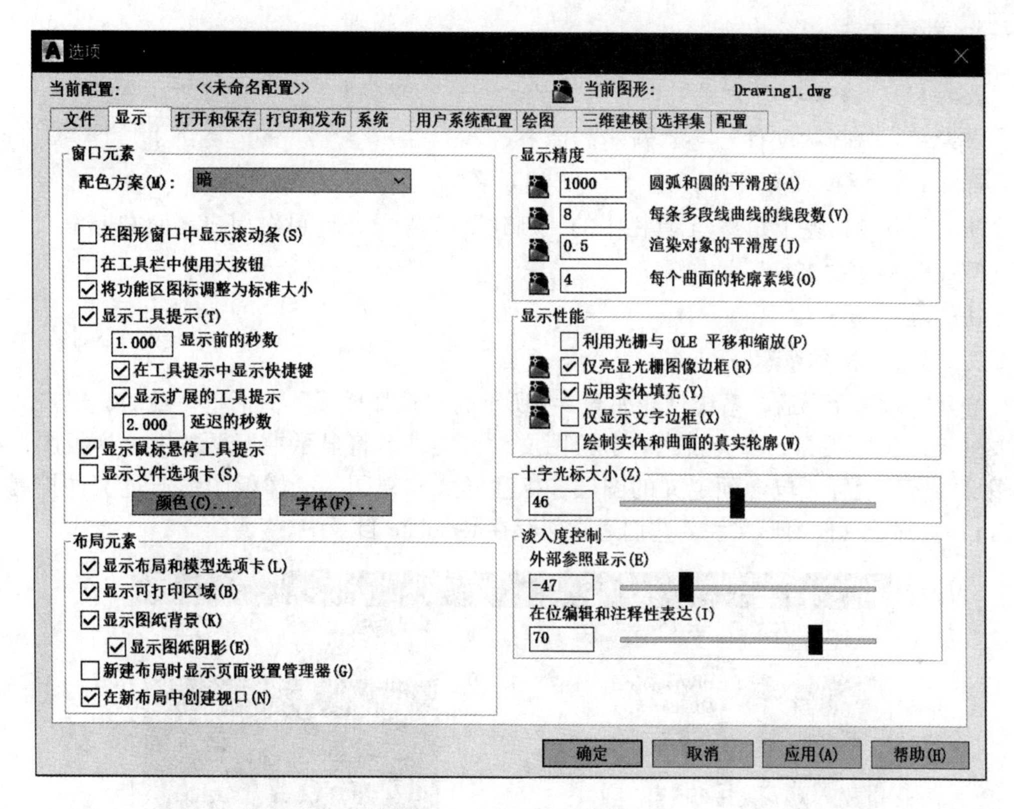

图 2-6 “选项”对话框

自动保存文件。

B 显示设置

“选项”对话框中的第二个选项卡为“显示”，包括“窗口元素”“布局元素”“显示精度”“显示性能”“十字光标大小”和“淡入度控制”。单击“颜色”按钮，可以打开“图形窗口颜色”对话框，进行界面元素和颜色的设置；单击“字体”按钮，可以对命令行窗口字体进行设置。显示精度主要用于设置着色对象的平滑度、每个曲面轮廓线数等，所有这些设置均会影响系统的运算时间和速度，进而影响操作的流畅性，因此将“显示精度”设置在一个合理的值即可。为了便于阅读，本书中的图形将“窗口元素”中的配色方案设置为“明”。

C 打开和保存设置

该选项卡主要用于控制打开和保存相关的设置。对文件的存储类型、文件安全措施（如自动保存间隔时间等）、文件打开及外部参照等进行相关设置。

2.4 图形文件管理

图形文件管理包括建立新的图形文件、打开已有的图形文件及保存现有的图形文件等操作。

2.4.1　新建文件

2.4.1.1　命令执行方式

菜单栏：选择“文件”→“新建”命令。

命令行：NEW 或 QNEW。

工具栏：单击左上角 工具栏中的“新建”按钮 ，或单击用户界面左上角“快速访问”工具栏中“新建”按钮 。

快捷键：Ctrl+N。

2.4.1.2　操作步骤

当执行新建命令后，系统打开如图 2-7 所示的“选择样板”对话框。此时，单击“打开”或“取消”按钮，都会新建一个绘图文件，文件名将显示在标题栏上。样板图形存储图形的所有设置，包含预定义的图层、标注样式和视图等。样板图形通过文件扩展名（.dwt）区别于其他图形文件，它们通常保存在 template 目录中。

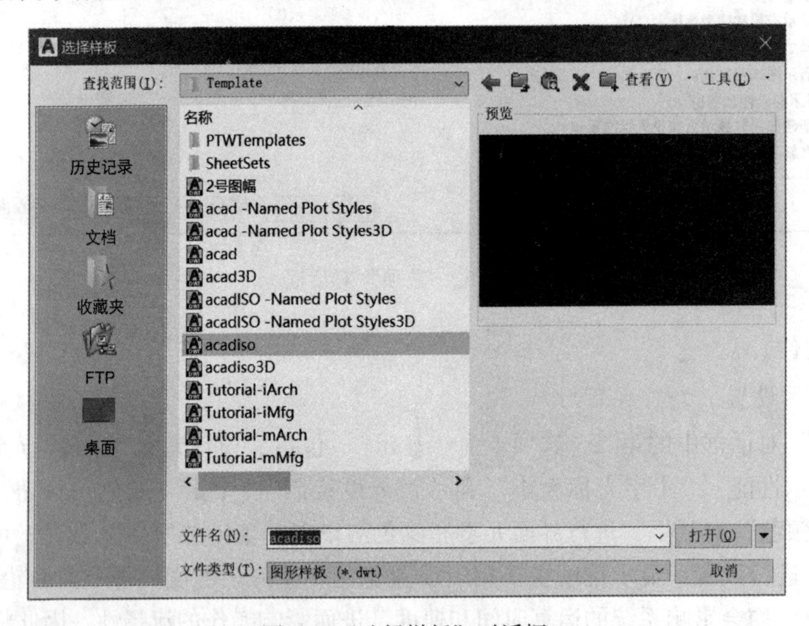

图 2-7　“选择样板”对话框

单击“选择样板”对话框右下角“打开”按钮右侧的小三角符号，将弹出一个下拉菜单，各选项含义如下。

（1）“打开(O)”选项：将新建一个有样板打开的图形文件。

（2）“无样板打开—英制(I)”选项：将新建英制无样板打开的图形文件。

（3）“无样板打开—公制(M)”选项：将新建公制无样板打开的图形文件。

2.4.2　打开文件

2.4.2.1　命令执行方式

菜单栏：选择“文件”→“打开”命令。

命令行：OPEN。

工具栏：单击左上角 工具栏中的“打开”按钮 。或单击用户界面左上角“快速访问”工具栏中“打开”按钮 。

快捷键：Ctrl+O。

2.4.2.2 操作步骤

执行上述操作后，打开“选择文件”对话框（见图 2-8），用户可以通过单击“查找范围”下拉列表，在弹出的路径列表中进行查找和选择文件。

在“文件类型”下拉列表中，用户可以选择 . dwg 文件、. dwt 文件、. dxf 文件和 . dws 文件。其中 . dwg 文件是标准文件格式；. dws 文件是包含标准图层、标注样式、线型和文字样式的样板文件；. dxf 文件是用文本形式存储的图形文件，能够被其他程序读取，许多第三方应用软件都支持 . dxf 格式的文件。

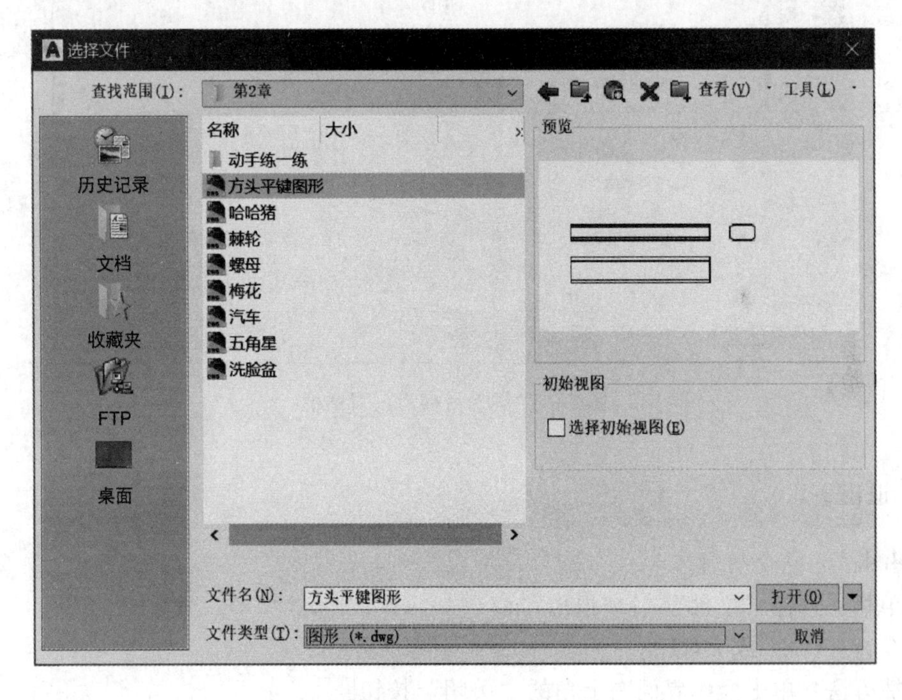

图 2-8 “选择文件”对话框

2.4.3 保存文件

2.4.3.1 命令执行方式

菜单栏：选择“文件”→“保存”命令。

命令行：SAVE。

工具栏：单击左上角 工具栏中的“保存”按钮 ，或单击用户界面左上角“快速访问”工具栏中“保存”按钮 。

快捷键：Ctrl+S。

2.4.3.2 操作步骤

执行上述操作后，若文件已命名，则 AutoCAD 自动保存文件；若文件未命名，则系统打开“图形另存为”对话框（见图 2-9），用户可以命名保存。在“保存于（I）”下拉列表中，用户可以指定文件保存的路径；在“文件类型（T）”下拉列表中，用户可以指定文件保存的类型。选择完毕后，单击“保存（S）”按钮即可完成操作。

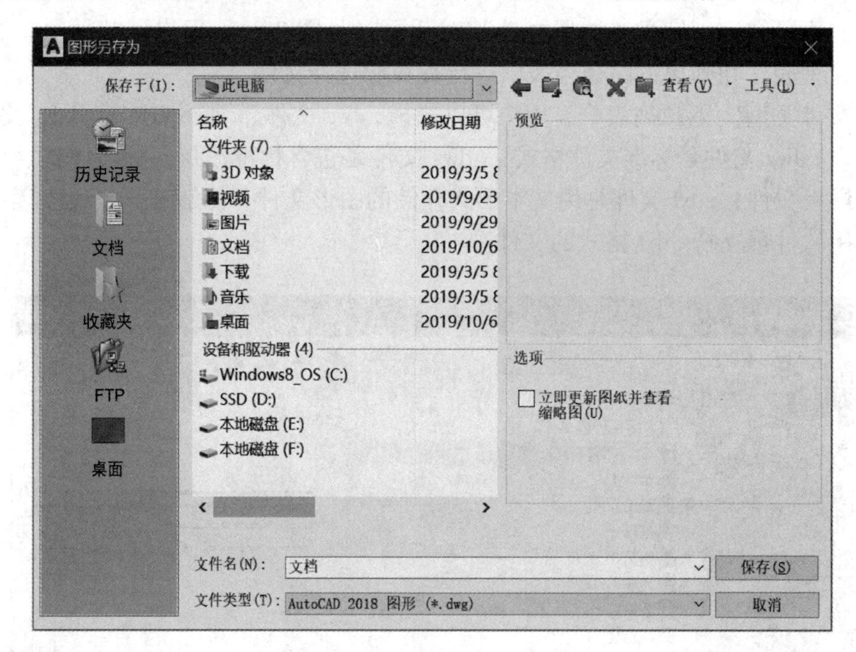

图 2-9 “图形另存为”对话框

2.4.4 退出

2.4.4.1 命令执行方式

菜单栏：选择“文件”→“退出”命令。

命令行：QUIT 或 EXIT。

快捷方法：单击操作界面右上角的“关闭”按钮☒。

2.4.4.2 操作步骤

执行上述操作后，若用户对图形所做的修改尚未保存，则会出现如图 2-10 所示的系

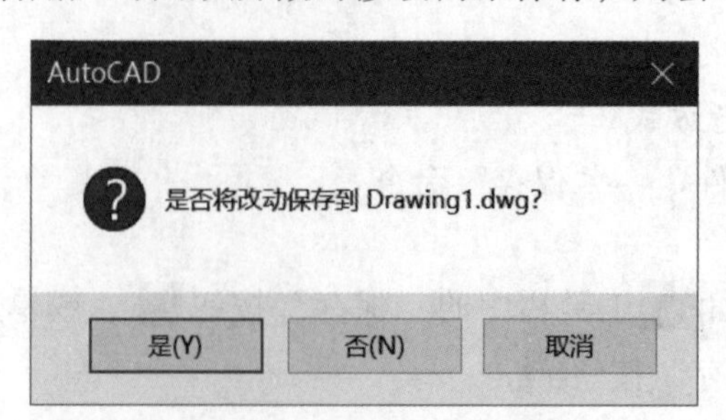

图 2-10 “系统警告”对话框

统警告对话框。单击“是（Y）”按钮，系统将保存文件后退出；单击“否（N）”按钮，系统将不保存文件。若用户对图形所作的修改已经保存，则直接退出。

2.5 基本操作命令

2.5.1 命令输入方式

命令是指告诉程序如何操作的指令。在AutoCAD中，菜单命令、工具栏按钮、命令和系统变量大都是相互对应的，用户可以选择其中任意一种方式进行绘制。可以说，命令是AutoCAD绘制和编辑图形的核心。

2.5.1.1 使用鼠标操作

在绘图窗口，光标通常显示为十字线形式。当光标移至菜单选项、功能区、状态栏或对话框内等位置时，它会变成一个箭头。此时，当单击或者按动鼠标键时，都是执行相应的命令或动作。在AutoCAD中，鼠标键是按照下述规则定义的。

（1）拾取键。通常指鼠标左键，用于指定屏幕上的点，也可以用于选择AutoCAD对象、Windows对象、工具按钮和菜单命令等。如用户可以单击功能区选项卡控制面板上的命令按钮进行作图，是常用和比较快捷的一种绘图方法。受面板大小的限制，一般只显示常用按钮，但用户可以进行自定义界面设置。

（2）回车键。指鼠标右键，相当于“Enter”键，用于结束当前使用的命令，此时系统将根据当前绘图状态而弹出不同的快捷菜单。

（3）弹出菜单。如当使用“Shift”键和鼠标右键的组合时，系统将弹出一个快捷菜单，用于设置捕捉点的方法。

2.5.1.2 使用命令行

即在命令行窗口输入命令名。命令字符可以不区分大小写。例如，输入命令：LINE并按“Enter”键（或空格键，均可执行操作），命令行将给出提示信息或指令，可以根据提示进行相应的操作。命令行输入是AutoCAD最基本的输入方式，所有绘图都可以通过命令行输入完成。命令别名是简化的命令名称，便于用户从键盘输入命令，操作起来类似于快捷键，如“CIRCLE”的命令别名为“C”，“MIRROR”的命令别名为“MI”等。一般的，命令别名为命令全称的首字母或前两个字母。AutoCAD中常用命令与命令别名见附录1。

2.5.1.3 使用快捷键

快捷键或命令别名输入方式是AutoCAD命令输入的快捷方式。使用这种方式不需要命令按钮，可以直接使用键盘操作，如执行“Ctrl+0”快捷键操作可实现切换“全屏显示”。

初学者在熟悉各类命令后，应尽快掌握快捷键和命令别名的输入方式以提高绘图效率。AutoCAD中常用快捷键见附录2。

2.5.1.4 使用透明命令

在AutoCAD 2019中，有些命令不仅可以直接在命令行中使用，而且还可以在其他命令的执行过程中插入并执行，待该命令执行完毕后，系统继续执行原命令，这种命令称为透明命令。透明命令多为修改图形设置或打开辅助绘图工具的命令，如 SNAP、GRID、ZOOM 等。

要以透明方式使用命令，应在输入命令之前输入单引号（′）。命令行中，透明命令的提示前有一个双折号（>>）。完成透明命令后，将继续执行原命令。举例说明如下：

命令：ARC↙
指定圆弧的起点或[圆心（C）]：′ZOOM↙（透明使用显示缩放命令 ZOOM）
（执行 ZOOM 命令）
>>按 ESC 或 ENTER 键退出，或右击显示快捷菜单
正在恢复执行 ARC 命令
指定圆弧的起点或[圆心（C）]：′ZOOM↙（继续执行原命令）

注：本书的操作示例中均采用符号“↙”表示确认，相当于“Enter”键。

2.5.1.5 命令的重复

无论使用哪种方法执行完成一个命令后，都可以通过按空格键或回车键（“ENTER”键）来重复这个命令。

2.5.2 坐标系与坐标输入

在 AutoCAD 中，所有对象都是依据坐标系进行准确定位的。为了满足用户的不同需求，AutoCAD 采用两种坐标系：世界坐标系（WCS）和用户坐标系（UCS）。无论是世界坐标系还是用户坐标系，其坐标值的输入方式是相同的，都可以采用绝对直角坐标、绝对极坐标、相对直角坐标、相对极坐标中的任意一种方式输入坐标值。

需要注意的是，无论采用 WCS 还是 UCS，其坐标值的大小都是依据坐标系的原点（0，0）确定的，坐标轴的正方向取正值，反方向取负值。下面介绍它们的输入方法。

2.5.2.1 直角坐标

直角坐标是用点的 X、Y 坐标值表示的坐标。直角坐标系是工程制图中最常用的坐标系，也称为笛卡尔坐标系。在命令行中输入点坐标的提示下，输入“18，15”，则表示输入了一个 X、Y 坐标值分别为 18、15 的点，此为绝对坐标输入方式，表示该点的坐标是相对于当前坐标原点（0，0）的坐标值，如图 2-11（a）所示。

如果输入“@10，8”，则为相对坐标输入方式，即需要先输入符号“@”。表示该点的坐标是相对于前一点的坐标值，如图 2-11（b）所示。

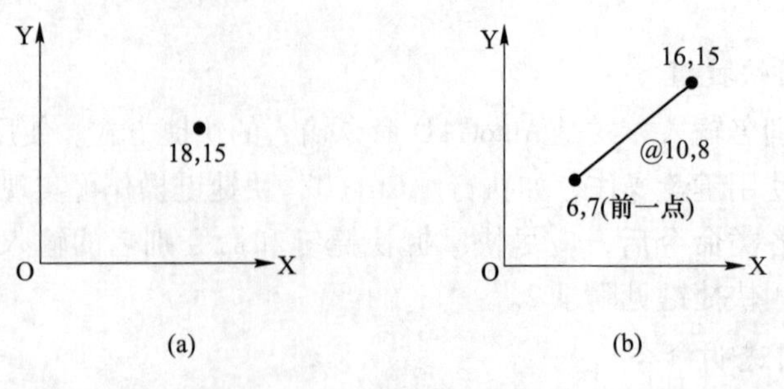

图 2-11 直角坐标输入方法

2.5.2.2　极坐标

极坐标是指用极径和夹角来表示直角坐标系中任一点位置的坐标系。平面直角坐标系中任一点 P(x，y）的极坐标形式为 P(ρ，θ)。

在绝对极坐标输入方式下，表示为“长度∠角度”，如“20∠45”，表示该点到坐标原点的距离为 20，该点至原点的连线与 X 轴正方向的夹角为 45°，如图 2-12（a）所示。

在相对极坐标输入方式下，表示为“@长度∠角度”，如“@18∠30”，表示该点到前一点的距离为 18，该点至前一点的连线与 X 轴正方向的夹角为 30°，如图 2-12（b）所示。

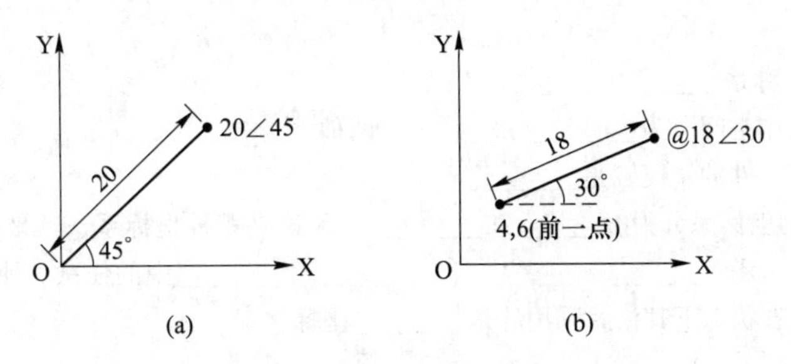

图 2-12　极坐标输入方法

2.5.2.3　坐标的动态输入

单击状态栏上的按钮，系统打开动态输入功能，用户可以直接在光标处快速启动命令、读取提示和输入值，而不需要把注意力分散到图形编辑器外。这使得用户可在创建和编辑几何图形时动态查看标准值，如长度和角度。如图 2-13 所示，绘制直线时可以利用动态输入的方法，直接在屏幕上输入坐标值。通过“Tab”键可以在这些值之间切换。

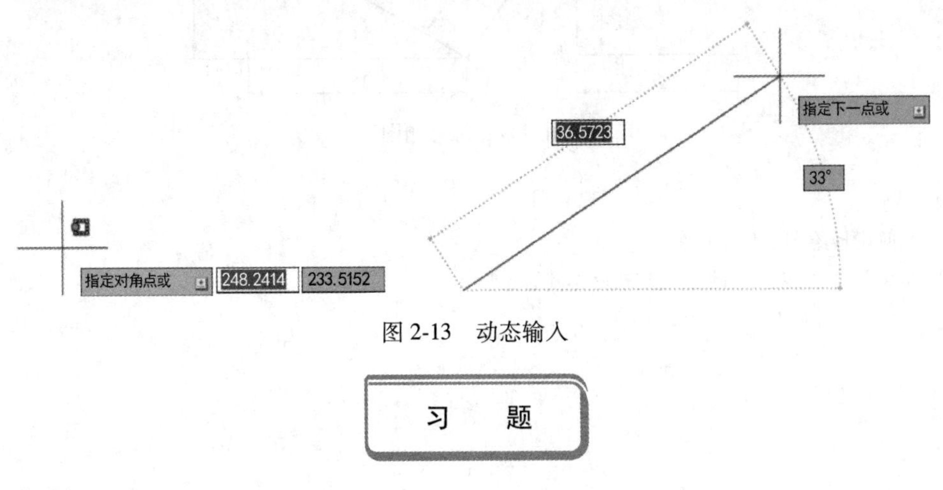

图 2-13　动态输入

习　题

2-1　选择题

1. AutoCAD 的标准文件格式是（　　）。

　A　dwg　　B　dxf　　C　dwt　　D　dws

2. 设置光标大小需在“选项”对话框中的（　　）选项卡中设置。

　A　草图　　B　配置　　C　系统　　D　显示

3. 要快速显示整个图限范围内的所有图形，可以使用（　　）命令。

　A　“视图”→“缩放”→“窗口”　　B　“视图”→“缩放”→“动态”

C “视图”→“缩放”→“范围” D “视图”→“缩放”→“全部”

4. 命令别名是简化的命令名称，如镜像“MIRROR”的命令别名为（ ）。

A M B MI C MIR D MOR

5. 重复执行上一个命令的最快方法是（ ）。

A 按“ENTER”键 B 按“Shift”键 C 按“空格”键 D 按“F1”键

6. 使用“缩放”（ZOOM）命令执行过程中改变了（ ）。

A 图形的界限范围大小 B 图形的绝对坐标

C 图形在视图中的位置 D 图形在视图中显示的大小

2-2 填空题

1. CAD 的英文全称是____________。
2. AutoCAD 的工作空间分为________和________两种。
3. AutoCAD 保存文件的快捷键是________。
4. Auto CAD 中的坐标系分为________和________。无论是哪种坐标系，其坐标值的输入方式是相同的，都可以采用________、________、________、________中的任意一种方式输入坐标值。
5. 动态输入在缺省状态下其格式采用的是________坐标。

2-3 练习题

1. 在 AutoCAD 2019 中创建一个名为“安全工程 CAD”的文件，并保存至桌面，文件类型为 DXF 格式。
2. 如图 2-17 所示，*O* 为任意起始点，根据图形尺寸参数写出 *A*、*B*、*C*、*D* 点的相对坐标。

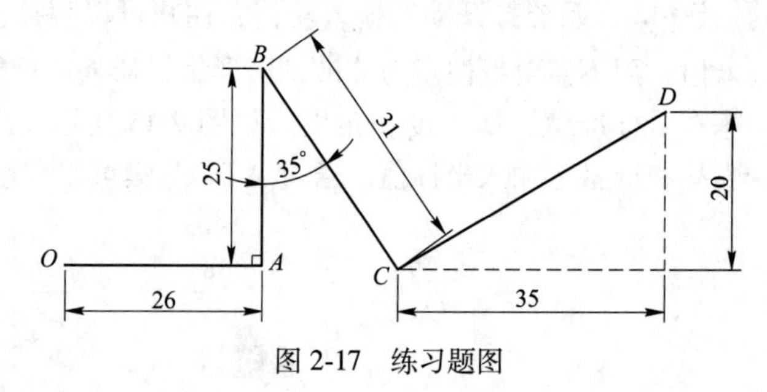

图 2-17 练习题图

2-4 思考题

1. 如何切换绘图工作空间？
2. AutoCAD 2019 命令的输入方式有哪几种？

3 二维基本图形的绘制

任何复杂图形都是由最基本的二维图元对象组成，这些基本图元对象包括点、直线类图形、圆类图形、平面图形、多段线、样条曲线和多线等，只有熟悉和掌握这些基本图形对象的绘制方法和技巧，才能更好地运用 AutoCAD 进行工程制图。本章主要介绍如何绘制基本的二维几何图形。

3.1 绘 制 点

点构成线，线构成面，面构成体，可以说点是绘图的基础。点包括单点、多点、定数等分点和定距等分点。

3.1.1 设置点样式

3.1.1.1 执行方式

菜单栏：选择“格式”→“点样式”命令。

命令行：DDPTYPE。

3.1.1.2 操作步骤

执行上述操作后，打开“点样式”对话框（见图 3-1）。“点样式”对话框给出了 20 种点的显示样式，可以选择任意一种，然后单击“确定”按钮。

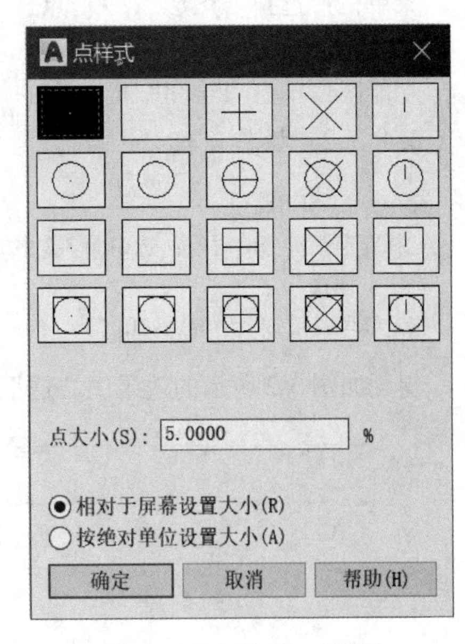

图 3-1 “点样式”对话框

“点样式”对话框中一些选项含义如下。

（1）“点大小（S）”文本框。用于设置点在屏幕中显示的大小比例。

（2）“相对于屏幕设置大小（R）”单选按钮。点的大小比例将相对于计算机屏幕，而不随图形的缩放而改变。

（3）“按绝对单位设置大小（A）”单选按钮。选中此单选按钮，点的大小表示点的绝对尺寸，当对图形进行缩放时，点的大小也随之变化。

3.1.2 创建点

选定了点样式后，接下来就是点的创建。在 AutoCAD 2019 中，可根据需求创建单点或多点。所谓单点就是在绘图区一次仅绘制的一个点，主要用来绘制单个的特殊点，如指定中点、圆心点和相切点等；而多点则是在绘图区可以连续绘制的多个点，且该方式主要是以第一点为参考点，然后依照该参考点绘制多个点。调用“单点”或“多点”命令的方法如下。

3.1.2.1 命令执行方式

菜单栏：选择“绘图”→“点”→“单点”（或“多点”）命令。

命令行：POINT/PO（命令的执行方式仅绘制单点）。

功能区：单击“绘图”面板中的“多点”按钮∵。

3.1.2.2 操作步骤

需要绘制单点时，在命令行中输入 POINT，回车或空格执行命令，然后在绘图区中单击左键或输入点坐标，即可绘制出单个点。当需要绘制多点时，以功能区面板执行方式为例，选择绘图选项板中的“多点”按钮∵，然后在绘图区连续单击或输入点坐标的方式绘制出多个点。

3.1.3 定距等分点

定距等分顾名思义，即从选定对象的一个端点开始，将其划分出相等的长度，该对象可以是直线、曲线、圆弧或多段线等。

3.1.3.1 命令执行方式

菜单栏：选择“图形”→“点”→“定距等分”命令。

命令行：MEASURE。

功能区：单击“绘图”面板中的“定距等分”按钮。

3.1.3.2 操作步骤

命令：MEASURE↙
选择要定距等分的对象：（选中图 3-2 中的直线）
选定点样式⊗↙
指定线段长度或[块(B)]：10↙

得到如图 3-2 所示的效果图。这里，点样式也可以在执行等分点命令之前设置。

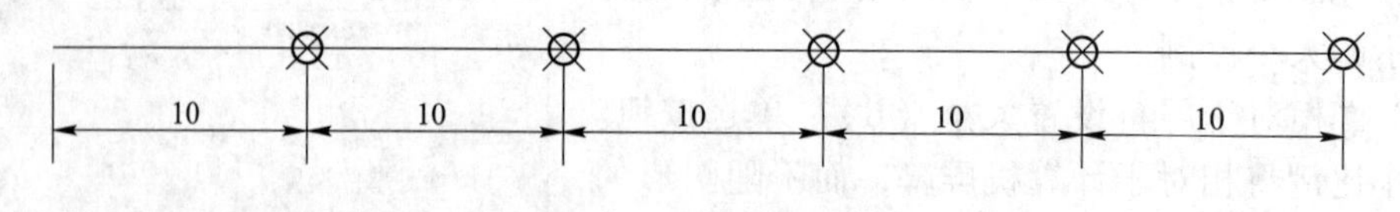

图 3-2 定距等分效果图

3.1.4 定数等分点

定数等分点可以将等分对象的长度或周长等间隔排列。

3.1.4.1 命令执行方式

菜单栏：选择“绘图”→“点”→“定数等分”命令。

命令行：DIVIDE/DIV。

功能区：单击“绘图”面板中的“定数等分”按钮。

3.1.4.2 操作步骤

命令：DIVIDE↙
选择要定数等分的对象：(选中图3-3所示的圆弧)
输入线段数目或［块(B)］：8↙

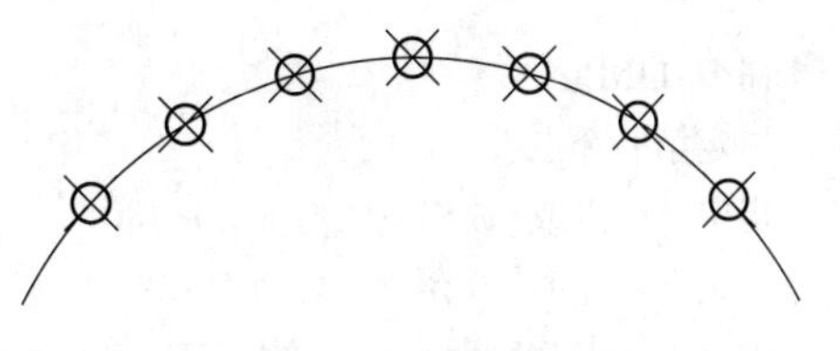

图3-3 定数等分效果图

得到如图3-3所示定数等分效果图。

3.2 绘 制 线

3.2.1 直线

使用直线命令可以创建一系列连续的线段，在一个由多条线段连接而成的简单图形中，每条线段都是一个单独的图形对象。

3.2.1.1 命令执行方式

菜单栏：选择“绘图”→“直线”命令。

命令行：LINE/L。

功能区：单击“绘图”面板中的“直线”按钮⁄。

3.2.1.2 操作步骤

AutoCAD中默认的直线绘制方法是两点绘制，即连接任意两点绘成一条直线。除了两点绘制外，还可以通过绝对坐标、相对直角坐标、相对极坐标等方法来绘制。

输入绝对坐标绘制：(1) 用鼠标指定第一点（或输入绝对坐标)；(2) 依次输入第二点、第三点……的绝对坐标。

命令：LINE↙
指定第一个点：
指定下一点或[放弃(U)]：
指定下一点或[闭合(C)/放弃(U)]：(确认或取消)
注意：(确认可按“Enter键”或“空格键”，取消可按“Esc键”，下同)

输入相对直角坐标绘制：(1) 指定第一点（或输入绝对坐标)；(2) 依次输入第二点、第三点……的相对前一点的直角坐标。

命令：LINE↙
指定第一个点：
指定下一点或[放弃(U)]：@50,-50
指定下一点或[放弃(U)]：(确认或取消)

直线绘制效果如图3-4所示。

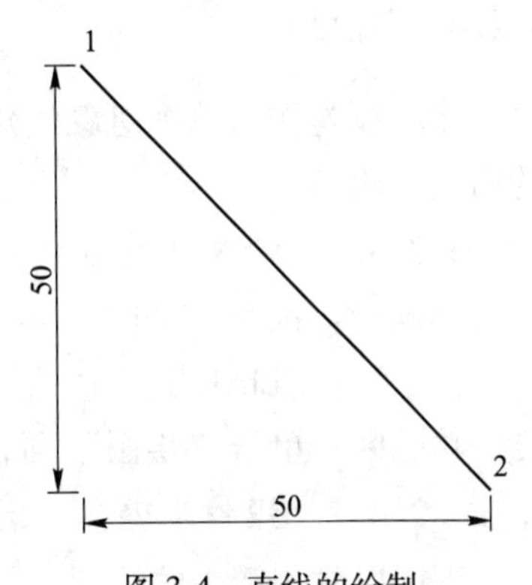

图3-4 直线的绘制

输入相对极坐标绘制：(1) 指定第一点（或输入绝对坐标确定第一点)；(2) 依次输入第二点、第三点…的相对前一点的极坐标。

命令:LINE↙
指定第一个点:
指定下一点或[放弃(U)]:@50<180
指定下一点或[放弃(U)]:@50<90
指定下一点或[闭合(C)/放弃(U)]:(确认或取消)

3.2.2 构造线

构造线是两端无限延伸的直线，可以用来作为创建其他对象时的参考线。

3.2.2.1 命令执行方式

菜单栏：选择“绘图”→“构造线”命令。

命令行：XLINE/XL。

功能区：单击“绘图”面板中的“构造线”按钮。

3.2.2.2 操作步骤

命令：XLINE↙
指定点或[水平(H)/垂直(V)/角度(A)/二等分(B)/偏移(O)]:
指定通过点:(指定两点后,确认或取消)

3.2.3 射线

射线是一端固定，另一端无限延伸的线。

3.2.3.1 命令执行方式

菜单栏：选择“绘图”→“射线”命令。

命令行：RAY。

功能区：单击“绘图”面板中的“射线”按钮。

3.2.3.2 操作步骤

命令：RAY↙
指定起点:
指定通过点:(确认或取消)

3.2.4 多段线

多段线是作为单个对象创建的相互连接的序列线段。可以创建直线段、弧线段和两者的组合线段。

3.2.4.1 命令执行方式

菜单栏：选择“绘图”→“多段线”命令。

命令行：PLINE/PL。

功能区：单击“绘图”面板中的“多段线”按钮。

3.2.4.2 操作步骤

下面以常用箭头的绘制为例，来讲解多段线命令的使用。

命令：PLINE↙
指定起点：在绘图区域中任意单击一点
当前线宽为 0.0000
指定下一点或[圆弧(A)/半宽(H)/长度(L)/放弃(U)/宽度(W)]：w↙
指定起始宽度<0.0000>：5↙（给起始线宽）
指定端点宽度<5.0000>：5↙（给终点线宽）
指定下一个点或[圆弧(A)/半宽(H)/长度(L)/放弃(U)/宽度(W)]：确定线段的下一点
指定下一个点或[圆弧(A)/闭合(C)/半宽(H)/长度(L)/放弃(U)/宽度(W)]：w↙
指定起点宽度<5.0000>：15↙
指定端点宽度<15.0000>：0↙
指定下一点或[圆弧(A)/闭合(C)/半宽(H)/长度(L)/放弃(U)/宽度(W)]：确定箭头的尾端
指定下一点或[圆弧(A)/闭合(C)/半宽(H)/长度(L)/放弃(U)/宽度(W)]：(确认或取消)

绘制出的箭头如图 3-5 所示。

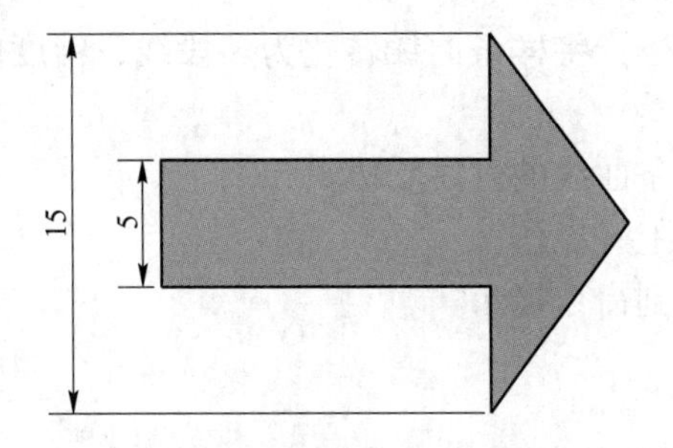

图 3-5 多段线命令绘制箭头

3.2.5 样条曲线

样条曲线是经过或接近一系列给定点的光滑曲线，可以控制曲线与点的拟合程度。

3.2.5.1 命令执行方式

菜单栏：选择“绘图”→“样条曲线”命令。
命令行：SPLINE/SPL。
功能区：单击“绘图”面板中的“样条曲线”按钮。

3.2.5.2 操作步骤

命令：SPLINE↙
当前设置：方式=拟合 节点=弦
指定第一个点或[方式(M)/节点(K)/对象(O)]：
输入下一个点或[起点切向(T)/公差(L)]：
输入下一个点或[端点相切(T)/公差(L)/放弃(U)]：
输入下一个点或[端点相切(T)/公差(L)/放弃(U)/闭合(C)]：(根据需要继续指定下一点，或确认(或取消)，或输入 C 使样条曲线闭合)

3.2.5.3 编辑样条曲线

用户若需要编辑样条曲线，可以通过下列三种方式：

菜单栏：选择“修改”→“对象”→“样条曲线”命令。

命令行：SPLINEDIT/SPE。

功能区：单击“修改”面板“编辑样条曲线”按钮。

调用“编辑样条曲线”命令并选择需要编辑的对象后，命令行提示：“输入选项[闭合(C)/合并(J)/拟合数据(F)/编辑顶点(E)/转换为多段线(P)/反转(R)/放弃(U)/退出(X)]”。各选项的含义为：

(1) 闭合 (C)：显示闭合或打开，具体取决于选定的样条曲线是开放的还是闭合的。

(2) 合并 (J)：将选定的样条曲线和其他样条曲线、圆弧、直线等在重合端点处合并，以形成一个较大的样条曲线。

(3) 拟合数据 (F)：用于编辑拟合数据，执行该选项后系统将进一步提示编辑拟合数据的相关选项。

(4) 编辑顶点 (E)：用于编辑控制框数据，执行该选项后系统将进一步提示编辑控制框数据的相关选项 (见图 3-6)。

(5) 转换为多段线 (P)：将样条曲线转化为多段线，精度值决定生成的多段线与样条曲线的接近程度。

(6) 反转 (R)：将样条曲线的方向反转。

(7) 放弃 (U)：取消上一操作。

(8) 退出 (X)：返回到命令提示。

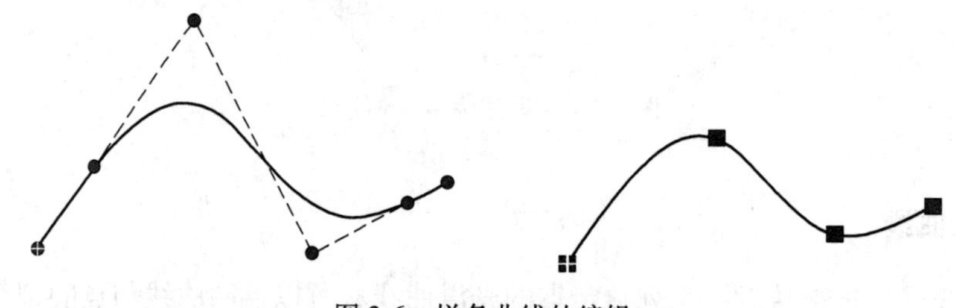

图 3-6　样条曲线的编辑

3.2.6　多线

在 AutoCAD 2019 中，用户可按指定的间距、线型、条数及端口形式绘制多条平行线段 (即为多线)。

3.2.6.1　命令执行方式

菜单栏：选择“绘图”→“线”命令。

命令行：MLINE。

3.2.6.2　操作步骤

命令：MLINE↙

当前设置：对正 = 上，比例 = 20.00，样式 = STANDARD

指定起点或[对正(J)/比例(S)/样式(ST)]：s↙

输入多线比例<20.00>：　5↙(给最外侧两线的间距)

当前设置：对正 = 上，比例 = 5.00，样式 = STANDARD

指定起点或[对正(J)/比例(S)/样式(ST)]:(给起点)
指定下一点:(给第二点)
指定下一点或[放弃(U)]:(给第三点)
指定下一点或[闭合(C)/放弃(U)]:(给第四点)
指定下一点或[闭合(C)/放弃(U)]:(给第五点)
指定下一点或[闭合(C)/放弃(U)]:(确认或取消)

多线命令效果如图 3-7 所示。

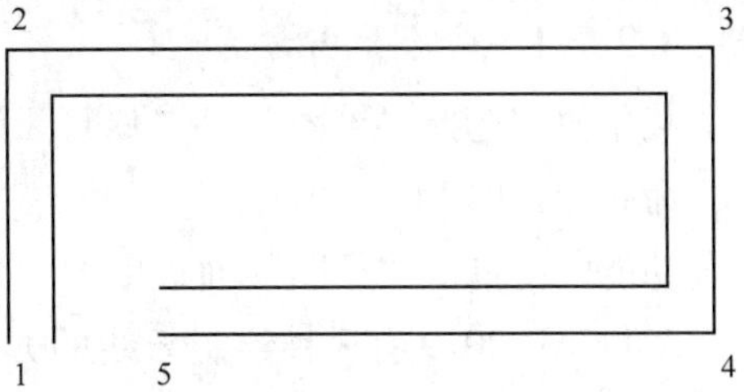

图 3-7　多线命令效果图

3.2.6.3　多线的编辑

在工程图的绘制中，多线的相交处常常需要进行修改，即编辑多线。用 MLEDIT 命令可以修改多线的交点，并可根据不同的交点类型（十字交叉、T 形相交或顶点），采用不同的工具进行修改，还可以使一条或多条平行线断开或连接。

多线的编辑往往离不开“多线编辑工具”，可通过选择“修改”→“对象”→“多线”或在命令行输入“MLEDIT”来打开。“多线编辑工具”对话框如图 3-8 所示。

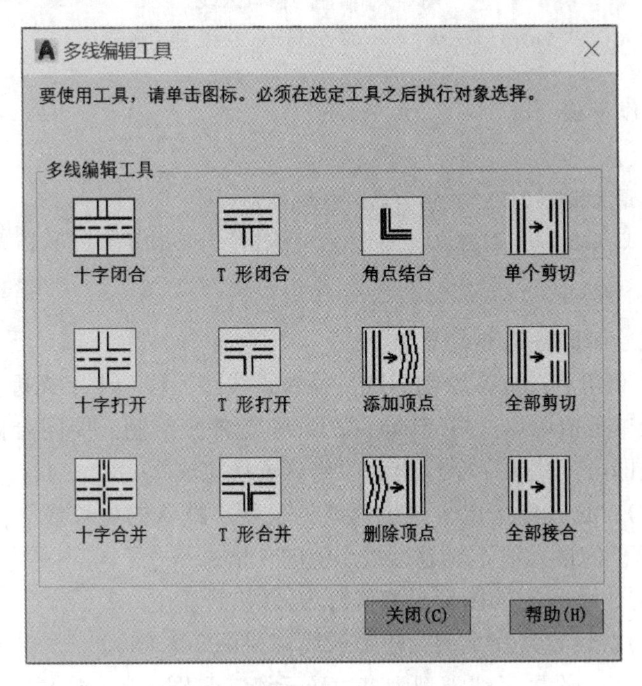

图 3-8　“多线编辑工具”对话框

“多线编辑工具”提供了 12 种编辑方式，第一列控制交叉的多线，第二列控制 T 形相交的多线，第三列控制角点结合和顶点，第四列控制多线中的打断。用户选择图标后，再根据提示点击需要修改的多线，即可完成修改。

3.2.7　创建修订云线

修订云线是由连续圆弧组成的多段线。在检查或用红线圈阅图形时，可以使用修订云线功能亮显标记以提高工作效率。利用 REVCLOUD 命令创建由连续圆弧组成的多段线以构成云线型对象。可以从头开始创建修订云线，也可以将对象（例如圆、椭圆、多段线或样条曲线）转换为修订云线。

3.2.7.1　命令执行方式

菜单栏：选择“绘图”→“修订云线”命令。

命令行：REVCLOUD。

功能区：单击“绘图”面板中的“修订云线”按钮。

AutoCAD 2019 有 3 种绘制云线的方式：矩形云线、多边形云线和徒手画云线（见图 3-9）。

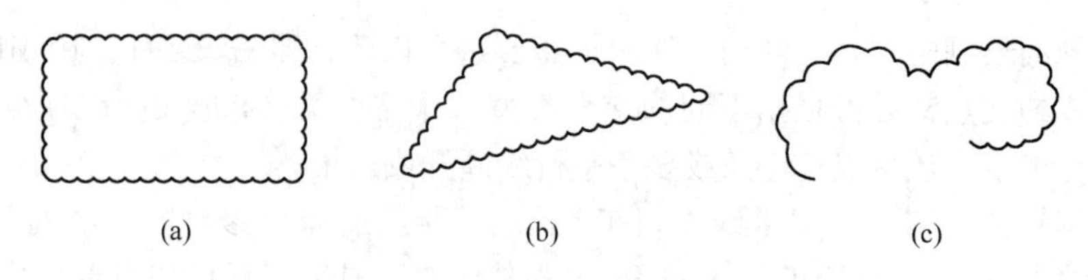

图 3-9　绘制与修订云线

（a）矩形云线；（b）多边形云线；（c）徒手画云线

3.2.7.2　操作步骤

命令：REVCLOUD↙

最小弧长：0.5　最大弧长：0.5　样式：普通　类型：矩形

指定第一个角点或[弧长(A)/对象(O)/矩形(R)/多边形(P)/徒手画(F)/样式(S)/修改(M)]<对象>:

以上修订云线绘制的各选项含义如下：

（1）指定第一个角点：直接绘制云线。沿着云线路径移动十字光标。要更改圆弧的大小，可以沿着路径单击拾取点。可以随时按 Enter 键停止绘制。要闭合修订云线，拖动鼠标返回到它的起点即可，此时命令行提示“修订云线完成”。

（2）弧长（A）：选择项指定云线中弧线的长度。默认的弧长最小值和最大值设置为 0.5000 个单位。弧长的最大值不能超过最小值的 3 倍。

（3）对象（O）：将封闭的图形元素修订为云线。

（4）矩形（R）：设置云线类型为矩形云线（见图 3-9（a））。

（5）多边形（P）：设置云线类型为多边形云线（见图 3-9（b））。

（6）徒手画（F）：设置云线类型为徒手画云线（见图 3-9（c））。

（7）样式（S）：用户可以为修订云线选择样式为“普通（N）”或“手绘（C）”。

3.2.8　绘制徒手线

徒手线是由很短的直线段（默认情况下，AutoCAD 给定的是 1 个单位）组成的，它可以用来绘制不规则的边界线或图线，可以用于数字化仪追踪。

徒手绘图时，定点设备类似画笔。单击定点设备将“画笔”放到屏幕上，这时可以进行绘图，再次单击将提起画笔并停止绘图。徒手线由许多条线段组成。每条线段都可以是独立的对象或多段线。在徒手绘制之前，先应该制定对象类型（直线、多段线或样条曲线)、增量和公差。

3.2.8.1 命令执行方式

命令行：SKETCH。

3.2.8.2 操作步骤

命令：SKETCH↙
类型 = 直线　增量 = 1.0000　公差 = 0.5000
指定草图或[类型(T)/增量(I)/公差(L)]：

各选项含义如下：

(1) 类型 (T)：制定手画线的对象类型，包括直线、多段线或样条曲线3种对象。

(2) 增量 (I)：定义每条手画直线段的长度。定点设备所移动的距离必须大于增量值，才能生出一条直线 (SKETCHINC 系统变量)。

(3) 公差 (L)：对于样条曲线，指定样条曲线的曲线布满手画线草图的紧密程度。

3.3 绘制多边形

3.3.1 绘制矩形

用 RECTANG 命令可按指定的线宽绘制矩形，该命令还可绘制倾斜的矩形、四角为斜角或者圆角的矩形。

3.3.1.1 命令执行方式

菜单栏：选择“绘图”→“矩形”命令。

命令行：RECTANG。

功能区：单击“绘图”面板中的“矩形”按钮□。

3.3.1.2 操作步骤

默认的绘制矩形方式是指定两角点绘制，除此之外还有面积绘制法和旋转绘制法。

A 指定角点绘制

命令:RECTANG↙
指定第一个角点或[倒角(C)/标高(E)/圆角(F)/厚度(T)/宽度(W)]:0,0↙
指定另一个角点或[面积(A)/尺寸(D)/旋转(R)]:10,6↙

指定角点绘制如图3-10 (a) 所示。

B 面积绘制法

命令：RECTANG↙
指定第一个角点或[倒角(C)/标高(E)/圆角(F)/厚度(T)/宽度(W)]:0,0↙
指定另一个角点或[面积(A)/尺寸(D)/旋转(R)]:a↙
输入以当前单位计算的矩形面积<50.0000>:(按空格键接受默认值)
计算矩形标注时依据[长度(L)/宽度(W)]<长度>:(按空格键接受默认值)
输入矩形长度<10.0000>:8↙

面积绘制法如图3-10 (b) 所示。

C　旋转绘制法

命令：RECTANG↙

指定第一个角点或［倒角(C)/标高(E)/圆角(F)/厚度(T)/宽度(W)］：0,0↙

指定另一个角点或［面积(A)/尺寸(D)/旋转(R)］：r↙

指定旋转角度或［拾取点(p)］<0>：175↙

指定另一个角点或［面积(A)/尺寸(D)/旋转(R)］：(拖拽鼠标指定矩形放置位置)

旋转绘制法如图 3-10（c）所示。

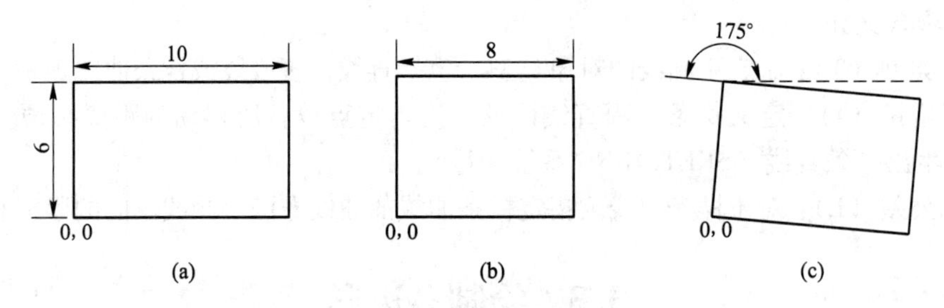

图 3-10　矩形绘制方式

（a）指定角点绘制；（b）面积绘制法；（c）旋转绘制法

3.3.2　绘制正多边形

用 POLYGON 命令可以创建等边闭合多段线，即绘制边数在 3~1024 之间的正多边形。用户可以指定多边形的边数，还可以指定它是内接于圆还是外切于圆。

3.3.2.1　命令执行方式

菜单栏：选择“绘图”→“正多边形”命令。

命令行：POLYGON。

功能区：单击“绘图”面板中的“多边形”按钮。

3.3.2.2　操作步骤

有三种方式可以绘制正多边形，分别为指定边方式、指定内接于圆方式和指定外切于圆方式。

A　指定边

命令:POLYGON↙

输入边的数目<4>: 5↙(指定边的数量)

指定正多边形的中心点或［边(E)］: E↙(选边长方式)

指定边的第一个端点:(给边上第 1 端点)

指定边的第二个端点:(给边上第 2 端点)

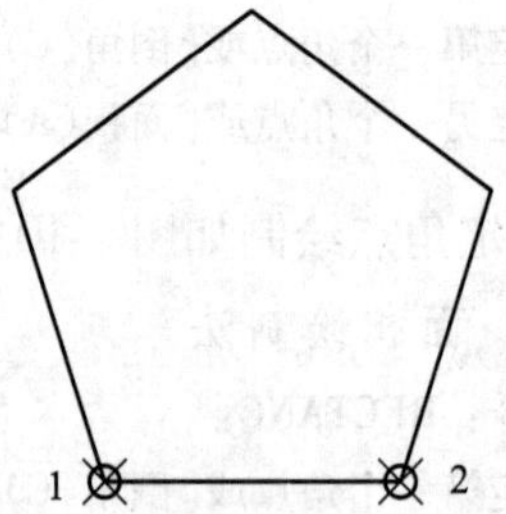

指定边方式绘制多边形如图 3-11 所示。

图 3-11　指定边方式绘制多边形

B　指定内接于圆

指定外接圆的半径，正多边形的所有顶点都在此圆周上。用定点设备指定半径，决定正多边形的旋转角度和尺寸。指定半径值将以当前捕捉旋转角度绘制正多边形的底边。以正六边形为例：

命令：POLYGON↙
输入边的数目<4>：6↙（指定边的数量）
指定多边形的中心点或［边(E)］：（给多边形中点 O）
输入选项［内接于圆(I)/外切于圆（C)］<I>：↙（默认方式 I）
指定圆的半径：（给圆半径）

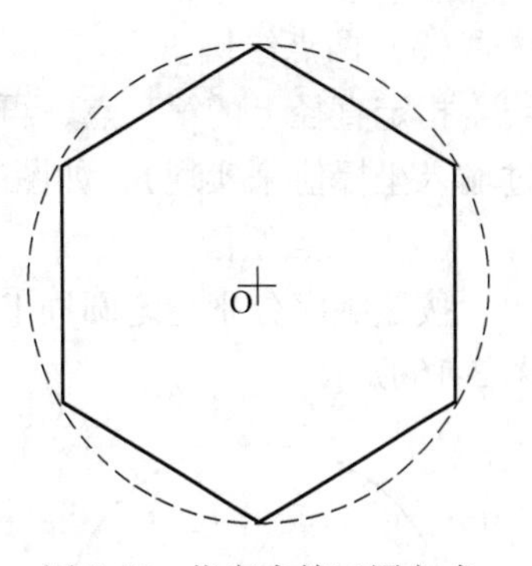

图 3-12 指定内接于圆方式

指定内接于圆方式如图 3-12 所示。

C 指定外切于圆

指定从正多边形圆心到各边中点的距离，用定点设备指定半径，决定正多边形的旋转角度和尺寸。指定半径值将以当前捕捉旋转角度绘制正多边形的底边。外切于圆的方式与内接于圆相似，这里就不再赘述。

3.4 绘制圆、圆弧和圆环

3.4.1 绘制圆

圆形是工程绘图中最常用的图形之一，其创建方式有 6 种，分别为：圆心、半径；圆心、直径；两点；三点；相切、相切、半径和相切、相切、相切。具体命令调用方法如下。

3.4.1.1 命令执行方式

菜单栏：选择“绘图”→“圆”→根据需要选择一种绘制方式。

命令行：CIRCLE/C。

功能区：单击“绘图”面板中的“圆”按钮，在下拉列表中选择一种绘制方式。

3.4.1.2 操作步骤

（1）圆心、半径。

先指定圆心（可用鼠标点击或输入坐标值），再输入圆的半径（也可以用鼠标点击某一点来确定半径值），如图 3-13 所示。

（2）圆心、直径。

先指定圆心（可用鼠标点击或输入坐标值），再输入圆的直径（也可以用鼠标点击某一点来确定直径值），如图 3-14 所示。

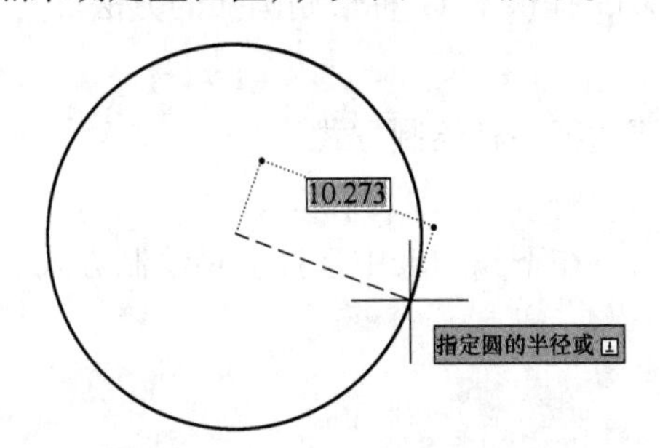

图 3-13 圆心、半径方式绘圆

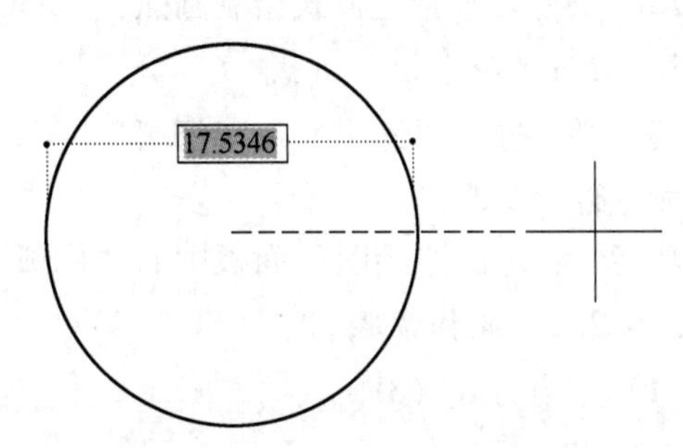

图 3-14 圆心、直径方式绘圆

（3）两点绘圆。

指定直径上的第一点，再确定直径上的第二点或者输入直径长度（点的确定都可以通过输入坐标值来实现），如图 3-15 所示。

（4）三点绘圆。

按照顺序分别指定圆周上的三个点，根据三点确定一个圆的定理来完成圆的绘制，如图 3-16 所示。

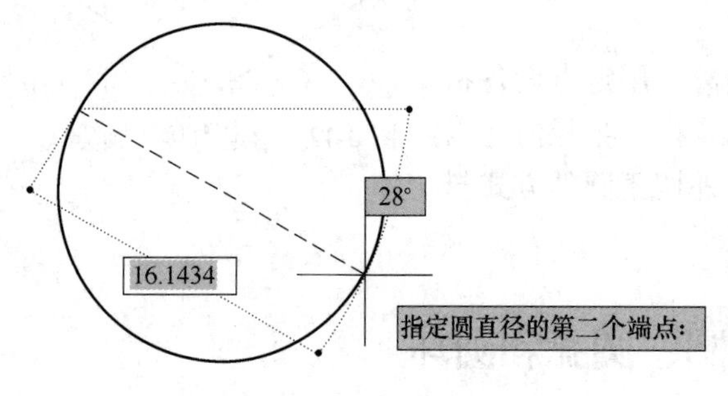

图 3-15 两点方式绘圆

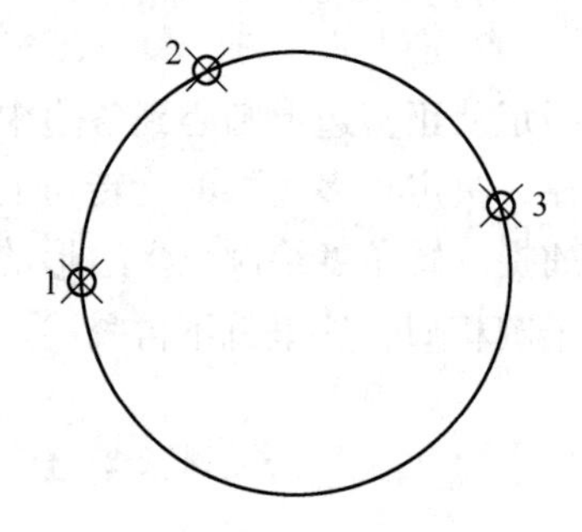

图 3-16 三点方式绘圆

（5）相切、相切、半径。

选择与圆相切的两个对象后，再输入圆的半径，如图 3-17 所示。

（6）相切、相切、相切。

调用“相切、相切、相切”绘圆命令后，选择与圆相切的三个对象，如图 3-18 所示。

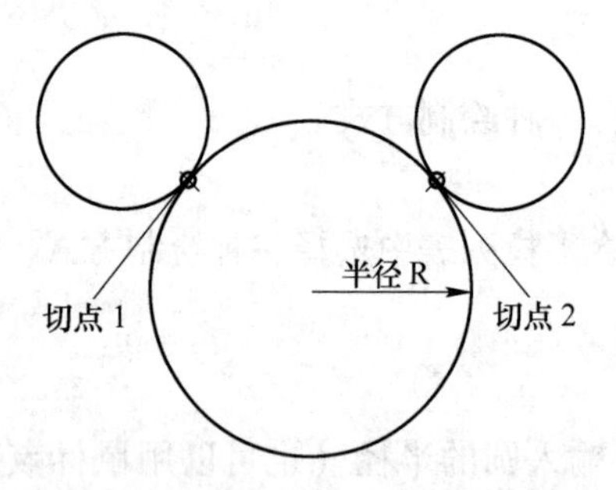

图 3-17 相切、相切、半径方式绘圆

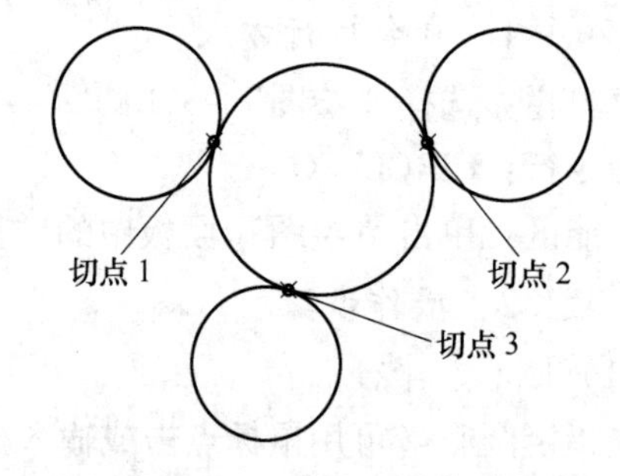

图 3-18 相切、相切、相切方式绘圆

3.4.2 绘制圆弧

ARC 命令可按指定方式绘制圆弧，AutoCAD 2019 提供了 11 种绘制圆弧的方法。

3.4.2.1 命令执行方式

菜单栏：选择“绘图”→“圆弧”→根据需要选择一种绘制方式。

命令行：ARC/A。

功能区：单击“绘图”面板中的“圆弧”按钮，在下拉列表中选择一种绘制方式。

3.4.2.2 操作步骤

（1）三点方式（3P）。

命令:ARC↙

指定圆弧的起点或[圆心(C)]:(给第 1 点)

指定圆弧的第二点或[圆心(C)/端点(E)]:(给第 2 点)
指定圆弧的端点:(给第三 3 点)

三点方式绘圆弧如图 3-19 所示。

(2) 起点、圆心、端点方式。

命令:ARC↙
指定圆弧的起点或 [圆心(C)]:(给起点 S)
指定圆弧的第二个点或 [圆心(C)/端点(E)]: C↙
指定圆弧的圆心:(给圆心 O)
指定圆弧的端点(按住 Ctrl 键以切换方向)或 [角度(A)/弦长(L)]:(给端点 E)

以 S 为起点，O 为圆心，逆时针画圆弧，圆弧的终点落在圆心及终点 E 的连线上，如图 3-20 所示。

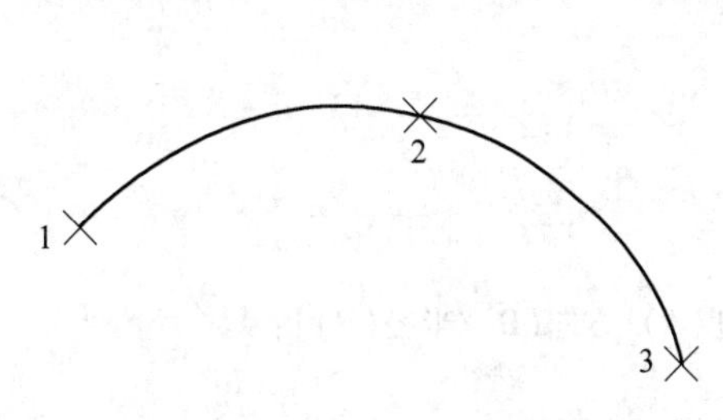

图 3-19 三点方式绘圆弧

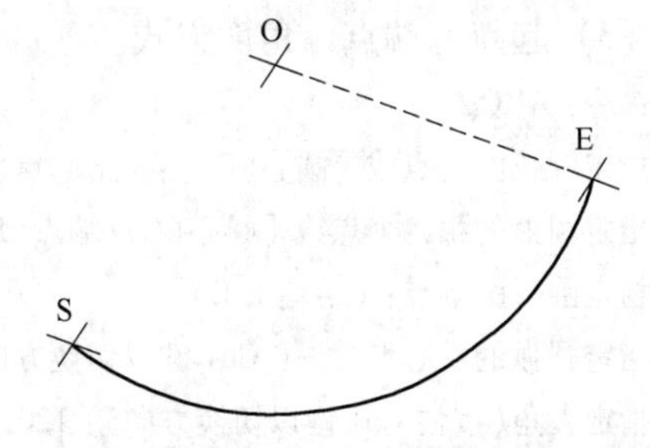

图 3-20 起点、圆心、端点方式绘圆弧

(3) 起点、圆心、角度方式。

命令: ARC↙
指定圆弧的起点或 [圆心(C)]:(给起点 S)
指定圆弧的第二个点或 [圆心(C)/端点(E)]: C↙
指定圆弧的圆心:(给圆心 O)
指定圆弧的端点(按住 Ctrl 键以切换方向)或 [角度(A)/弦长(L)]: A↙
指定夹角(按住 Ctrl 键以切换方向): 184↙

以 S 为起点，O 点为圆心（OS 为半径)，按所给弧的包含角度 184°绘制圆弧。角度为正，表示从起点开始逆时针绘制圆弧；角度为负，表示从起点开始顺时针绘制圆弧，效果如图 3-21 所示。

(4) 起点、圆心、长度方式。

命令: ARC↙
指定圆弧的起点或 [圆心(C)]:(给起点 S)
指定圆弧的第二个点或 [圆心(C)/端点(E)]: C↙
指定圆弧的圆心:(给圆心 O)
指定圆弧的端点(按住 Ctrl 键以切换方向)或 [角度(A)/弦长(L)]: L↙
指定弦长(按住 Ctrl 键以切换方向): 40↙

这种方式是从起点开始，按逆时针方向绘制圆弧的。但需要注意的是，弦长可正可负，正值时，绘制的是小于半圆的圆弧；负值时，绘制的则是大于半圆的圆弧，具体如图 3-22 所示。

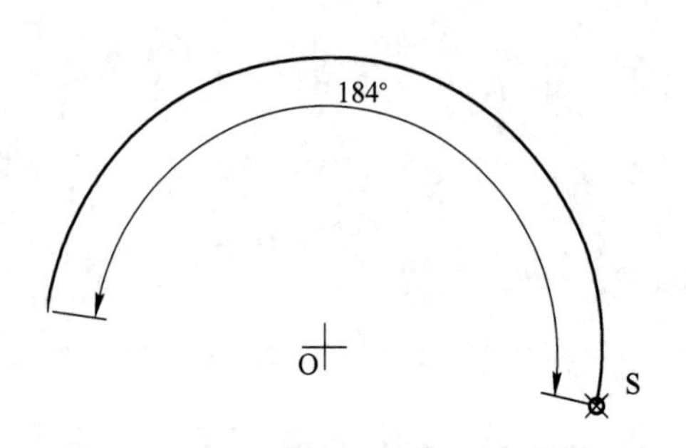

图 3-21 起点、圆心、角度方式绘圆弧

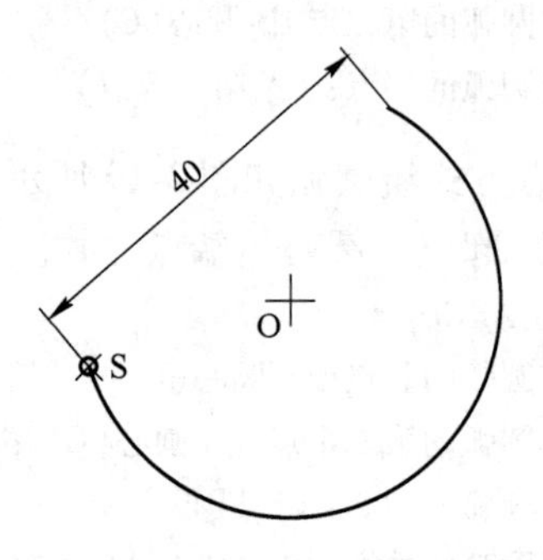

图 3-22 起点、圆心、长度方式绘圆弧

（5）起点、端点、角度方式。

命令：ARC↙

指定圆弧的起点或［圆心(C)］：(给起点 S)

指定圆弧的第二个点或［圆心(C)/端点(E)］：E↙

指定圆弧的端点：(给端点 E)

指定圆弧的中心点(按住 Ctrl 键以切换方向)或［角度(A)/方向(D)/半径(R)］：A↙

指定夹角(按住 Ctrl 键以切换方向)：120↙

以 S 为起点，E 为终点，包含角度是 120°，所绘制的圆弧如图 3-23 所示。

（6）起点、端点、方向方式。

命令：ARC↙

指定圆弧的起点或［圆心(C)］：(给起点 S)

指定圆弧的第二个点或［圆心(C)/端点(E)］：E↙

指定圆弧的端点：(给端点 E)

指定圆弧的中心点(按住 Ctrl 键以切换方向)或［角度(A)/方向(D)/半径(R)］：D↙

指定圆弧起点的相切方向(按住 Ctrl 键以切换方向)：(指定方向点)

可以通过在所需切线上指定一个点或输入角度指定相切方向。通过更改指定两个端点的顺序，可以确定哪个端点控制切线。所绘制圆弧以 S 为起点，E 为终点，所给方向点与圆弧起点的连线是该圆弧的开始方向，具体效果如图 3-24 所示。

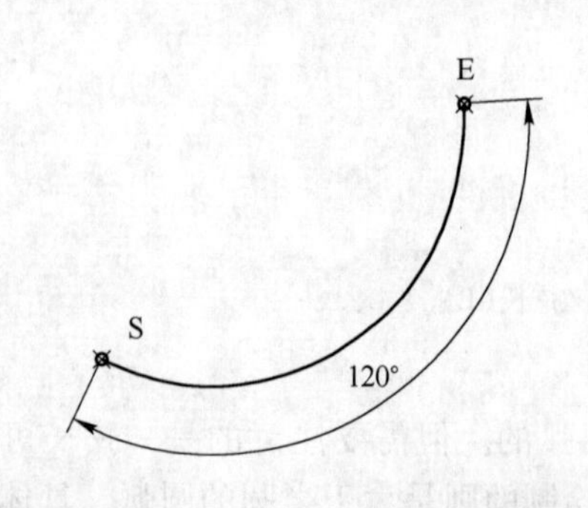

图 3-23 起点、端点、角度方式绘圆弧

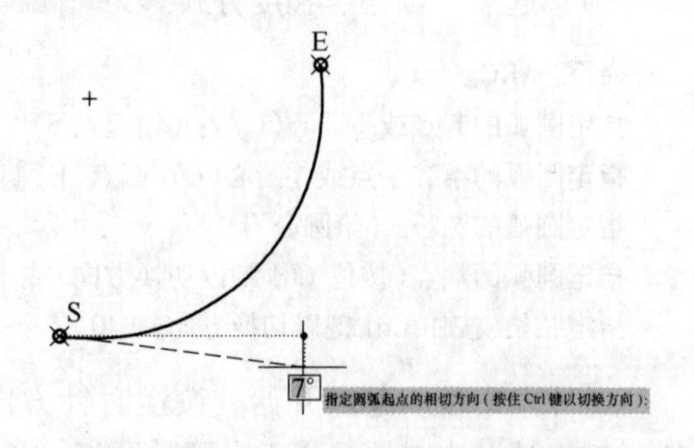

图 3-24 起点、端点、方向方式绘圆弧

（7）起点、端点、半径方式。

命令：ARC↙

指定圆弧的起点或［圆心(C)］：(给起点S)

指定圆弧的第二个点或［圆心(C)/端点(E)］：E↙

指定圆弧的端点：(给端点E)

指定圆弧的中心点(按住 Ctrl 键以切换方向)或［角度(A)/方向(D)/半径(R)］：R↙

指定圆弧的半径(按住 Ctrl 键以切换方向)：20↙

圆弧凸度的方向由指定其端点的顺序确定。可以通过输入半径或在所需半径距离上指定一个点来指定半径。所绘制圆弧以 S 为起点，E 为终点，半径是 20，效果如图 3-25 所示。

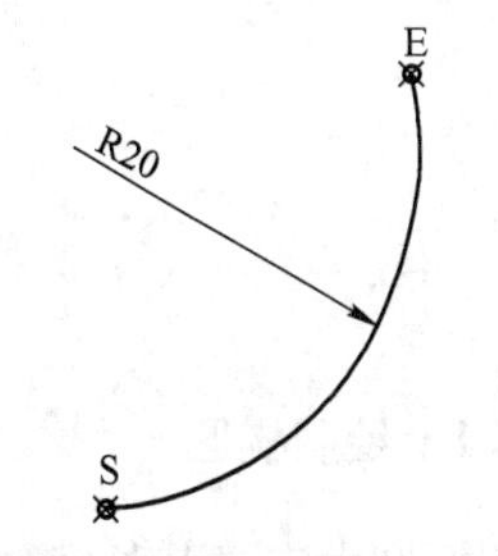

图 3-25　起点、端点、半径方式绘圆弧

（8）连续绘制方式。

连续绘制方式就是绘制相连的相切圆弧和直线。创建圆弧后，即可开始创建与该圆弧在端点相切的直线。只需指定线长。创建直线或圆弧后，通过在“指定起点”提示下启动 ARC 命令并按 Enter 键，可以立即绘制一个在端点处相切的圆弧。只需指定新圆弧的端点。

关于“圆心、起点、端点”“圆心、起点、角度”及“圆心、起点、长度”的绘制方法类似，本书不再赘述。

3.4.3　绘制圆环

圆环是填充环或实体填充圆，即带有宽度的闭合多段线。

3.4.3.1　执行方式

菜单栏：选择“绘图”→“圆环”。

命令行：DONUT/DO。

功能区：单击“绘图”面板中的“圆环”按钮◎。

3.4.3.2　操作步骤

命令：DONUT↙

指定圆环的内径(0.5000)：18↙

指定圆环的外经(1.0000)：24↙

指定圆环的中心点或<退出>：(在绘图区指定一点作为圆环中心)

指定圆环的中心点或<退出>：(确认或取消)

圆环绘制结果如图 3-26（a）所示。

如果指定圆环的内径为零，则圆环变为圆，如图 3-26（b）和图 3-26（d）所示。

AutoCAD 规定可以用系统变量 FILLMODE 来控制所绘圆环是实心或是空心。当“FILLMODE”的值设置为 1 时（系统默认值），绘制实心圆环（见图 3-26（a）和图 3-26（b）），设置为 0 时绘制空心圆环（见图 3-26（c）和图 3-26（d））。也可以用打开（ON）或关闭（OFF）FILL 命令来实现上述效果。

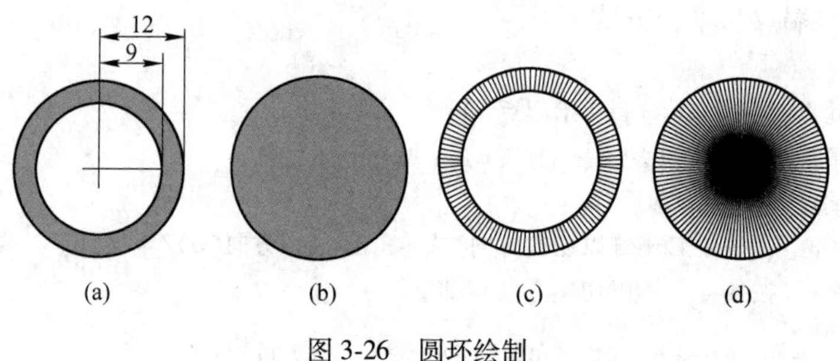

图 3-26 圆环绘制

3.5 绘制椭圆和椭圆弧

3.5.1 绘制椭圆

椭圆由定义其长度和宽度的两条轴决定。

3.5.1.1 命令执行方式

菜单栏：选择“绘图”→“椭圆”→根据需要选择一种绘制方式。

命令行：ELLIPSE/EL。

功能区：单击“绘图”面板中的“椭圆”按钮，在下拉列表中选择一种绘制方式。

3.5.1.2 操作步骤

椭圆的绘制方式有两种。

（1）指定圆心。

指定圆心方式通过定义椭圆心和椭圆与两轴的两个交点（即两半轴长）来绘制一个椭圆。

命令：ELLIPSE↙
指定椭圆的轴端点或［圆弧(A)/中心点(C)］：C↙(即指定圆心)
指定轴的端点：(给定轴端点)
指定另一条半轴长度或［旋转(R)］：(输入半轴长度)↙

具体效果如图 3-27 所示。

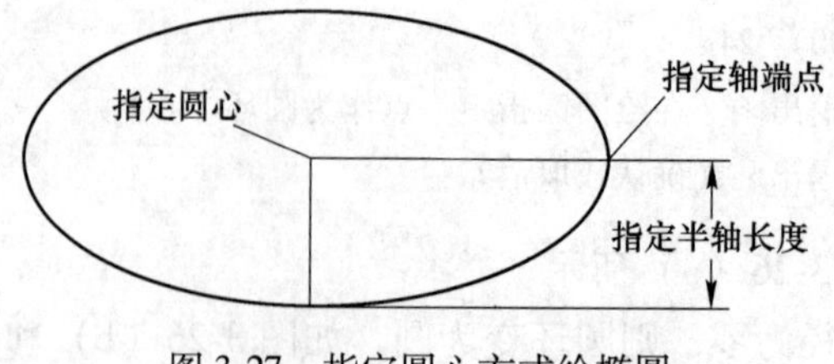

图 3-27 指定圆心方式绘椭圆

（2）指定轴、端点。

指定轴、端点方式通过定义椭圆与轴的 3 个交点（即轴端点）来绘制一个椭圆。

命令：ELLIPSE↙

指定椭圆的轴端点或[圆弧(A)/中心点(C)]:(给定轴端点)
指定轴的另一个端点:(给定另一个端点)
指定另一条半轴长度或[旋转(R)]:(输入半轴长度)↙

具体效果如图 3-28 所示。

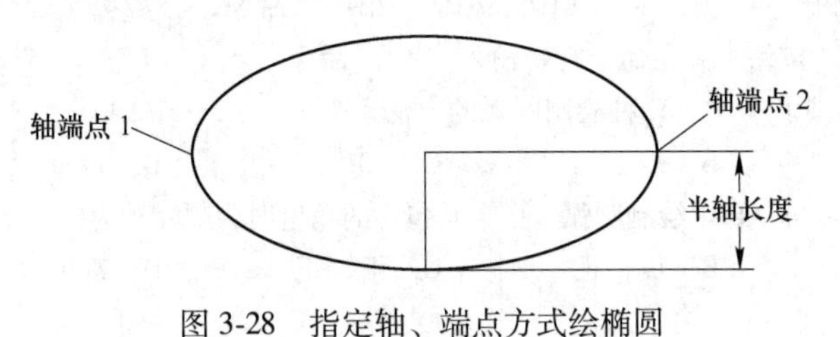

图 3-28　指定轴、端点方式绘椭圆

3.5.2　绘制椭圆弧

椭圆弧则和椭圆类似，都是由到两点之间的距离之和为定值的点集合而成。绘制椭圆弧就是绘制出椭圆并取其中一部分，用户可以通过功能区“绘图”面板中的“圆弧”按钮进行绘制，具体命令操作如下。

命令:ELLIPSE↙
指定椭圆的轴端点或[圆弧(A)/中心点(C)]:A↙
指定椭圆弧的轴端点或[中心点(C)]:(给定轴端点 A)
指定轴的另一个端点:(给定轴端点 B)
指定另一条半轴长度或[旋转(R)]:(输入半轴长度)↙
指定起点角度或[参数(P)]:0↙
指定端点角度或[参数(P)/夹角(I)]:270↙

效果如图 3-29 所示。

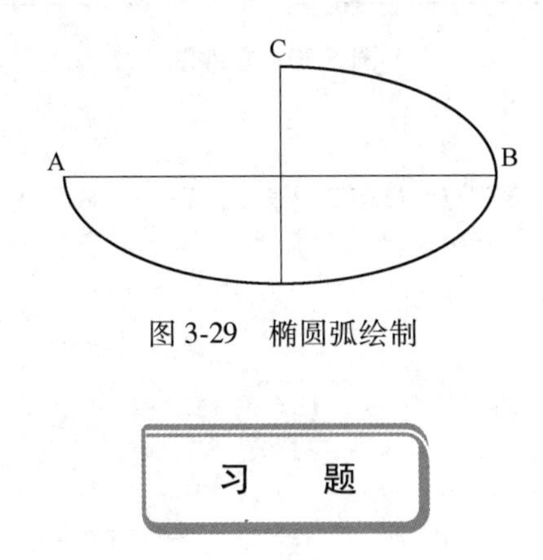

图 3-29　椭圆弧绘制

习　题

3-1　选择题

1. (　　)命令用于绘制多条相互平行的线，每一条线的颜色和线型可以相同，也可以不同，此命令常用于绘制建筑工程上的墙线。

   A　多段线　　B　多线　　C　直线　　D　构造线

2. 运用“正多边形”命令绘制的正多边形可以看作是一条(　　)。

A 多段线 B 多线 C 直线 D 样条曲线

3. 要创建与 3 个圆相切的圆可以（ ）。

A 选择“绘图”→“圆”→“三点”命令

B 选择“绘图”→“圆”→“相切、相切、半径”命令

C 选择“绘图”→“圆”→“相切、相切、相切”命令

D 单击“圆”按钮，并在命令行中输入“3P”命令

4. AutoCAD 中提供了（ ）种绘制圆弧的方法。

A 8 B 9 C 10 D 11

5. 默认情况下，AutoCAD 中绘制圆弧，指定其包含的角度时，顺时针为（ ），逆时针为（ ）。

A 正，负 B 负，正 C 正，正 D 都可以

3-2 填空题

1. 使用 LINE 命令绘制直线时，至少要绘制________条直线才可以使用“闭合（C）”选项。

2. 如果从起点（5，5），要画出与 X 轴正方向成 30°夹角，长度为 50 的直线，可以输入________。

3-3 练习题

1. 绘制任意夹角的两条相交直线，利用构造线功能绘制角平分线。

2. 采用至少 3 种不同的方法绘制长为 65，宽为 45 的矩形。

3. 绘制如图 3-30 所示的零件图。

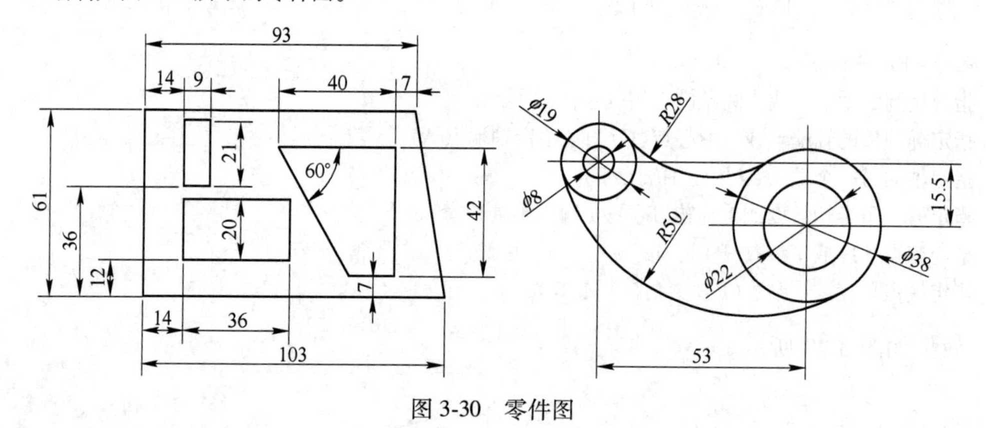

图 3-30 零件图

3-4 思考题

为什么在用点的等分时没有看到点？如何解决这个问题？

4 精确绘图与技巧

在绘图时仅仅采用绘图和编辑命令来绘制复杂图形是比较困难的，如在绘图时涉及切点、垂足和中点时，采用坐标定位的方式有时甚至难以实现。实际上，AutoCAD 提供了强大的精确绘图功能，便于快速、精确完成图形绘制。同时，本章还将介绍参数化绘图、查询与计算、命令与输入技巧等相关内容，掌握这些方法和技巧有助于进一步提高绘图效率。

4.1 绘图辅助工具

绘图辅助工具也称精确定位工具，是指可以帮助用户快速准确地定位某些特殊点和特殊位置的工具。精确定位工具主要位于软件界面下侧的状态栏上，主要包括图形栅格、捕捉模式、正交模式等功能按钮，各按钮对应功能名称如图 4-1 所示。图 4-1 将所有工具按钮显示了出来，可以通过最右侧的“自定义”按钮“☰”设置相应的按钮是否显示。当相应的工具按钮被调用（打开），该工具按钮被点亮，如图 4-1 中的“透明度”和“小控件”。

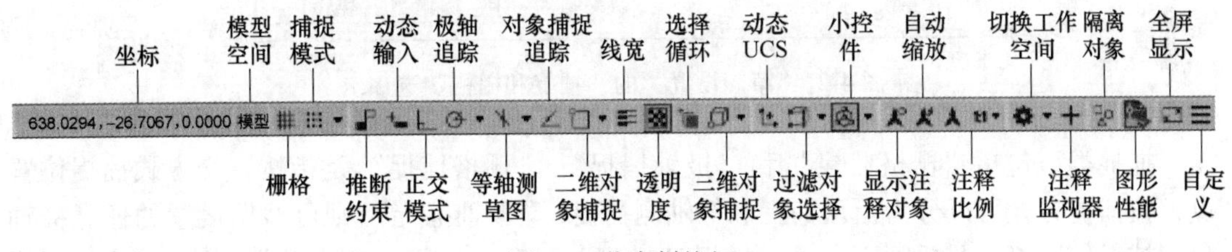

图 4-1　状态栏按钮

4.1.1　栅格与捕捉模式

栅格由点构成，它的作用类似方格纸，用户可以方便地勾画出草图。利用栅格辅助显示功能可以使当前窗口或布局显示覆盖 UCS 的 XY 平面的栅格填充图案，以帮助用户直观地显示距离和对齐方式。栅格不是图形的一部分，不会被打印输出。而要想准确地拾取到栅格点一般要借助捕捉。

4.1.1.1　命令执行方式

显示图形栅格的命令执行方式如下。

命令行：GRID。

状态栏：单击状态栏“显示图形栅格”按钮#。

快捷键：F7。

捕捉的命令执行方式如下。

命令行：SNAP。

状态栏：单击状态栏“显示图形栅格”按钮⠿。

快捷键：F9。

4.1.1.2　操作方法

将光标置于“显示图形栅格”按钮上，单击鼠标右键弹出“草图设置”对话框的“捕捉和栅格”选项卡，如图4-2所示。通过“草图设置”对话框的“捕捉和栅格”选项卡可以进行启用栅格、栅格样式、栅格间距及栅格行为等命令的打开、关闭和编辑设置。

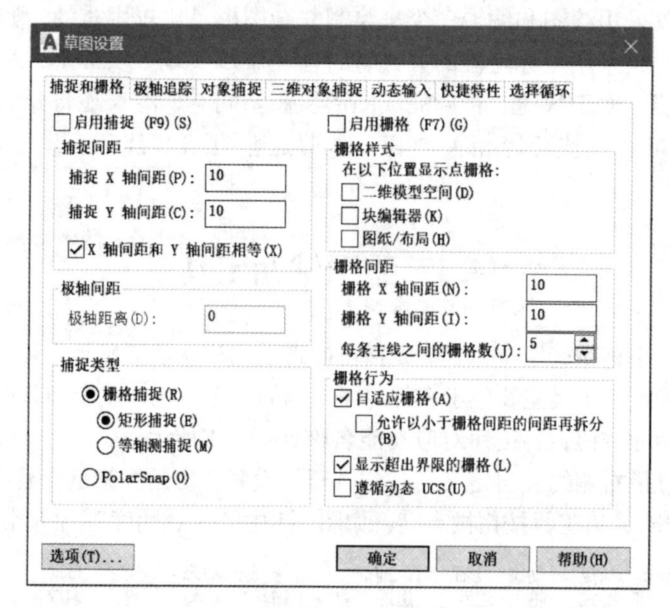

图4-2　“草图设置”的“捕捉和栅格”选项卡

捕捉类型包括“栅格捕捉”和“极轴捕捉”。“栅格捕捉”是指按正交方式捕捉位置点，按捕捉方式可以分为矩形捕捉和等轴测捕捉，“极轴捕捉”则可根据设置的任意极轴角度捕捉位置点。捕捉间距包括“捕捉X轴间距”和“捕捉Y轴间距”，用于确定捕捉栅格点在水平和垂直方向上的间距。

当启用栅格捕捉后，可以使用光标在绘图窗口按设置的捕捉间距捕捉栅格点，这些栅格点对光标有吸附作用，即能够捕捉光标，使光标只能落在由这些点确定的位置上，从而使光标只能按指定的步距移动。虽然“图形显示栅格”和“捕捉”各自独立，但经常同时打开，以便在绘图时能方便地观察到需要捕捉的栅格点。因此，在未启用栅格的条件下仅启用捕捉有时反而对绘图造成不便。

4.1.2　正交模式

AutoCAD绘图中经常需要绘制水平直线和垂直直线，通过鼠标自由拾取直线端点则很难保证获得严格水平或垂直的效果，通过启用正交模式则可以有效解决这个问题。在正交模式下，绘制线段或移动对象均只能沿水平方向或竖直方向移动光标，可以很容易绘出平行于坐标轴的线段。正交模式的执行方式如下。

命令行：ORTHO。

状态栏：单击状态栏“正交模式”按钮∟。

快捷键：F8。

需要注意的是，正交模式下不能控制键盘输入点的位置，只能控制鼠标拾取点的方位。

4.1.3 对象捕捉

在 AutoCAD 绘图中常需要拾取一些特殊点来绘制目标图形，如端点、中点、切点、中心点等，仅通过鼠标手动操作准确地选中这些点是十分困难的，通过开启 AutoCAD 提供的对象捕捉辅助工具则可以很容易的精确取点。要在提示输入点时指定对象捕捉，可以采用以下方法。

（1）按住“Shift”键并单击鼠标右键显示“对象捕捉”快捷菜单。

（2）在状态栏的“对象捕捉”按钮上单击鼠标右键。

（3）在状态栏中打开“对象捕捉”，设置并使用自动捕捉功能。

（4）输入对象捕捉的名称。

（5）单击鼠标右键，然后从“捕捉替代”子菜单选择对象捕捉。

4.1.3.1 对象捕捉模式

以绘制两圆圆心的连线为例来说明对象捕捉模式的操作过程。

命令:LINE↙
指定第一点:cen(捕捉圆心)↙
cen 于(光标移动到第一个圆心附近,圆心处出现捕捉标记和提示,单击左键)
指定下一点或[放弃(U)]: cen↙
cen 于(光标移动到第二个圆心附近,圆心处出现捕捉标记和提示,单击左键)
指定下一点或[放弃(U)]: ↙(按 Enter 键结束直线命令)

得到如图 4-3 所示的效果图。

上述操作中，在要求指定点时输入“Cen”，指定“捕捉模式”为中心点，表示要捕捉圆心。特殊点捕捉功能见表 4-1。

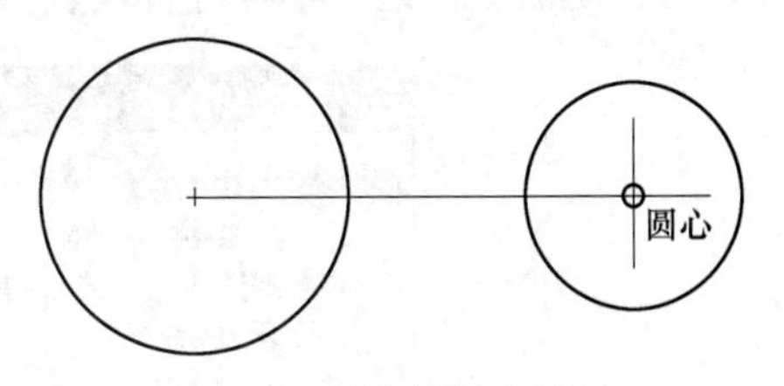

图 4-3 圆心捕捉效果图

表 4-1 主要的对象捕捉模式

捕捉模式	功　能	光标标记
端点（E）	捕捉对象（如圆弧、直线、多线、面域、三维对象等）的最近端点或角	□
中点（M）	捕捉对象（如圆弧、直线、多段线线段等）的中点	△
圆心（C）	捕捉圆弧、圆、椭圆或者椭圆弧的中心点	○
几何中心（G）	捕捉多段线、二维多段线和二维样条曲线的几何中心点	
节点（D）	捕捉点对象、标注定义点或标注文字原点	⊗
象限点（Q）	捕捉圆弧、圆、椭圆和椭圆弧的象限点	◇
交点（I）	捕捉对象（如圆弧、圆、椭圆或直线等）的交点	×
延长线（X）	经过对象端点时，显示临时延长线或圆弧	-··
插入点（S）	捕捉对象（如属性、块或文字）的插入点	⧉

续表 4-1

捕捉模式	功　能	光标标记
垂足（P）	捕捉对象（如圆弧、圆、椭圆或直线等）的垂足	
切点（N）	捕捉圆弧、圆、椭圆、椭圆弧或样条曲线的切点	
最近点（R）	捕捉对象的最近点	
外观交点（A）	捕捉三维空间中不相交但在当前视图中看来可能相交的两个对象的视觉交点	
平行线（L）	约束新直线段、多段线线段、射线或构造线以使其与标识的现有线性对象平行	

4.1.3.2　自动捕捉设置

在进行 AutoCAD 绘图前，用户根据绘图需要事先设置相应的捕捉对象，当光标移动到符合捕捉模式的对象时显示捕捉标记和提示，可以自动捕捉，这样就不需要重复输入命令或按工具按钮，从而提高绘图效率。需要注意的是，命令、菜单和工具栏的对象捕捉命令优先于自动捕捉。常用对象捕捉设置的方法如下。

命令行：DDOSNAP。

状态栏：右击状态栏中的“对象捕捉”按钮，单击“对象捕捉设置”。

执行上述命令后，绘图界面弹出“草图设置”对话框的“对象捕捉”选项卡，如图 4-4 所示，通过“对象捕捉”选项卡可以开启或关闭对象捕捉和对象捕捉追踪及自由组合对象捕捉模式。

另外，单击“草图设置”对话框左下角 选项(T)... 调出“绘图”选项卡，对自动捕捉设置、自动捕捉标记大小等进行设置。

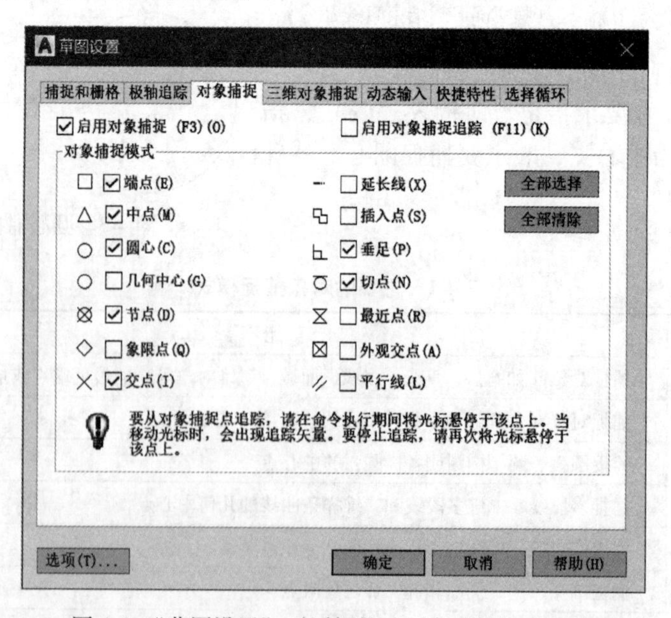

图 4-4　“草图设置”对话框的“对象捕捉”选项卡

一般选择打开常用的捕捉模式即可，不建议设置过多的捕捉项。如果设置了多个执行对象捕捉，可以按“Tab”键为某个对象遍历所有可用的对象捕捉点。例如，如果在光标位于圆上的同时按“Tab”键，自动捕捉将可能显示用于捕捉象限点、交点和中心的选型。

4.1.4 自动追踪模式

使用正交模式可以把拾取点限制在水平或垂直方向上，而通过采用追踪的方式有助于按指定角度或与其他对象的指定关系绘制图形。在“自动追踪”打开时，临时对齐路径有助于以精确的位置和角度创建对象。追踪包括“极轴追踪”和“对象捕捉追踪”两种方式。

4.1.4.1 极轴追踪

利用“极轴追踪”模式可以在创建或修改对象时，控制沿指定的极轴角度和极轴距离取点，并显示追踪的路径。打开或关闭极轴追踪模式命令的执行方式如下。

状态栏：单击“极轴追踪”按钮 。

快捷键：F10。

当打开极轴追踪模式时，正交模式就会关闭。反之，当打开正交模式时，极轴追踪模式就会关闭。其不同之处以直线命令为例，极轴追踪模式打开时，利用鼠标取点的方法仍然可以向各个方向画线。

极轴追踪模式的设置包括极轴角设置、对象捕捉追踪设置和极轴角测量。可以通过打开“草图设置”对话框，选择“极轴追踪”选项卡进行极轴追踪设置，如图 4-5 所示。

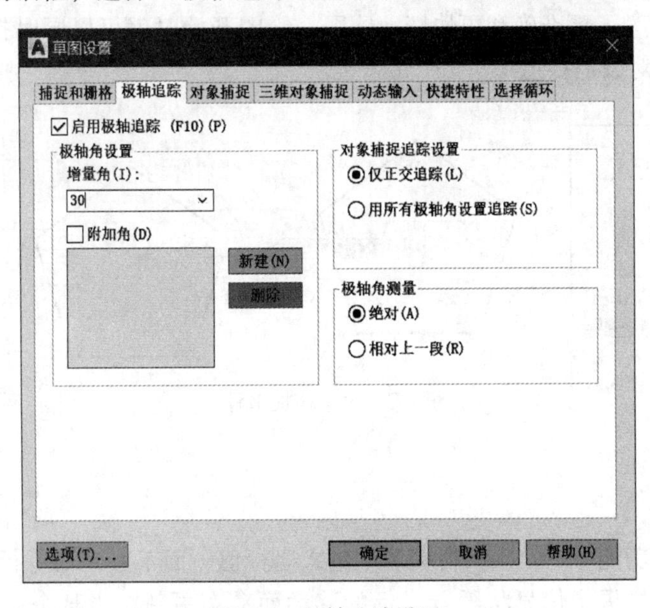

图 4-5 极轴追踪设置

在“极轴角设置”选项下的“增量角（I）”下拉列表框中可以输入或选择常用角度来设置追踪的极轴增量角，范围 0°~360°。光标到达指定角度或指定角度的倍数（增量）时，显示极轴和提示。这个倍数可以为负，即角度逆时针方向测量。如图 4-6 所示设置增量角为 60°时，绘制与水平线成-60°（或 300°）夹角的直线。

如果增量角不能满足所有要求，可以选择“附加角（D）”复选框进行设置。单击

“新建（N）”按钮，在文本框中输入需要设置的角度，例如4°，这时在增量角上就增加了4°，附加角度最多可以新建10个。极轴追踪时不追踪附加角度的增量。附加角度用“删除”按钮删除。

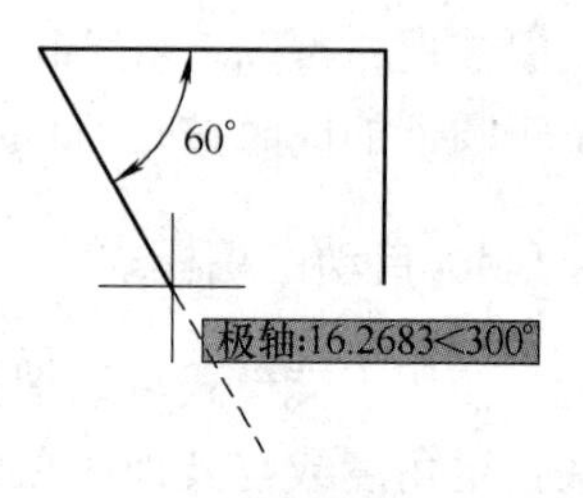

图4-6　置增量为60°时绘制直线

画任意角度的直线时，在“对象捕捉追踪设置”选项组选择“用所有极轴角设置追踪”选项。在“极轴角测量”选项组选择“绝对（A）”选项，则画出根据当前用户坐标系（UCS）确定的极轴追踪角度。选择“相对上一段（R）”选项，则根据上一线段确定极轴追踪角度。

4.1.4.2　对象捕捉追踪

对象捕捉追踪是指从对象的捕捉点进行追踪，即沿着基于对象捕捉点的追踪路径进行追踪，须和对象捕捉一起使用。打开或关闭对象捕捉追踪模式命令的执行方式如下：

状态栏：单击“对象捕捉追踪”按钮∠。

快捷键：F11。

此外也可以打开如图4-4所示“草图设置”对话框的“对象捕捉”选项卡中，单击“启用对象捕捉追踪”来启用对象捕捉追踪。

对象捕捉追踪的应用非常灵活，如图4-7所示。使用对象捕捉追踪时，已追踪到的捕捉点将显示一个小加号（+），一次最多可以获取7个追踪点。

一般情况下，为了更准确和更快捷地绘图，绘图开始时就可以同时打开“极轴追踪”“对象捕捉”和“对象捕捉追踪”3个状态按钮。

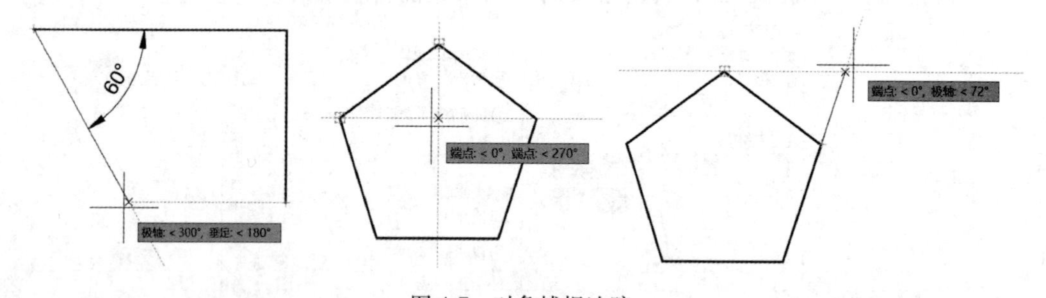

图4-7　对象捕捉追踪

4.1.5　动态输入

使用动态输入功能可以在工具栏提示中输入坐标值，而不必在命令行中进行输入。光标旁边显示的工具栏提示信息将随着光标的移动而动态更新。当某个命令处于活动状态时，可以在工具栏提示中输入值。现在许多CAD软件都提供了动态输入数据的模式。需要指出的是，动态输入不会取代命令窗口。

动态输入的执行方式如下：

状态栏：单击“对象捕捉追踪”按钮+。

快捷键：F12。

打开“草图设置”对话框的“动态输入”选项卡可以进行相应的设置，如图4-8所示。启用动态输入后，执行“LINE”命令，在任意指定第一点坐标后，出现如图4-9所示的动态输入模式，用户可以直接在提示栏中输入坐标值（采用直角坐标和极坐标两种方式均可）。

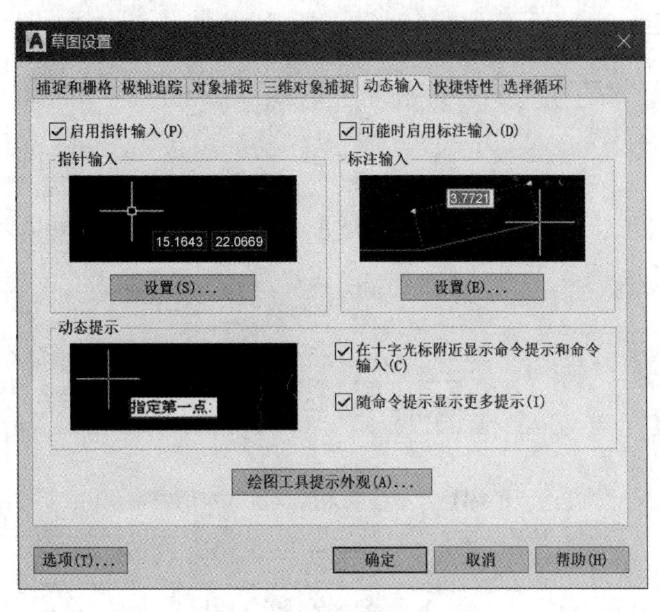

图4-8　“动态输入”选项卡

“动态提示”选项组：动态提示打开后，在指针附近出现提示框，显示命令提示和命令输入。

“指针输入设置（S）”和“标注输入的设置（E）”对话框分别如图4-10和图4-11所示。用户可以根据需要进行相应的选择，设置相应的格式和可见性。默认情况下指针输入采用的是“相对坐标”，对于初学者需要注意。

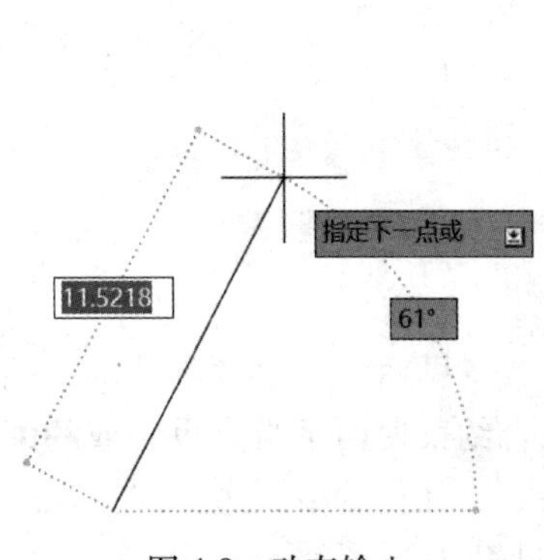

图4-9　动态输入

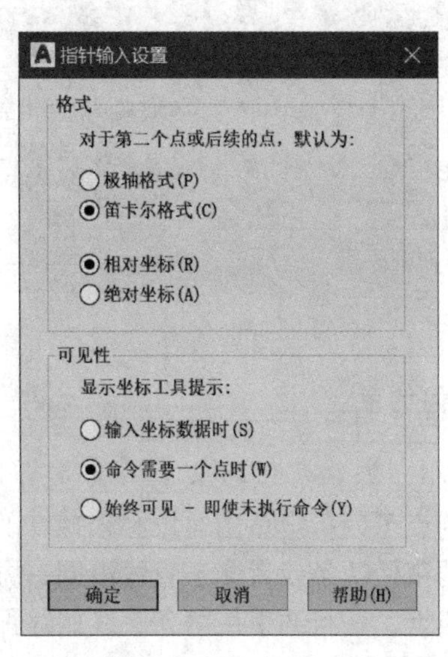

图4-10　“指针输入设置”对话框

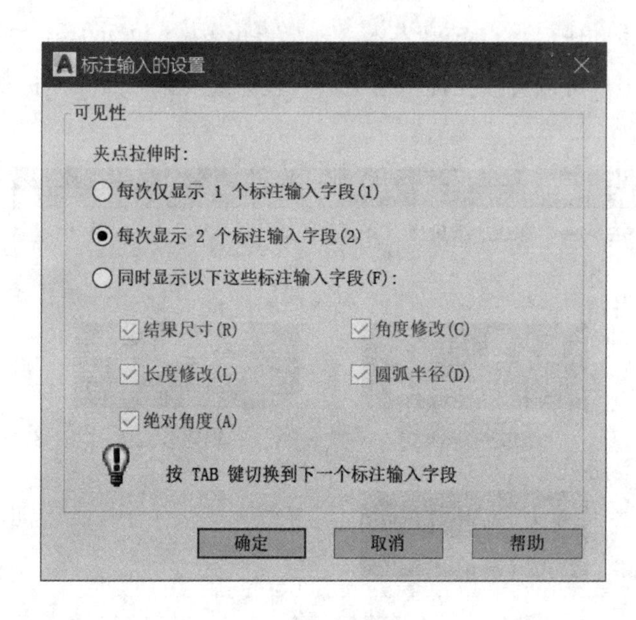

图 4-11 “标注输入的设置”对话框

4.2 参数化绘图

AutoCAD 2019 具有强大的参数化绘图功能，用户可以通过基于设计目标的图形对象约束大幅提高绘图效率。几何和尺寸约束功能可以确保修改后的对象依然保持特定的关联及尺寸，降低绘图工作量。几何约束与尺寸约束的创建和管理工具位于工具栏“参数化”选项卡下，如图 4-12 所示。

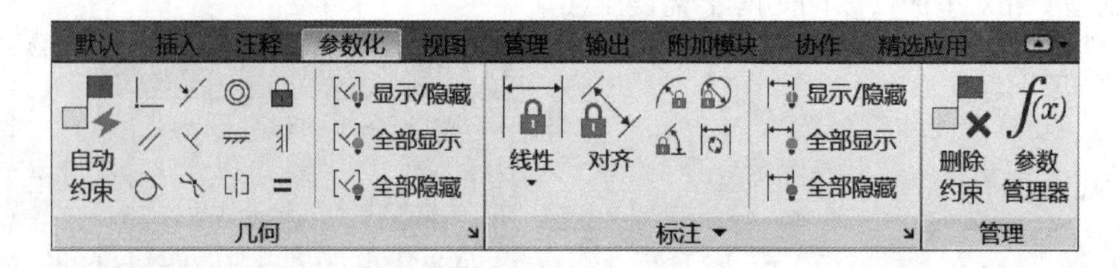

图 4-12 “参数化”选项卡

4.2.1 几何约束

4.2.1.1 添加几何约束

几何约束可以指定草图对象必须遵守的条件，或草图对象间必须维持的空间关系。例如，共线约束使两条或者多条直线沿同一方向；重合约束使两个端点重合或约束一个点使其位于曲线上；平行约束使两条直线始终保持平行等。几何约束通过“参数化”面板下的“几何”区对对象施加约束，主要的几何约束类别见表 4-2。

表 4-2 几何约束及功能介绍

按钮图标	约束名称	功能
	重合约束	约束两个点使其重合，或者约束一个点使其位于曲线（或曲线的延长线）上
	共线约束	使两条或多条直线段沿同一直线方向
	同心约束	将两个圆弧、圆或椭圆约束到同一个中心点
	固定约束	将点和曲线位置锁定
	平行约束	使选定的直线相互平行
	垂直约束	使选定的直线位于相互垂直的位置，线无需相交即可垂直
	水平约束	使直线或点对位于与当前坐标系的 X 轴平行的位置
	竖直约束	使直线或点对位于与当前坐标系的 Y 轴平行的位置
	相切约束	将两条曲线约束为保持彼此相切或其延长线保持彼此相切
	平滑约束	将样条曲线约束为连续，并与其他样条曲线、直线、圆弧或多段线保持 G2 连续性
	对称约束	使选定对象受对称约束，相对于选定直线对称
	相等约束	将选定圆弧和圆的尺寸重新调整为半径相同，或将选定直线的尺寸重新调整为长度相同
	自动约束	根据对象相对于彼此的方向将几何约束应用于对象的选择集

绘图中可指定二维对象或对象上的点之间的几何约束。受约束的图形编辑时将保留约束，只能进行不违反约束的更改。在添加约束时，选择两个对象的先后顺序将决定对象如何更新。通常情况下，所选的第二个对象会根据第一个对象进行相应的调整。如图 4-13（a）所示操作步骤添加几何约束，即先选取直线再选取圆，这时得到的效果如图 4-13（b）所示。如果先选取圆再选取直线，将得到如图 4-13（c）所示的约束效果。

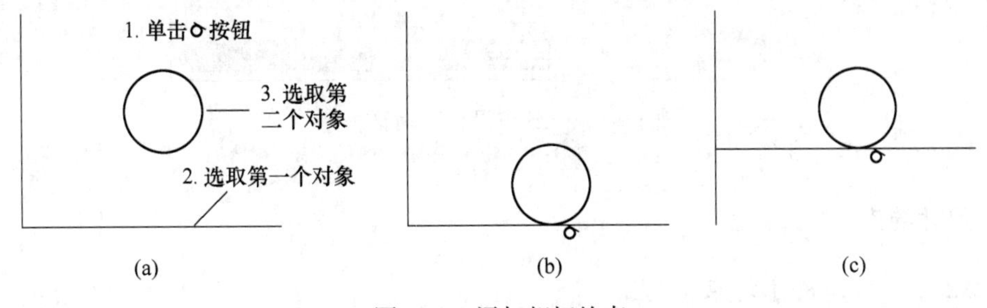

图 4-13 添加相切约束

4.2.1.2 编辑几何约束

在使用 AutoCAD 2019 对几何对象添加约束后，对象附近出现约束图标，光标移动至约束对象或约束图标上，相关的对象和约束图标将亮显。对已添加到对象上的几何约束可以进行显示、隐藏和删除等操作。

（1）单击“参数化”中“几何”面板中显示/隐藏按钮，将显示/隐藏选中对象上的几何约束。

（2）单击“参数化”中“几何”面板中全部显示按钮，图形中所有的几何约束将全部显示。

（3）单击“参数化”中“几何”面板中全部隐藏按钮，图形中所有的几何约束将全部隐藏。

（4）将光标置于某一约束图标上，单击鼠标右键，弹出快捷菜单可以对几何约束直接进行“删除”“隐藏”“隐藏所有约束”和“约束栏设置”等操作。

（5）选择快捷菜单中“约束栏设置”选项或者单击“几何”面板右下角的箭头将弹出“约束设置”对话框，如图 4-14 所示。通过该对话框可以设置显示的约束图标类型和约束图标的透明度。

（6）选择约束的对象，单击“参数化”选项卡→“管理”面板→“删除”按钮，可以删除图形中所有几何约束和尺寸约束。

图 4-14 “约束设置”对话框

4.2.2 尺寸约束

4.2.2.1 添加尺寸约束

尺寸约束可以限制图形几何对象的大小、角度及两点间距离等，在生成尺寸约束时可以选择曲线、边、基准平面或者基准轴上的点，以生成水平、竖直、平行、垂直和角度尺寸。用户可以通过“参数化”功能区的“标注”面板来添加尺寸约束。尺寸约束的种类和功能见表 4-3。

表 4-3 尺寸约束及几何意义

按钮图标	约束名称	几何意义
	线性约束	约束两点间的水平或竖直距离
	对齐约束	约束对象上两个点的距离，或者约束不同对象上两个点的距离
	半径约束	约束圆或圆弧的半径
	直径约束	约束圆或圆弧的直径
	角度约束	约束直线段或多段线段之间的角度、由圆弧或多段线圆弧扫掠得到的角度，或对象上三个点之间的角度
	转换	将关联标注转换为标注约束

尺寸约束分为动态约束 和注释性约束 两种类型，默认情况下为动态约束，通过单击“参数化”功能区下“标注”面板下的下拉箭头可以进行约束类型切换。

4.2.2.2 编辑尺寸约束

已创建的尺寸约束可以进行显示、隐藏、删除和编辑等操作。

（1）尺寸约束的显示或隐藏可以通过“参数化”功能区“标注”面板右侧按钮实现，操作方式与几何约束相同。

（2）双击尺寸约束或利用 DDEDIT 命令编辑约束的名称、值和表达式。

（3）选中尺寸约束，拖动与其关联的三角形关键点改变约束的值，图形对象同时改变。

（4）选中约束，单击鼠标右键调出快捷菜单，利用快捷菜单对约束进行相应选项编辑。

（5）单击菜单栏“参数化”，单击“标注”面板右下角展开箭头，或者命令框输入快捷命令 CSETTINGS 选择约束的名称格式（见图 4-15）。

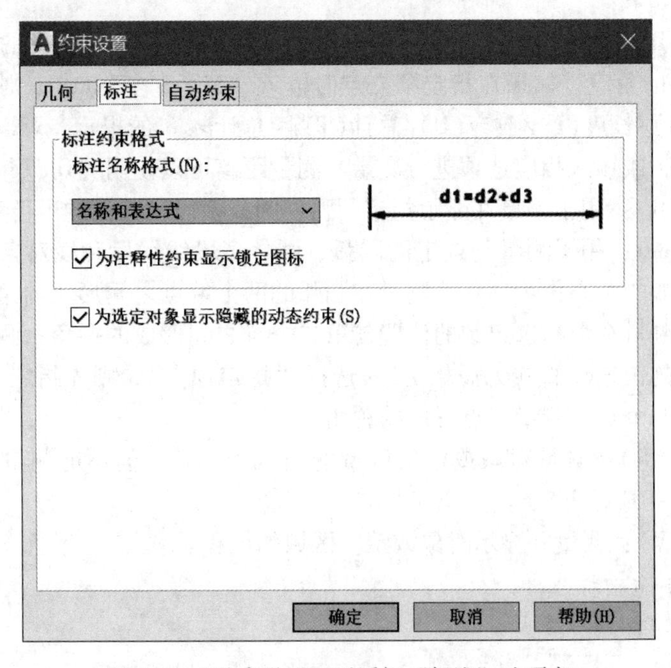

图 4-15 “约束设置”对话框“标注”选项卡

4.3 查询与计算

AutoCAD 中提供了多种查询和计算功能，利用这些功能可以增强交互性和快捷性，给绘图带来便利。

4.3.1 查询命令

在绘图过程中，对象间经常是相互参照的。有时需要知道对象的一些性质，如直线的长度、两点之间的距离、图形的面积等。

在 AutoCAD 中，可以通过“查询”命令实现上述操作。

4.3.1.1 命令执行方式

菜单栏：选择“工具”→“查询”→相应的查询命令。

命令行：MEASUREGEOM。

功能区：单击默认选项卡“实用工具”面板中的“查询”按钮。

4.3.1.2 操作步骤

命令：MEASUREGEOM↙
输入选项[距离(D)/半径(R)/角度(A)/面积(AR)/体积(V)]<距离>：d↙
指定第一点：(输入或捕捉等方法指定测量查询起点)
指定第二个点或[多个点(M)]：(指定测量查询终点)
操作后显示测量结果：
距离 = 2027.5943，XY 平面中的倾角 = 358，与 XY 平面的夹角 = 0°
X 增量 = 2025.6901，Y 增量 = -87.8518，Z 增量 = 0.0000

各选项说明如下：

(1) 距离 (D)：测量两点之间的距离，以及两点间 X、Y 和 Z 轴的增量并给出两点连线相对于 UCS 的角度。如果在指定第二点时输入“M”(多个点)，则出现“指定下一个点或 [圆弧(A)/长度(L)/放弃(U)/总计(T)]<总计>：”的提示，可以测量并显示连续点之间的总距离，或输入相应选项进行测量。测量距离可以使用“DIST”命令。

(2) 半径 (R)：用于测量并显示指定圆弧、圆或多段线圆弧的半径和直径。

(3) 角度 (A)：用于测量与选定的圆弧、圆、多段线线段和线对象关联的角度。测量圆弧，则以圆弧的圆心作为顶点，测量在圆弧的两个端点之间形成的角度；测量圆则以圆心作为顶点，测量在最初选定圆的位置与第二个点之间形成的锐角；测量直线则测量两条选定直线之间的锐角 (直线无需相交)；选择“指定顶点”，则先指定一个点作为顶点，然后再选择其他两个点，测量三点形成的锐角。

(4) 面积 (AR)：测量对象或定义区域的面积和周长，但不能测量自相交对象的面积。可以使用“AREA”命令。

(5) 体积 (V)：测量并显示对象或定义区域的体积。

4.3.1.3 查询坐标

A 命令执行方式

菜单栏：选择“工具”→“查询”→“点坐标”。

命令行：ID。

功能区：单击默认选项卡“实用工具”面板中的“查询”按钮。

B 操作步骤

命令：ID↙
指定点：(指定要查询的点)

执行上述操作后，显示指定点的X、Y和Z三个坐标信息。

4.3.1.4 查询面域/质量特性

A 执行方式

菜单栏：选择“工具”→“查询”→“面域/质量特性”。

命令行：MASSPROP。

B 操作步骤

命令：MASSPROP↙

该命令用于对面域和实体进行查询，可以查询面域的面积、周长、边界和形心，实体的惯性矩、旋转半径等。

4.3.1.5 列表显示

列表显示对象的数据库信息，包括对象的类型、对象图层、相对于当前用户坐标系（UCS）的X、Y、Z位置以及对象位于模型空间还是图纸空间。

A 执行方式

菜单栏：选择“工具”→“查询”→“列表”。

命令行：LIST。

B 操作步骤

命令：LIST↙
选择对象：(选择查询的对象)

AutoCAD 2019自动打开文本窗口，显示被查询对象的数据库信息。

4.3.1.6 查询时间

查询时间可以获得当前图形的各项时间统计，包括创建时间、上次更新时间、累计编辑时间、消耗时间计时器和下次自动保存时间，如图4-16所示。查询时间的操作方式同其他查询内容的操作步骤类似，这里不再赘述。

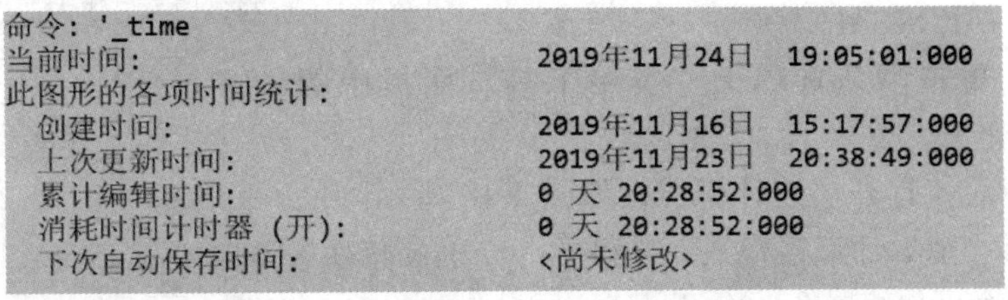

```
命令: '_time
当前时间:                    2019年11月24日  19:05:01:000
此图形的各项时间统计:
  创建时间:                  2019年11月16日  15:17:57:000
  上次更新时间:              2019年11月23日  20:38:49:000
  累计编辑时间:              0 天 20:28:52:000
  消耗时间计时器 (开):       0 天 20:28:52:000
  下次自动保存时间:          <尚未修改>
```

图4-16 “时间”查询文本窗口内容

4.3.2 几何图形计算器

利用几何图形计算器在命令行输入公式，可以迅速解决数学问题或定位图形中的点。

表达式的运算按优选级依次为编组运算符“( )”、指数运算符“^”、乘除运算符“ * ”和“/”、加减运算符“+”和“-”。下面介绍运用几何图形计算器如何方便的取点。

如果从两圆的连心线中点再画一个圆，可以采用以下操作：

命令：CIRCLE↙

指定圆的圆心或[三点(3P)/两点(2P)/切点、切点、半径(T)]:'CAL(透明使用几何图形计算器)↙

>>>> 表达式:(cen+cen)/2(取中点的公式,注意这里的变量必须是在 AutoLISP 中有值的),如中点 Mid、圆心 Cen 等)↙

选择第一个圆

选择第二个圆

指定圆的半径或[直径(D)]:30.7089↙

结果如图 4-17 所示。

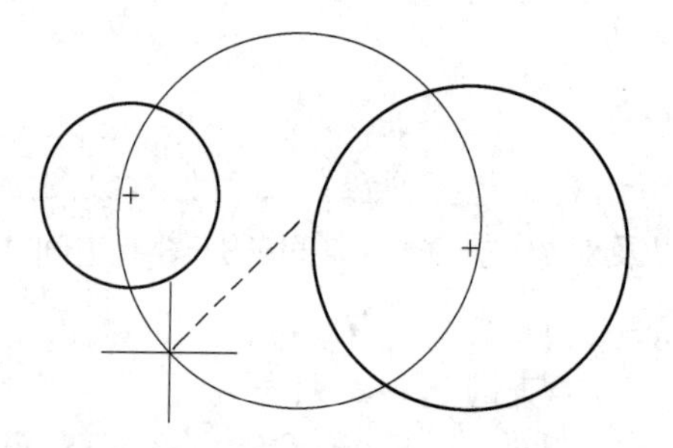

图 4-17 利用几何图形计算器定位圆心

4.3.3 快速计算器

在 AutoCAD 中如果需要进行比较多或比较复杂的数学计算，用几何图形计算器或 LISP 语言是非常麻烦的。AutoCAD 2019 中附带一个“快速计算器”，可以随时调用，并执行数值计算、科学计算、单位换算和几何计算等功能。

4.3.3.1 打开快速计算器的方法

命令行：QUICKCALC/QC。

功能区：单击默认选项卡“实用工具”面板中的“计算器”按钮 ▦。

执行命令后，打开快速计算器，如图 4-18 所示。快速计算器包括“基本计算器模式”“科学”“单位转换”和“变量”4 个可伸缩屏。

图 4-18 快速计算器

计算器执行一般的数值计算或单位转换的功能比较简

单，这里不再详细解释。需要注意的是在命令执行中打开快速计算器后可以作三维几何运算。

4.3.3.2　命令活动状态下使用快速计算器

仍以从两圆的连心线中点画圆为例。

（1）输入绘制圆的命令。在“指定圆的圆心或［三点(3P)/两点(2P)/切点、切点、半径(T)］:”提示下单击按钮，透明打开快速计算器。

（2）在快速计算器中单击“获取坐标”按钮，选择第一个圆心，得到其坐标，用相同的方法得到第二个圆的圆心坐标，如图4-19所示。

（3）用“( )”和运算符号将两坐标连成一个算式，如图4-20所示。

图4-19　取圆心坐标

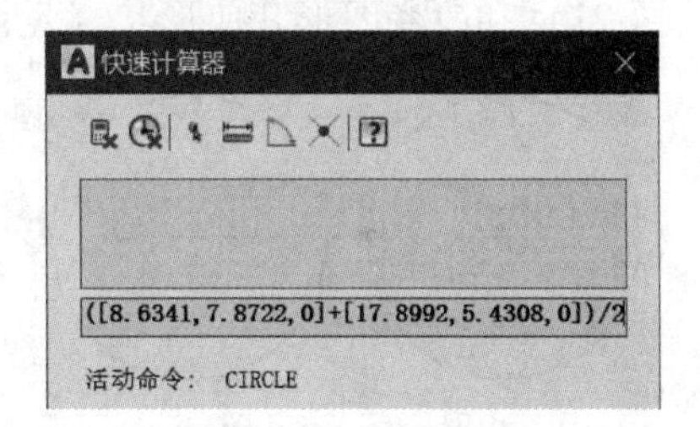

图4-20　用两点坐标编辑算式

（4）单击“应用”按钮，退出快速计算器，恢复绘圆命令，此时得到两圆心连线中点，即圆心位置。

（5）以半径或直径的方式指定圆的尺寸，完成绘制。

上述操作的具体命令如下：

命令：CIRCLE↙
指定圆的圆心或［三点(3P)/两点(2P)/切点、切点、半径(T)］:'QUICKCALC↙
（执行“获取坐标”和编辑算式，完成后单击“应用”按钮）
指定圆的半径或［直径(D)］:15↙

4.4　命令与输入技巧

本节主要介绍命令的快捷调用及输入的技巧以提高绘图效率。

4.4.1　鼠标操作

对于用户而言，熟练掌握鼠标的操作可以提高操作效率。一般在使用AutoCAD作图的时候，所使用的鼠标包含有左键、右键、滚轮（中键）这三个部分。下面介绍鼠标使用的基本技巧。其中，夹点编辑的相关内容可参照本书第5.9节夹点模式编辑。

4.4.1.1　左键

（1）选择并执行命令：在软件操作界面中光标移动到菜单、工具栏或功能区按钮上左键单击（简称单击）可以选择和执行命令。

（2）单选对象：光标中心的拾取框移动到图形对象上时左键单击可以选中对象。

（3）框选对象：在空白处单击鼠标左键，松开左键拖动光标到一定位置再次单击，可框选对象。从左往右拖动为窗选（Window），图形完全在选框内才会被选中，从右往左拖动为交叉选择（Cross），图形只要有一部分在选框内就会被选中。

（4）双击编辑对象：在 AutoCAD 中定义了针对一些特殊对象的双击动作，在双击这些对象时会自动执行一些命令，例如双击普通对象，如圆、直线等会弹出属性框；双击单行文字，会自动调用文字编辑功能；双击多行文字，会自动启动多行文字编辑器；双击多线，会自动执行多线编辑；双击属性块，会自动弹出增强属性编辑器等。这些双击动作是 AutoCAD 为了提高操作效率专门定义的，双击动作也可以自己定义。

（5）改变图形位置和几何形状：图形选中后，单击图形对象的不同夹点可以移动图形（见图 4-21）和改变图形几何形状（见图 4-22）。

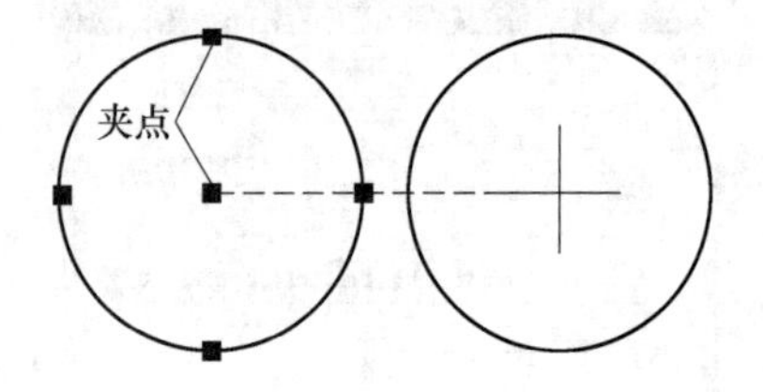

图 4-21　夹点（圆心）移动圆的位置

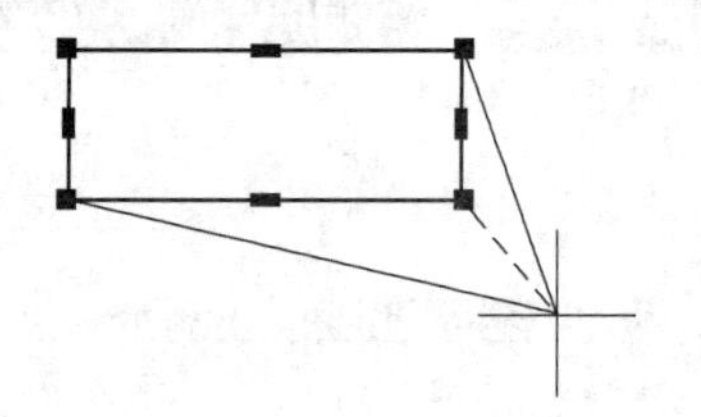

图 4-22　夹点（端点）改变图形形状

（6）复制对象：图形选中后，光标停留在图形边界上，按住鼠标左键拖动，然后按住“Ctrl”键，松开鼠标左键，可以将图形复制到新位置。

4.4.1.2　右键

（1）打开快捷菜单：右键单击在对话框、工具栏、图形窗口区域通常会弹出快捷菜单。

（2）确认和重复命令：有些用户习惯在绘图区域中把右键作为回车来确认命令参数和重复上次命令。右键设置可以在 OP（选项）对话框中进行设置，也可以通过变量进行设置：　变量“SHORTCUTMENU”等于零，右键相当于回车；变量“SHORTCUTMENU”大于零，右键为快捷菜单。

（3）打开捕捉快捷菜单：“Shift+右键”可以打开对象捕捉快捷菜单。

（4）移动、复制或粘贴为块：选中图形对象后，按住鼠标右键拖动并松开后，会弹出一个菜单，可以选择移动、复制或粘贴为块，如图 4-23 所示。

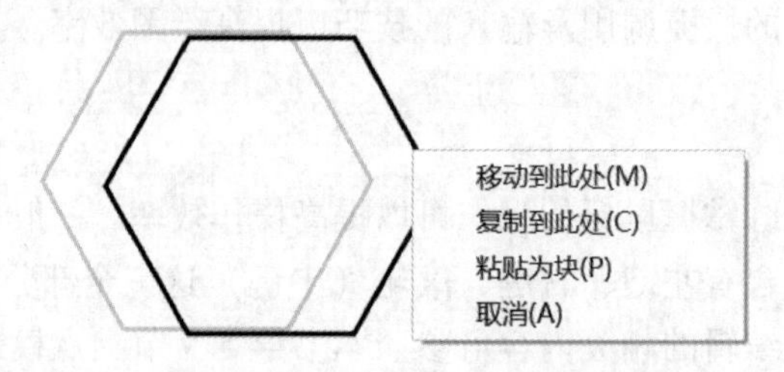

图 4-23　按住右键移动弹出的移动、复制和粘贴为块对话框

4.4.1.3　滚轮（中键）

（1）缩放图形：滚轮向前或向后，相当于实时缩放（ZOOM），图形被放大或缩小。

(2) 平移图形：按住滚轮（光标变成●）拖动对图形进行平移（PAN），改变图形在图形窗口中的位置。当变量“MBUTTONPAN”设置为零时（系统默认值=1）滚轮无法实现平移，按滚轮会弹出对象捕捉快捷菜单。

(3) 全图显示：双击滚轮全图缩放，所有图形全部显示到当前窗口内，相当于“ZOOM”下的“范围（E）”命令。

(4) 环绕视图：“Shift+按住滚轮”并拖动或“Ctrl+Shift+按住滚轮”并拖动，可以对视图做三维环绕。

(5) 动态平移：“Ctrl+按住滚轮”，向某个方向移动确定一下方向，图形就可以沿一个方向等速平移，直到松开滚轮。

4.4.2 回车键和空格键操作

AutoCAD 中执行命令用得最多的就是“Enter”回车键来确认命令的输入，也可以使用“Spacebar”空格键或单击鼠标右键。需要注意的是，在提示输入文本时空格键不起确认命令输入的功能。

如果在一项命令或操作结束后，再次按“Enter”键或空格键，或单击鼠标右键，这时可以重复刚使用过的命令，以重复创建某类对象或连续进行某个操作。

在选择了图形对象后，选择绘图区的图形呈蓝色夹点状态，单击图形上任意蓝色夹点则此夹点会变成红色，以红色显示的夹点作为后续编辑的基点。

(1) 按“Enter”键或空格键 1 次，出现如图 4-24（a）所示的图标，此时自动转换为“移动”命令。

(2) 按“Enter”键或空格键 2 次，出现如图 4-24（b）所示的图标，此时自动转换为“旋转”命令。

(3) 按“Enter”键或空格键 3 次，出现如图 4-24（c）所示的图标，此时自动转换为“缩放”命令。

(4) 按“Enter”键或空格键 4 次，此时自动转换为“镜像”命令。

(5) 按“Enter”键或空格键 5 次，此时自动转换为“拉伸”命令。

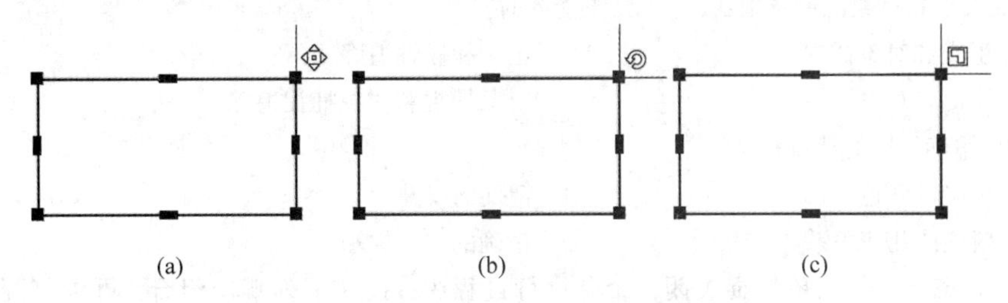

图 4-24 “Enter”键或空格键的命令转换技巧

如果仅记住一个命令的开头部分，而忘记了命令全名，可以在命令行中输入该命令的开头部分，命令窗口会出现所有可能命令的提示，通过单击或使用键盘的方向键“↑”或“↓”来查到所需命令，然后用“Enter”键或空格键确认选择；也可以在输入命令的开头部分，用“Tab”键来查找所需命令，然后确认选择。

当不知道一个命令如何访问时，可以单击左上角的应用程序按钮，在搜索命令栏中输入命令，然后在搜索结果中选择需要的命令，单击启动该命令。

4.4.3 透明命令

透明命令是指 AutoCAD 中在不中止当前命令的前提下，在当前命令运行的过程中暂时调用的另一条命令。透明命令执行完毕后再执行当前命令。插入透明命令是为了更方便地完成第一个命令。

透明命令经常用来在命令执行中更改图形设置或显示，其输入格式是在命令名前面加一个单引号“′”，如第 4.3.3 节快速计算器中操作中的“′QUICKCALC”透明命令。

透明命令有许多，经常使用的透明命令如下：

（1）CAL：几何图形计算器。

（2）COLOR(COL)：打开选择颜色对话框。

（3）FILL：充填。

（4）HELP（可以用“?”代替）：帮助。

（5）LINETYPE(LT)：打开线型管理器。

（6）LAYER(LA)：打开图层特性管理器。

（7）PAN(P)：平移视图。

（8）REDRAW(R)：重画。

（9）SETVAR(SET)：列出系统变量或修改变量值。

（10）ZOOM(Z)：缩放视图。

允许透明使用的命令，如果该命令有快捷键或工具按钮，可以在操作中用快捷键或工具按钮直接透明使用。

习　题

4-1 选择题

1. 下面关于精确绘图的选项，（　　）不能同时打开。

A 正交和对象捕捉　　B 正交和极轴追踪

C 捕捉和对象捕捉　　D 对象捕捉和对象捕捉追踪

2. CAD 精确绘图的特点是（　　）。

A 精确的颜色　　B 精确的线宽

C 精确的几何关系　　D 精确的文字大小

3. 缺省状态下，若对象捕捉关闭，命令执行过程中，按住下列哪个组合，可以打开对象捕捉（　　）。

A Shift　　B Shift+A　　C Shift+D　　D Alt+A

4. 若在选择线条时多选了，（　　）可去掉这条线条。

A 按住 Ctrl 键，然后点击多选的这条线

B 按住 Alt 键，然后点击多选的这条线

C 按住 Shift 键，然后点击多选的这条线

D 按住 Tab 键，然后点击多选的这条线

4-2 填空题

1. 正交模式下用户可以将光标限制在____________方向上移动，以便于精确地创建和修改对象。可以通过功能键________调用该命令。
2. 对象捕捉的快捷键为________。

4-3 练习题

绘制如图 4-25 所示图形，并计算阴影区域的面积及周长。

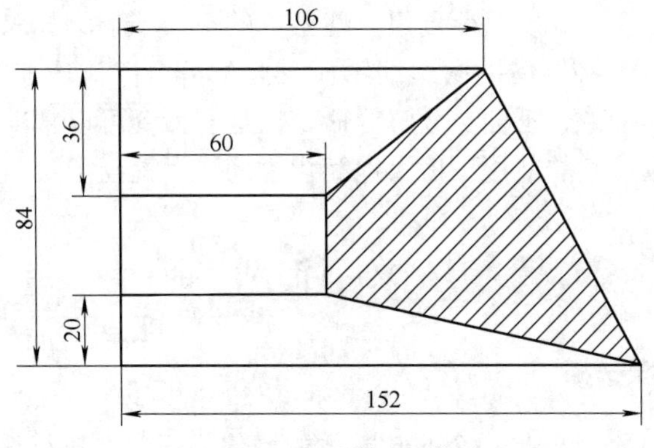

图 4-25 练习题 4-3 附图

4-4 思考题

1. 如何对任意两条直线进行平行约束，操作步骤是什么？尺寸约束中线性约束和对齐约束有什么不同？
2. 开启特殊位置点捕捉的方式有哪些，请列举出三种？
3. 如何提高 AutoCAD 绘图的精确度？

5 二维图形的编辑

单纯的使用二维绘图命令，只能创建一些基本的平面图形，如果要绘制复杂、信息丰富的图形，在很多情况下必须借助图形编辑命令。AutoCAD 2019 提供了许多实用的图形编辑命令，比如修剪、镜像、延伸、分解等命令，这些命令可以帮助用户合理地构造和组织图形，在保证绘图精确性的前提下极大地简化了操作，提高了绘图效率。

5.1 选择对象

5.1.1 单个或多个对象选择

在 AutoCAD 中，选择对象是一个非常重要的操作，通常在执行编辑命令前都需要选择对象。因此，选择命令会频繁使用。

5.1.1.1 单击选择。

用户可以根据自身需求选择单个对象或选择多个对象。将十字光标中心的拾取框移至需要选择的图形对象上面单击即可选中该单个对象，被选中的对象颜色变深并显示夹点。连续单击不同对象可以对多个对象进行选择。

5.1.1.2 矩形窗口选择。

用户可以采用窗口选择和交叉选择两种方法中的任意一种。窗口选择对象时，只有整个对象都在选择框中时，对象才会被选择。而交叉选择对象时，只要对象和选择框相交就会被选择（第 4.4.1 节中鼠标操作）。

5.1.1.3 不规则窗口选择

如果图形非常复杂，矩形窗口选择功能有时难以满足。这时在命令行“选择对象:”提示下，选择“圈围（WP）”或输入“WP”，执行后就可以用鼠标单击若干点，确定一个不规则多边形窗口，所有包含在这个窗口内的对象将被同时选择。选择“圈交（CP）”，或输入“CP”，执行后与窗口交叉选择类似，所有包含在这个窗口内的对象以及与窗口接触的对象将同时被选择。

5.1.1.4 全选

如果在命令行“选择对象:”提示下输入“ALL”，就可以将非冻结图层上的所有对象全部选中。采用“Ctrl+A”键组合也可以实现全选。

注：在实际操作中，若不慎将不需要的对象也选中，用户可以按住“Shift”键，同时用鼠标左键单击该对象，可以取消该对象的选择。

5.1.2 编组选择

AutoCAD 中允许把不同的对象编为组，根据需要一起选择和编辑。在命令行“选择对象：”提示下输入“G”（Group（编组）），就可以通过输入编组名来选择编组中的所有对象。编组方法如下。

5.1.2.1 执行方式

命令行：GROUP/G。

5.1.2.2 操作步骤

命令：GROUP↙

选择要对象[名称(N)/说明(D)]：n↙

输入编组名或[?]：输入组名↙

选择对象或[名称(N)/说明(D)]：选择要编组的对象↙

5.1.2.3 使用传统对象编组对话框

在命令行中输入“CLASSICGROUP”命令，弹出“对象编组”对话框，如图5-1所示。在“对象编组”对话框的“编组标识”选项组中，输入编组名和说明；然后在“创建编组”选项中，单击“新建（N）”按钮，对话框暂时关闭回到屏幕；选择若干对象，并按“Enter”键，返回对话框，单击“确定”按钮，完成编组。

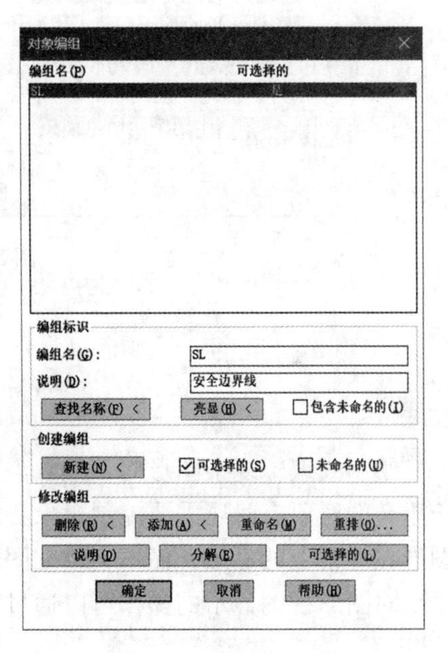

图5-1 “对象编组”对话框

通过对话框“修改编组”选项组可以对组进行修改，如用“删除（R）”按钮删除组中的对象；用“添加（A）”按钮向组中加入对象；用“分解（E）”按钮将编组分解等。

对象一旦编为一组，就可以作为一个整体同时操作。通过修改系统变量“PICKSTYLE”的值来选择是否能够对组中的单独对象进行操作。“PICKSTYLE”的值为0、1、2、3，初始值为1，含义如下。

（1）0：不使用编组选择和关联填充选择。

（2）1：使用编组选择。

（3）2：使用关联填充选择。

（4）3：使用编组选择和关联填充选择。

5.1.3 选择的设置

利用“选项”对话框中的“选择集”选项卡（见图5-2）可以进行选择的设置，操作方法如下。

菜单栏：选择“工具”→“选项”→“选择集”命令。

命令行：DDSELECT。

在“选择集”选项卡中可以对拾取框的大小、夹点尺寸、选择集模式、夹点以及预览效果等进行设置。

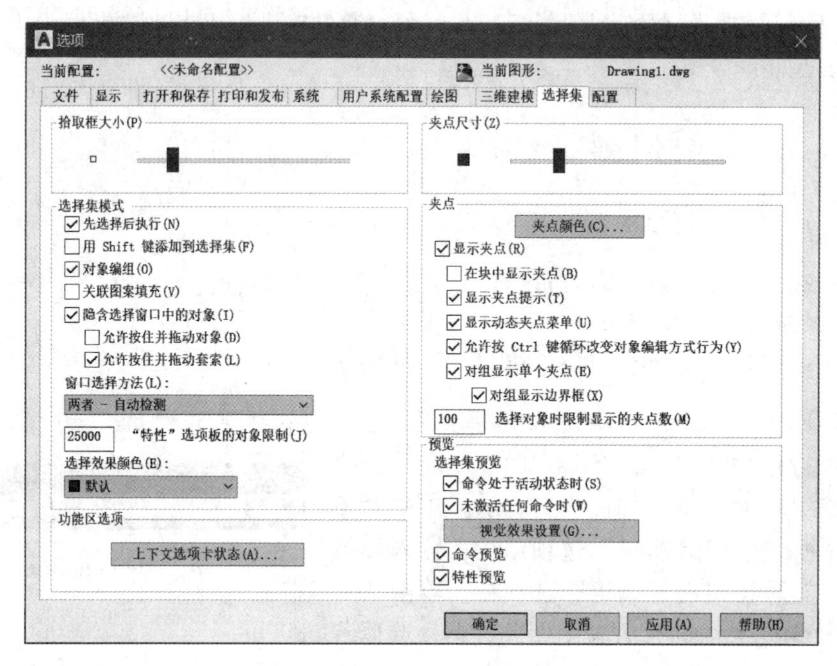

图 5-2 “选择集”选项卡

5.2 图形显示功能

绘制或编辑复杂图形时，经常需要对图形的某些细节部位进行放大、缩小或平移。对于重叠的对象有时还需要控制对象叠放的顺序。需要注意的是，图形视图的操作只是改变图形在屏幕上的显示，而不会改变图形的绝对大小及位置。

对图形视图显示的操作可以通过命令行、导航栏完成。

5.2.1 视图的平移

视图的平移主要包括：实时平移，定点平移和沿上、下、左、右的定距平移。

5.2.1.1 实时平移

在绘图过程中，除需要将图形放大或缩小进行观察外，还经常需要将窗口移动到合适的位置观察或修改图形的局部位置。利用实时平移（PAN）命令可以达到这个目的。但需要注意的是，实时平移命令并非移动或改变图形位置，而是移动窗口，让图形保持出现在绘图窗口的适当位置，便于绘图。

菜单栏：选择“视图”→“平移”→“实时”命令

命令行：PAN/P

功能区：单击“视图”选项卡，打开“导航栏”（绘图区右侧），单击按钮

其他方法：按住鼠标中键的同时移动鼠标

当输入平移命令并按“Enter”键后，光标变为手掌形，并出现命令提示：按“Esc”或“Enter”键退出，或单击右键显示快捷菜单。按住鼠标左键，上下左右拖动，

就能对视图进行平移，以观看图形所需部分。平移视图命令可用“缩放上一个”命令来恢复。

5.2.1.2 定点平移

定点平移可以指定一个点，点的坐标即平移的相对位移；也可以指定两个点，从第一点（基点）到第二点位移。定点平移的命令为：“-PAN”。

5.2.1.3 定距平移

通过选择菜单栏“视图”→“平移”→选择相应的定距平移图标（左）、（右）、（上）、（下），可以实现左、右、上、下的定距平移。

5.2.2 视图的缩放

缩放工具位于“视图”选项卡→“二维导航”面板。

5.2.2.1 命令执行方式

菜单栏：选择“视图”→“缩放”→相应的缩放工具按钮（见图5-3）。

命令行：ZOOM/Z。

导航栏：单击“导航栏”缩放按钮下的箭头打开下拉列表，选择相应的缩放方式进行缩放。

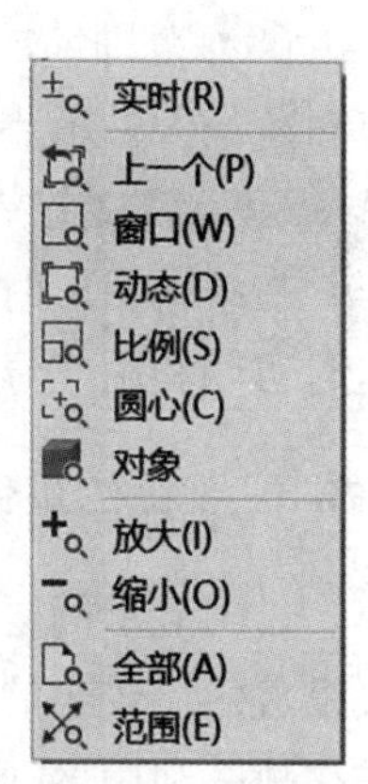

图5-3 缩放工具

5.2.2.2 操作步骤

命令：ZOOM↙

指定窗口的角点，输入比例因子(nX 或 nXP)，或者

[全部(A)/圆心(C)/动态(D)/范围(E)/上一个(P)/比例(S)/窗口(W)/对象]<实时>：

从命令提示中可以看出，默认情况下可以指定窗口角点，或者输入比例因子（nX 或 XP）；如果直接按“Enter”键，则执行实时缩放；如果输入方括号中的选项，则进入其他缩放模式。单击鼠标右键，显示视图“缩放”命令的快捷菜单。

各种缩放方法含义如下。

（1）实时缩放（R）：如果在“缩放”命令提示下直接按“Enter”键，可以对视图进行实时缩放。此时光标将变成一个放大镜，而且标有“+”和“-”。按住鼠标左键不放，并自上而下或自下而上拖到即可实时缩小和放大图形。

（2）窗口缩放（W）：指定窗口角点，可采用坐标输入的方法，或利用鼠标拖出一个矩形的两个对角，建立一个矩形观察区域，矩形区域满屏显示，矩形的中心变为新视图的中心，实现了视图的放大或缩小。如果在缩放命令提示下输入“W”，按“Enter”键，则实现同样的功能。

（3）动态缩放（D）：在缩入命令提示下输入“D”，则动态改变视口的位置和大小，使其中的图像平移或缩放，充满整个视口。操作时首先显示平移视图框，将其移动到所需位置并单击，视图框变为缩放视图框，调整其大小以确定缩放比例。单击又变为平移视图框，可再次调节其位置，再次单击又变缩放视图框，如此循环。调整合适后按“Enter”键确定缩放。

(4) 比例缩放(S):在默认情况下,如果输入的是一个比例因子,则实现比例缩放。

(5) 圆心缩放(C):如果在缩放命令提示下输入“C”,则执行中心点缩放。即指定一点作为视图显示的中心点,再指定比例因子或窗口高度以确定视图的缩放。

(6) 缩放对象:缩放以便尽可能大地显示一个或多个选定的对象并使其位于绘图区域的中心。可以在启动 ZOOM 命令之前或之后选择对象。

(7) 全部显示(A):如果在 ZOOM 命令提示下输入“A”,则显示当前视口中的整个图形,将图形缩放到图形界限或当前绘图范围两者中较大的区域中。这是经常用的缩放命令,可以用来观察图形的全貌。

(8) 范围缩放(E):在 ZOOM 命令提示下输入“E”,则缩放以使图形绘图范围内所有对象最大显示。与 ZOOM ALL 相似。

(9) 缩放上一个(P):在 ZOOM 命令提示下输入“P”,则回到上一个视图。

在编辑图形时,经常要放大图形的局部,对局部修改完毕后,又要回到以前的状态。这时可以利用“显示上一个视图”命令。

5.2.3 视图的重生成

由于显示问题有时图形对象会发生变形。如当图形文件太大时,系统跟不上,而圆形又缩放的比较小的话,就会出现圆形变成多边形的情况。出现这种情况时可以执行视图的重生成,利用 REGEN 命令在当前视口中重新生成整个图形并重新计算所有对象的屏幕坐标,优化显示和对象选择的性能。

5.2.3.1 命令执行方式

菜单栏:选择“视图”→“重生成”。

命令行:REGEN/RE。

5.2.3.2 操作步骤

命令:REGEN↙

利用重生成命令一次可以重生成一个视口。如果要同时重生成多个视口,可以用全部重生成命令“REGENALL”。

重生成命令的效果如图 5-4 所示。

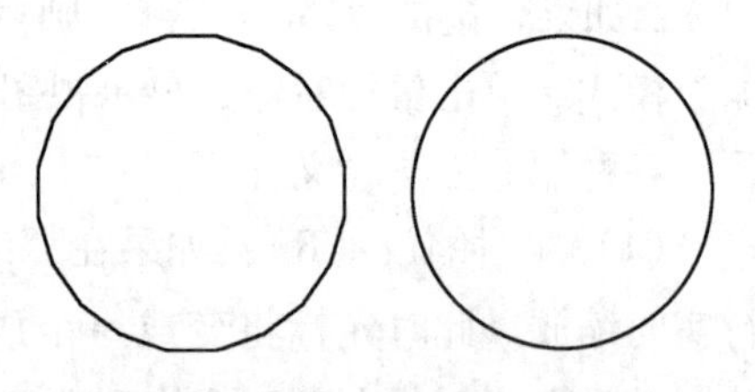

图 5-4 重生成命令的效果

5.2.4 重叠对象排序

在绘图时,某些图形对象会重叠到一起,有时需要更改叠放对象的显示次序,这时可以使用“绘图次序”工具为重叠对象的默认显示排序。这些工具位于“默认”选项卡“修改”面板的扩展工具中,如图 5-5 所示。“绘图次序”工具栏上也有相同工具。

5.2.4.1 执行方式

命令行:DRAWORDER/DR。

5.2.4.2 操作步骤

命令:DRAWORDER↙

选择对象:(选择操作对象)

输入对象排序选项[对象上(A)/对象下(U)/最前(F)/最后(B)]<最后>:(选择操作)

除“DRAWORDER”命令外，“TEXTTOFRONT”命令将图形中所有文字、标注或引线置于其他对象的前面；“HATCHTOBACK”命令将所有图案填充对象置于其他对象的后面；可以使用“DRAWORDERCTL”系统变量控制重叠对象的默认显示行为。将圆和椭圆前置于正六边形的排序效果如图 5-6 所示。

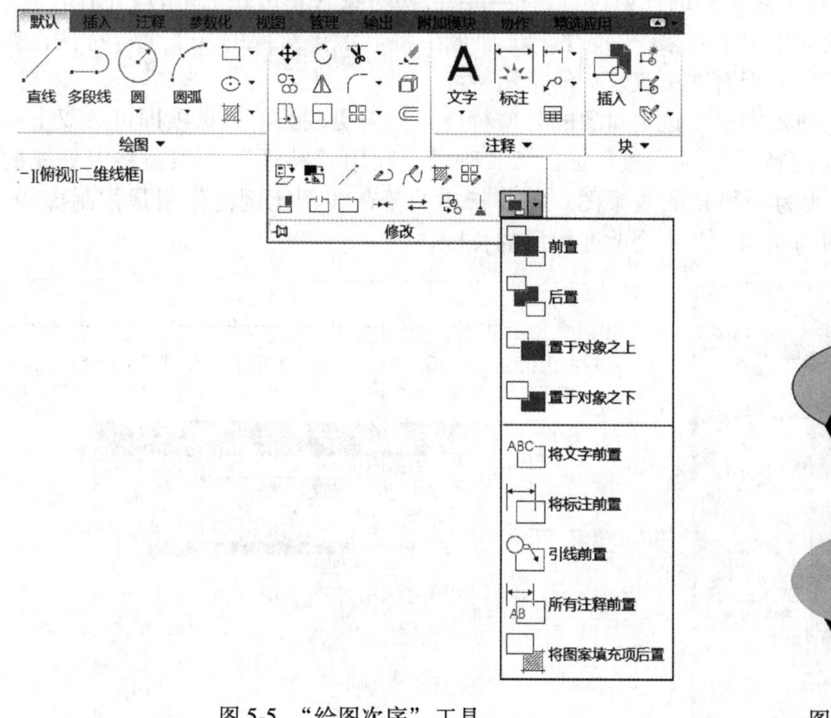

图 5-5 “绘图次序”工具

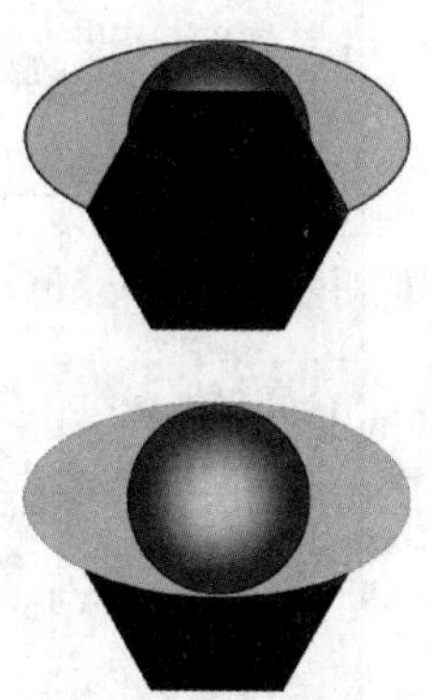

图 5-6 排序效果

5.3 特性编辑

AutoCAD 中的每个对象都有特性，如颜色、图层、线型和打印样式等都是大多数对象的共有特性。而有些特性是某些对象所专有，例如直线端点的坐标、长度和角度等专有几何特性。在编辑图形对象时，常用到特性编辑功能。

5.3.1 “特性”选项板

在功能区中的常用选项卡上，使用“图层”和“特性”面板来设置或更改最常用的特性，如图层、颜色、线宽、线型和透明度等。如果要集中更改单个或更多对象特性，可以使用“特性”选项板。

5.3.1.1 命令执行方式

菜单栏：选择“修改”→“特性”。

命令行：PROPERTIES/CH。

功能区：单击“默认”选项卡的“特性”面板中的右侧箭头↘。

快捷键：Ctrl+1。

5. 3. 1. 2 操作步骤

命令:PROPERTIES↙

执行命令后，弹出“特性”选项板，如图 5-7 所示。图中显示了一条多段线的特性。“特性”选项板可以拖动至屏幕的任何位置，也可以自动隐藏（单击左上角的 图标）。

如果之前已经选择了单个对象，“特性”选项板中将显示该对象的几乎全部特性；如果选择了多个对象，可以查看并更改它们的常用特性。

用户可以在此选项板中修改选定对象的各项特性，只需更改数值或选项即可。双击对象也可以打开其“快捷特征”选项板。如图 5-8 所示，利用“特性”选项板将点划线的“线型比例”由 1 更改为 4 得到的效果图。需要指出的是，线型比例的作用是控制虚线、点划线等不连续线型的比例，并不会改变线段的长度。

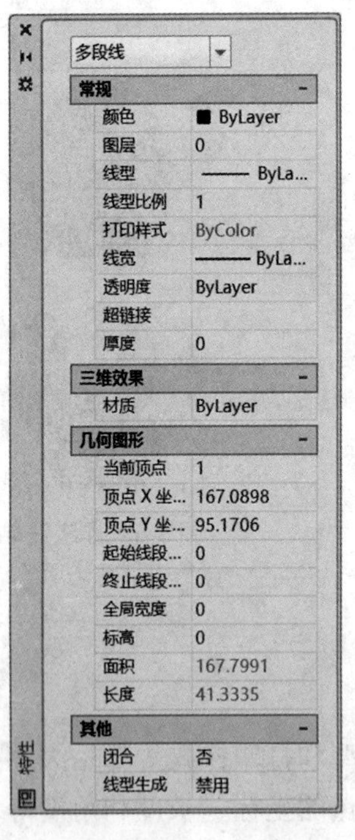

图 5-7 “特性”选项板

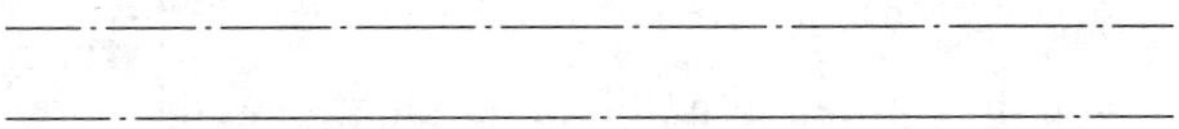

图 5-8 利用“特性”选项板修改点划线的线型比例

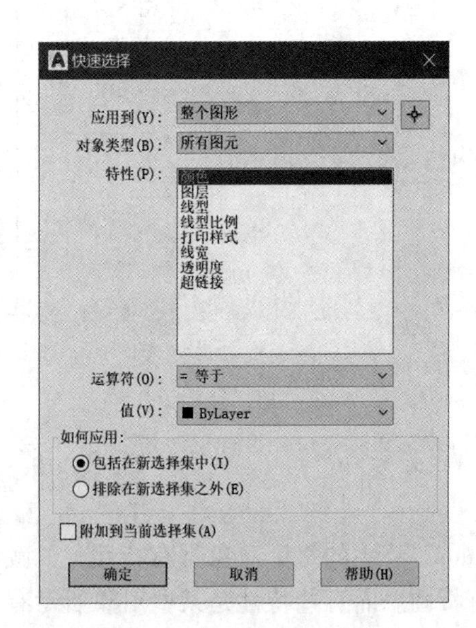

图 5-9 “快速选择”对话框

5. 3. 2 快速选择

单击“特性”选项板右上角的“快速选择”按钮，打开“快速选择”对话框，如图 5-9 所示。也可以采用以下方式打开。

菜单栏：选择“工具”→“快速选择”。

命令行：QSELECT。

“快速选择”对话框中的各选项含义如下。

（1）应用到（Y）：将过滤条件应用到整个图形或当前选择集。

(2) 选择对象[icon]：临时关闭“快速选择”对话框，允许用户回到工作空间，选择要对其应用过滤条件的对象。

(3) 对象类型（B）：指定要包含在过滤条件中的对象类型。

(4) 特性（P）：指定过滤器的对象特性。此列表包括选定对象类型的所有可搜索特性。

(5) 运算符（O）：控制过滤的范围。根据选定的特性，选项包括“等于”“不等于”“大于”和“小于”。

(6) 值（V）：指定过滤的特性值。

(7) 如何应用：指定将符合设定过滤条件的对象包括在新选择集内或是排除在外。

(8) 附加到当前选择集（A）：选择创建的选择集替换还是附加到当前选择集。

利用“快速选择”可以方便地选择对象，尤其是同时选择某一类或某些具有相同特征的对象，如图 5-10（a）所示。为了一次性将图中的虚线全部选中，可以利用“快速选择”的方法，操作如下。

(1) 打开“快速选择”对话框。

(2) 在“对象类型”列表中选择“线型”。

(3) 在“运算符”列表中选择“= 等于”。

(4) 在“值”列中选择“——ACAD_ISO04W100”。

(5) 在“如何应用”中，选择“包括在新选择集中”。

(6) 单击“确定”按钮，完成虚线的选择，如图 5-10（b）所示。

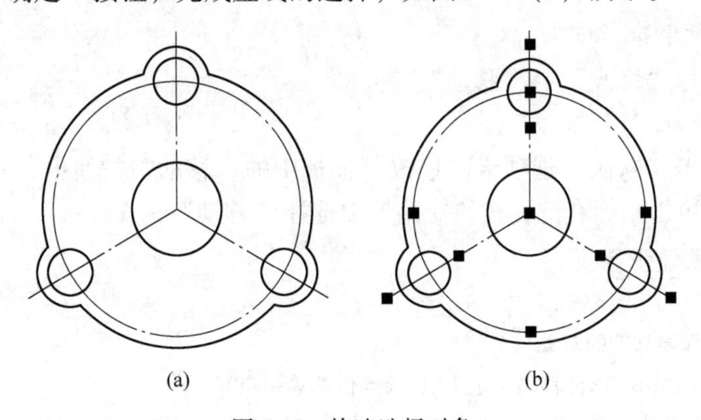

图 5-10 快速选择对象

5.4 删除与恢复

5.4.1 删除命令

删除是把相关图形从源文档中移除，不保留任何痕迹。在 AutoCAD 2019 中，有以下几种调用“删除”命令的方法。

菜单栏：选择“修改”→“删除”。

命令行：ERASE 或 DELETE。

功能区：单击“默认”选项卡“修改”面板中的“删除”按钮。

选择需要删除的对象，然后按“Delete 键”是常用且快捷的删除操作方法。

5.4.2 恢复命令

恢复命令用来撤销上一条命令操作，如把上一条命令中所画的线条或所做的修改全部删除。有以下几种方式可以调用该命令。

菜单栏：选择“编辑”→“放弃 U 快速选择…”。

命令行：UNDO/U。

快捷键：Ctrl+Z。

工具栏：“放弃（UNDO）”和“重做（REDO）”是一对相反的命令，在“快速访问”工具栏中分别对应按钮和。这两个工具右边都有小黑三角，单击这个按钮可以打开选择项，可以选择放弃到签名操作中哪一项，重做到已经放弃操作中的哪一项。

5.5 改变对象的位置和大小

5.5.1 移动对象

“移动”命令可以将源对象以指定的距离和角度移动到任何位置，从而实现对象的组合以形成一个新的对象。

5.5.1.1 命令执行方式

菜单栏：选择“修改”→“移动”。

命令行：MOVE/M。

功能区：单击“默认”选项卡“修改”面板中的“移动”按钮。

选中对象后单击鼠标右键，在快捷菜单中选择“移动”命令。

5.5.1.2 操作步骤

命令：MOVE↙

选择对象：(选择要移动的对象)↙

指定基点或［位移(D)］<位移>：(定基点，即给位移第一点)

指定第二个点或 <使用第一个点作为位移>：(给位移第二点，或用鼠标导向直接给距离)

移动命令效果如图 5-11 所示。

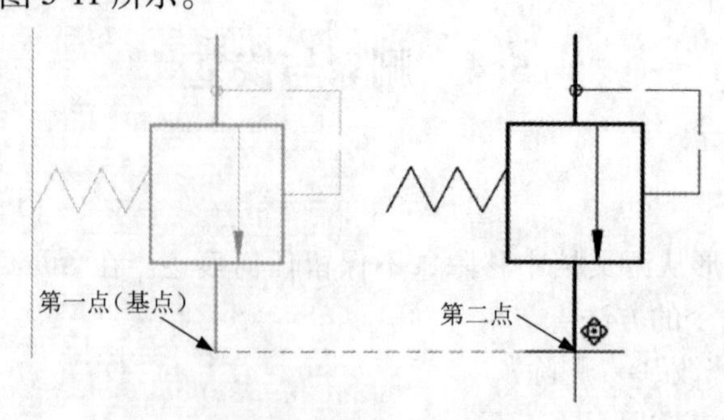

图 5-11 移动命令效果图

5.5.2　旋转对象

用旋转（ROTATE）命令可将选中的对象绕指定的基点进行旋转，可用给旋转角方式，也可用参考方式。

5.5.2.1　命令执行方式

菜单栏：选择“修改”→“旋转”。

命令行：ROTATE/RO。

功能区：单击“默认”选项卡“修改”面板中的“旋转”按钮。

选择对象后单击鼠标右键，在快捷菜单中选择“旋转”命令。

5.5.2.2　操作步骤

旋转命令可分为“给旋转角方式”和“参照方式”。

给旋转角方式即输入旋转角度值（0°到 360°）。还可以按弧度、百分度或勘测方向输入值。输入角度为正值时逆时针旋转，负值时顺时针旋转，具体取决于“图形单位”对话框中的基本角度方向设置。给旋转角方式示例如图 5-12 所示。

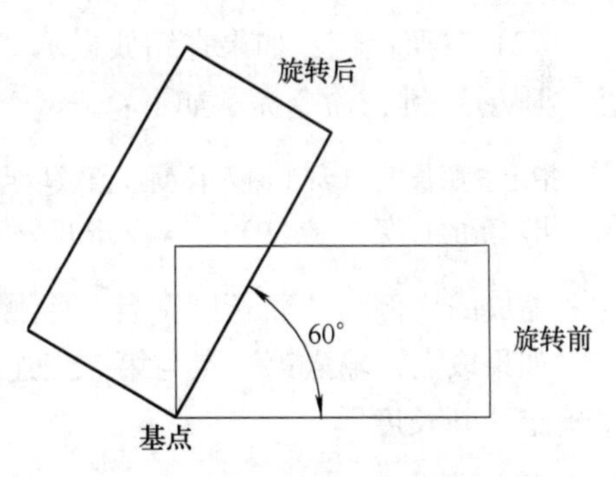

图 5-12　“给旋转角”方式旋转

通过参照方式，用户可以旋转对象，使其与绝对角度平齐，具体示例如图 5-13 所示。

命令：ROTATE↙
UCS 当前的正角方向：ANGDIR＝逆时针　ANGBASE＝0
选择对象：(选中直线对象)↙
指定基点：(利用捕捉方法指定基点，即圆心 O)
指定旋转角度，或［复制(C)/参照(R)］<144>：R↙
指定参照角 <0>：(利用捕捉方法指定点 O)
指定第二点：(利用捕捉方法指定点 A)
指定新角度或［点(P)］<0>：30↙

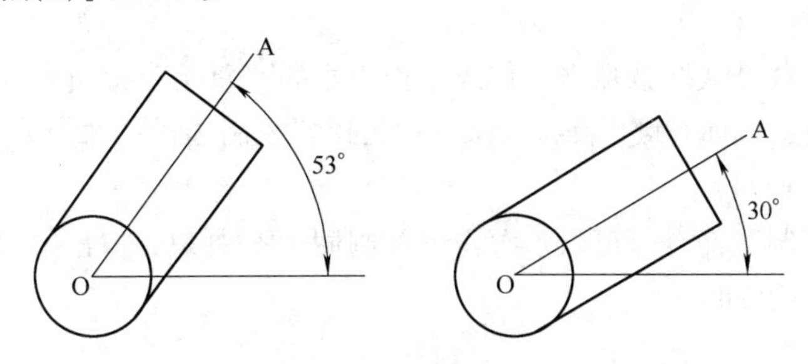

图 5-13　参照旋转示意图

5.5.3　缩放对象

缩放命令可以在坐标系上同比放大或缩小对象，使对象符合设计要求。在对对象进行缩放操作时，对象的比例保持不变。

5.5.3.1　命令执行方式

菜单栏：选择“修改”→“缩放”。

命令行：SCALE/SC。

功能区：单击“默认”选项卡“修改”面板中的“缩放”按钮。

选择对象后单击鼠标右键，在快捷菜单中选择“缩放”命令。

5.5.3.2　操作步骤

要缩放对象，须指定基点和比例因子。基点将作为缩放操作的中心，并保持静止。缩放可以使用绝对比例或参照比例，也可以选择边缩放边复制，这与旋转命令类似。

(1) 绝对比例：比例因子大于 1 时将放大对象，比例因子介于 0 和 1 之间时将缩小对象。

(2) 参照比例：如果在缩放提示“提示比例因子或参照［参照（R）］：”下输入 R 并按“Enter”键，命令提示如下：

指定参照长度<1>：(输入长度数值或取点)↙
指定新的长度或[点(P)]：(输入长度数值或取点)↙

缩放的比例为“新长度”与“参照长度”之比。

如果取点，输入第一点与第二点连线长度确定“参照长度”，第一点与第三点连线长度确定“新长度”。

5.6　复制对象的编辑

5.6.1　复制对象

复制，通俗地讲就是把原对象变成多个完全一样的对象。对于图形或图形中任意相同部分，绘图时可只画一处，其他用“COPY”命令复制绘出。

5.6.1.1　命令执行方式

菜单栏：选择“修改”→“复制”。

命令行：COPY/CO。

功能区：单击“默认”选项卡“修改”面板中的“复制”按钮。

选择对象后单击鼠标右键，在快捷菜单中选择“复制选择”命令。

5.6.1.2　操作步骤

执行一次“复制”命令，可以多次连续复制同一个对象，退出“复制”命令后终止复制操作，下面举例说明。

命令：COPY↙
选择对象：(选择要复制的对象)
选择对象：(继续选择要复制的对象或按“Enter”键确定所选的对象)↙
当前设置：复制模式 = 多个
指定基点或［位移(D)/模式(O)］<位移>：(输入坐标或取点以确定基点)
指定第二个点或［阵列(A)］<使用第一个点作为位移>：(指定点 O)

指定第二个点或[阵列(A)/退出(E)/放弃(U)]<退出>:(指定点 A)
指定第二个点或[阵列(A)/退出(E)/放弃(U)]<退出>:(指定点 B)
指定第二个点或[阵列(A)/退出(E)/放弃(U)]<退出>:(指定点 C)
指定第二个点或[阵列(A)/退出(E)/放弃(U)]<退出>:(指定点 D)

结果如图 5-14 所示。

对象复制和对象移动的命令操作基本是一样的。实际上，复制就是把对象移动到指定点而保留原对象。

复制时在“指定第二个点或[退出(E)/放弃(U)]”提示下每指定一个位移点就复制一个对象，实现重复复制对象，直到按“Enter”键确定或按“Esc”键取消。

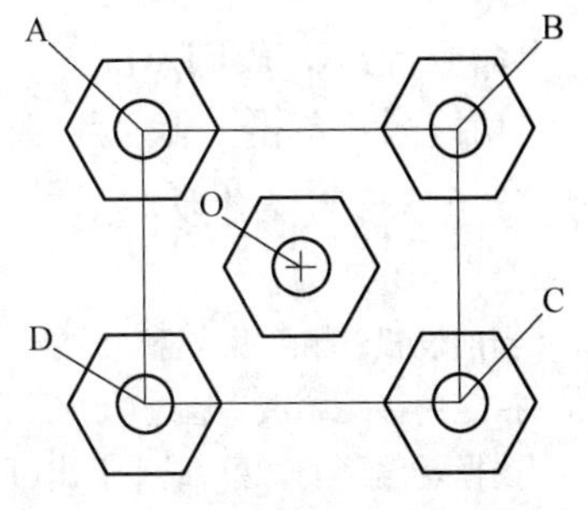

图 5-14 复制命令效果图

5.6.2 镜像对象

用镜像命令可复制出与选中对象对称的对象。镜像是指以相反方向生成所选择对象的拷贝。该命令将选中的对象按指定的镜像线作镜像。

5.6.2.1 命令执行方式

菜单栏：选择“修改”→“镜像”。

命令行：MIRROR/MI。

功能区：单击“默认”选项卡“修改”面板中的“镜像”按钮⚠。

5.6.2.2 操作步骤

命令：MIRROR↙
选择对象：(选择要镜像的源对象)↙
指定镜像线的第一点：(给镜像线上的任意一点)
指定镜像线的第二点：(再给镜像线上的另一点)
要删除源对象吗？[是(Y)/否(N)]<否>：N

执行镜像命令效果如图 5-15 所示。

镜像过程中，在不同的情况下需要决定是否对文字也产生镜像。AutoCAD 默认不对文字镜像。如果需要对文字镜像，可以用系统变量“MIRRTEXT”来控制。

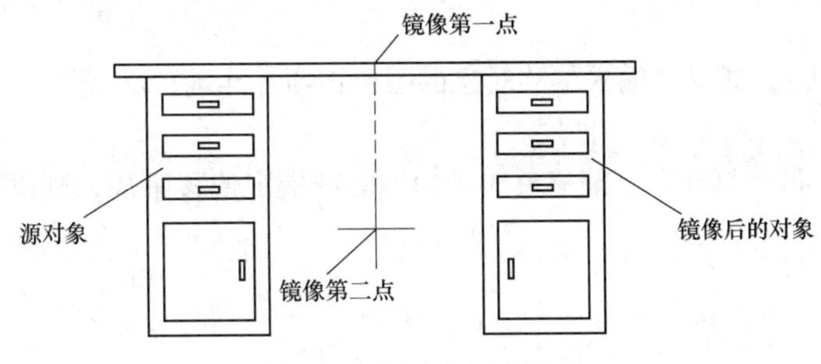

图 5-15 镜像命令效果图

5.6.3 偏移对象

通过偏移可以创建与原对象造型平行的新对象。不是所有的对象都可以偏移。如果不能偏移的对象使用偏移命令，系统会提示：“无法偏移该对象”。可以偏移的对象有直线、构造线、射线、多段线、圆、圆弧、椭圆、样条曲线、矩形和多边形。

5.6.3.1 命令执行方式

菜单栏：选择“修改”→“偏移”。

命令行：OFFSET/O。

功能区：单击“默认”选项卡“修改”面板中的“偏移”按钮⋐。

5.6.3.2 操作步骤

命令：OFFSET↙

当前设置：删除源=否 图层=源 OFFSETGAPTYPE=0

指定偏移距离或［通过(T)/删除(E)/图层(L)］<通过>：5↙

选择要偏移的对象,或［退出(E)/放弃(U)］<退出>：(选择源对象)

指定要偏移的那一侧上的点,或［退出(E)/多个(M)/放弃(U)］<退出>：(单击指定一点)

选择要偏移的对象,或［退出(E)/放弃(U)］<退出>：↙

偏移命令的效果如图5-16所示。

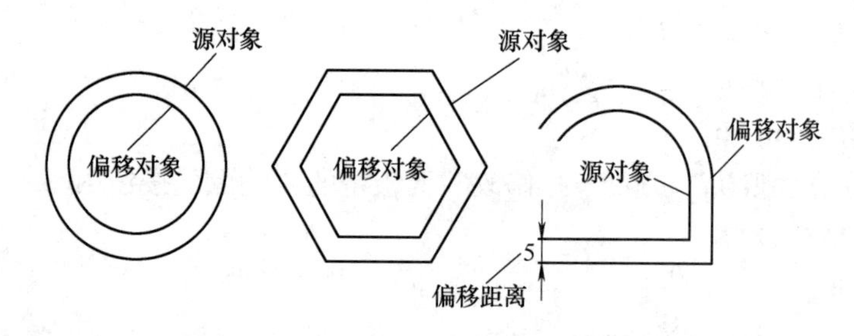

图5-16 偏移命令效果图

如果在偏移命令“指定偏移距离或［通过(T)/删除(E)/图层(L)］<通过>：”提示下输入不同的命令，其操作结果如下。

(1) 通过 (T)。指定要偏移的对象后提示“指定通过点或［退出(E)/多个(M)/放弃(U)］<退出>：”，此时偏移类型为指定通过点的方式。

(2) 删除 (E)。提示“要在偏移后删除源对象吗？［是(Y)/否(N)］”，可以控制偏移是否保留源对象。

(3) 图层 (L)。提示“输入偏移对象的图层选项［当前(C)/源(S)］<源>”，可以控制偏移对象是否与源对象在同一图层。

(4) 重复 (M)。打开重复偏移模式。如果已经指定偏移距离，则以该距离执行重复偏移。

5.6.4 阵列对象

用阵列命令可以复制出成行成列或在圆周上均匀分布的对象。阵列是指一次复制生成多个对象。阵列类型包括：矩形阵列、环形阵列和路径阵列。它们的区别为：矩形阵列可以创建对象的多个副本，并可控制副本数目和副本之间的距离；环形阵列也可创建对象的多个副本，并可对副本是否旋转以及旋转角度进行控制；而在路径阵列中，项目将均匀的沿路径或部分路径分布。图 5-17 是应用不同阵列方式来排列显示表格时可能的效果。

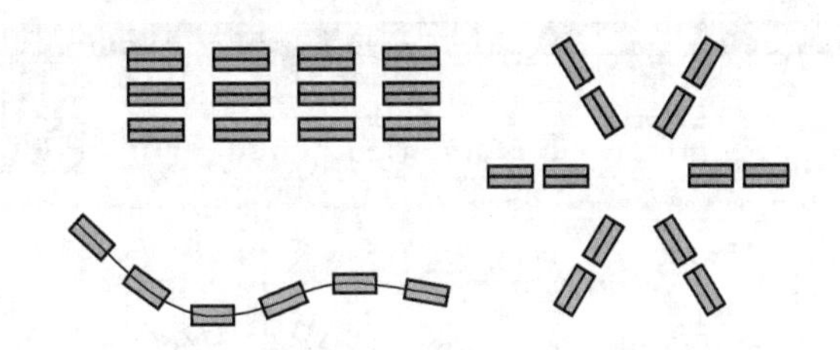

图 5-17 阵列命令效果图

5.6.4.1 命令执行方式

菜单栏：选择“修改”→“阵列”。

命令行：ARRAY/AR。

功能区：单击“默认”选项卡“修改”面板中相应的“阵列”按钮。

5.6.4.2 操作步骤

命令：ARRAY↙

选择对象：(选择阵列的源对象)↙

选择对象：输入阵列类型［矩形(R)/路径(PA)/极轴(PO)］<矩形>：

选择阵列类型后，在“草图与注释”工作空间出现相应类型的“阵列”上下文功能区，用户可以通过相应的设置完成操作。下面分别对三种阵列方式进行说明。

A 矩形阵列

调出“矩形阵列”命令，然后选择要阵列的对象，并按“Enter”键，绘图区域将显示默认的矩形阵列。在阵列预览中，拖动夹点以调整间距以及行数和列数，还可以在“阵列”上下文功能区中修改。矩形阵列操作及上下文功能区如图 5-18 所示。

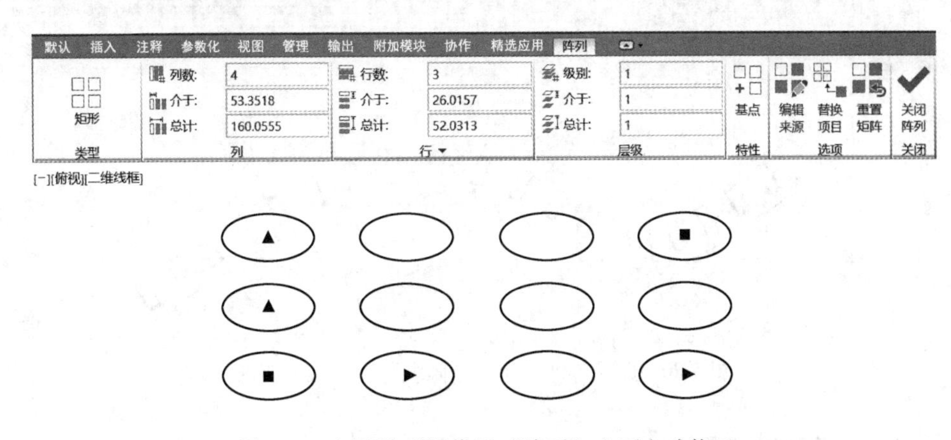

图 5-18 矩形阵列操作及“阵列”上下文功能区

B 环形阵列

调出“环形阵列”命令，然后选择要阵列的对象，并按确认键，指定中心点，系统将显示预览阵列。通过输入项目数、填充角度等参数获得到想要的阵列结果。环形阵列操作及上下文功能区如图 5-19 所示。

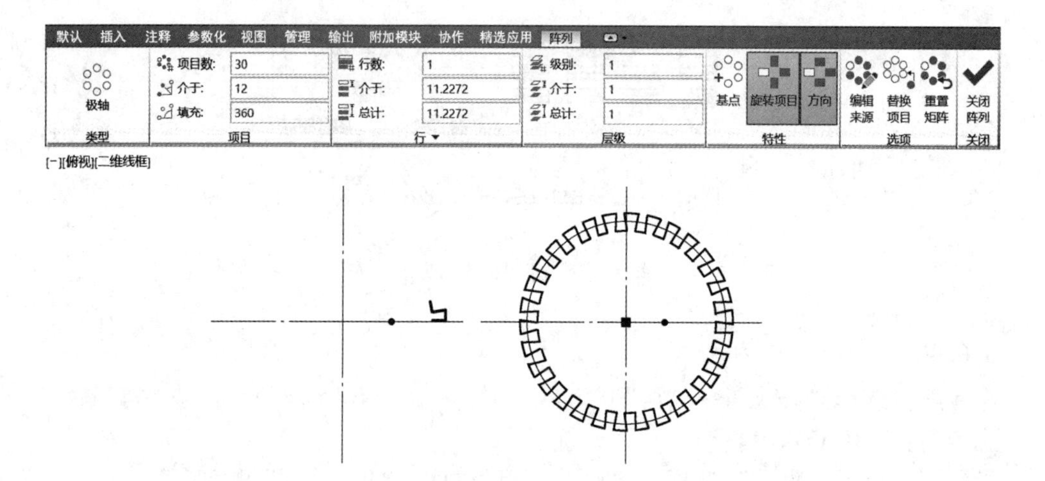

图 5-19 环形阵列操作及“阵列”上下文功能区

C 路径阵列

调出“路径阵列”命令，选择要阵列的对象，并按“Enter”键；然后选择某个对象（例如直线、多段线、三维多段线、样条曲线、螺旋、圆弧、圆或椭圆）作为阵列的路径；再指定沿路径分布种类，有“定数等分”和“定距等分”两种；沿路径移动光标以进行调整，最后按“Enter”键完成阵列创建。可使用上下文功能区选项卡上的工具或“特性”选项板来进行调整。路径阵列操作及上下文功能区如图 5-20 所示。

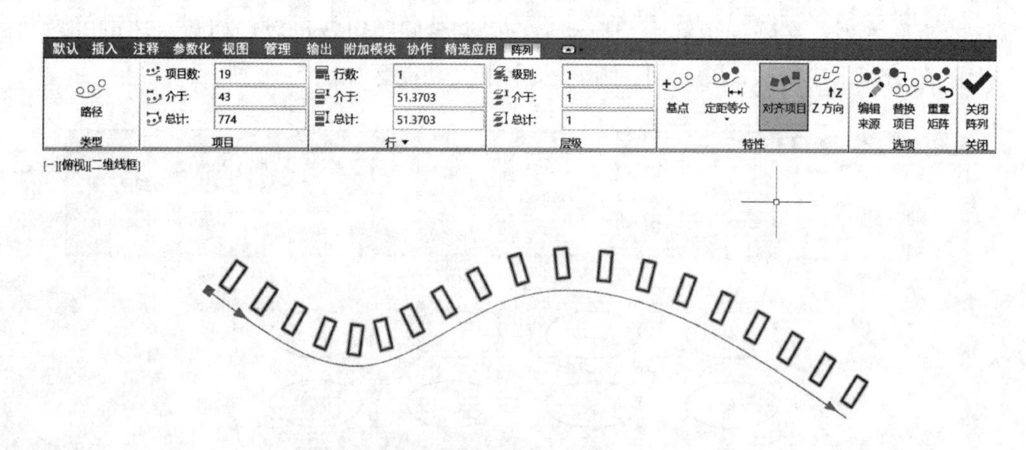

图 5-20 路径阵列操作及“阵列”上下文功能区

5.6.4.3 阵列对话框

经典 AutoCAD 设计中常使用对话框来操作阵列，AutoCAD 2019 仍保留了这个功能。在命令窗口输入“ARRAYCLASS”，按“Enter”键打开“阵列”对话框，如图 5-21 所示。利用该对话框也可以完成矩形阵列和环形阵列的设置和操作。

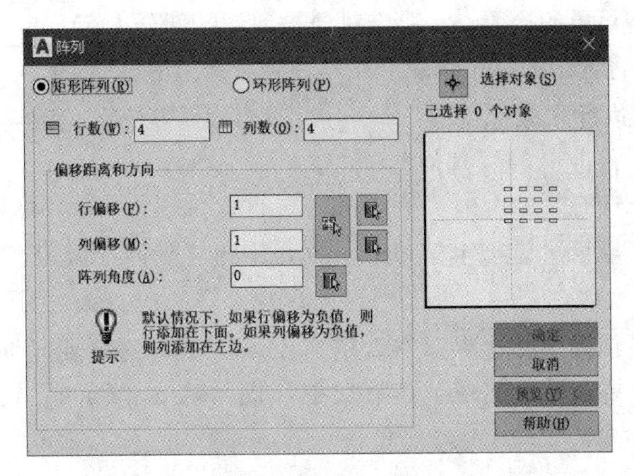

图 5-21 “阵列”对话框

5.7　修改对象的形状

5.7.1　修剪和延伸对象

“修剪”命令可以将指定的实体部分修剪到指定的边界。

5.7.1.1　命令执行方式

菜单栏：选择“修改”→“修剪”。

命令行：TRIM/TR。

功能区：单击“默认”选项卡“修改”面板中的“修剪”按钮✂。

5.7.1.2　操作步骤

命令：TRIM↙

当前设置：投影=UCS，边=无

选择剪切边...

选择对象或 <全部选择>：(选择剪切边按 Enter 键确定选择，直接按 Enter 键全部对象都是剪切边)

选择要修剪的对象，或按住 Shift 键选择要延伸的对象，或［栏选(F)/窗交(C)/投影(P)/边(E)/删除(R)/放弃(U)］：(点选要剪切的图形部位)

“修剪”命令效果示例如图 5-22 所示。

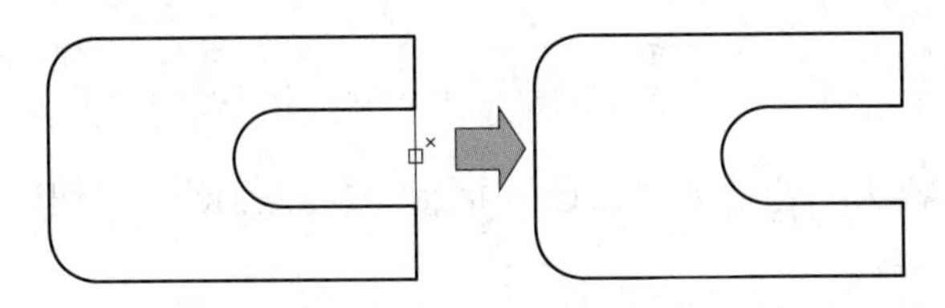

图 5-22 “修剪”命令效果图

AutoCAD 系统允许用直线、弧、圆、椭圆、多义线、射线、构造线、区域充填、样条曲线等作为剪切边。用宽多义线做剪切边时，沿其中心线剪切。剪切边也可以同时作为被剪切边。指定被剪切对象的拾取点，决定对象被剪切的部分。

"延伸"命令可将选中的对象按原形状延伸到指定边界。

5.7.1.3 命令执行方式

菜单栏：选择"修改"→"延伸"。

命令行：EXTEND/EX。

功能区：单击"默认"选项卡"修改"面板中的"延伸"按钮⟶|。

5.7.1.4 操作步骤

要延伸对象，应首先选择边界，然后按"Enter"键并选择要延伸的对象。要将所有对象用作边界，则需要在首次出现"选择对象"提示时按"Enter"键。下面举例来说明如何使用"延伸"命令。

命令：EXTEND↙
当前设置：投影=UCS，边=无
选择边界的边...
选择对象或<全部选择>：(选择延伸边界回车确定，直接回车全部对象都是延伸边界)
选择要延伸的对象，或按住 Shift 键选择要修剪的对象，或[栏选(F)/窗交(C)/投影(P)/边(E)/放弃(U)]：

延伸效果如图 5-23 所示。

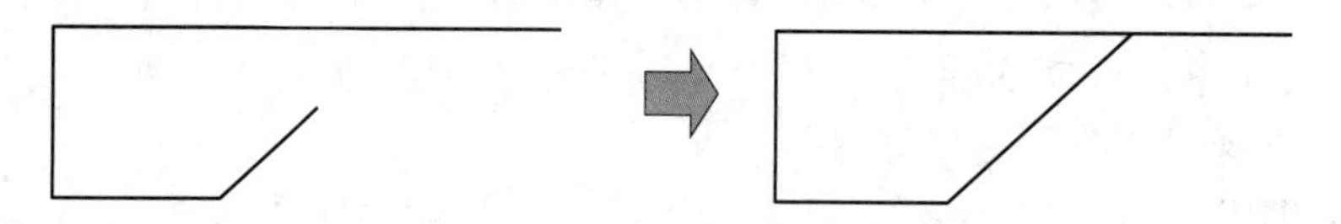

图 5-23 "延伸"命令效果图

AutoCAD 系统允许用直线、弧、圆、椭圆、多义线、射线、构造线、区域充填、样条曲线等作为剪切边。用宽多义线做延伸边界时，将延伸至其中心线。选取延伸目标时，只能用点选方式，离最近拾取点一端被延伸。所选对象既可以作为边界边，又可以作为待延伸的对象。

5.7.2 打断与合并对象

打断对象是指将对象分开成为两个部分或者删除对象的一部分。

5.7.2.1 命令执行方式

菜单栏：选择"修改"→"打断"。

命令行：BREAK/BR。

功能区：单击"默认"选项卡"修改"面板中的"打断"按钮⌴。

5.7.2.2 操作步骤

命令：BREAK↙
选择对象：(单击选择对象，并指定第 1 点)
指定第二个打断点，或[第一点(F)]：(指定打断点 2)

如图 5-24 所示，执行打断命令后，对象被分为两部分，并且在第一点和第二点之间的部分被删除；打断圆时，删掉的部分是从打断点 1 到打断点 2 之间逆时针旋转的部分；如果在“指定第二个打断点，或［第一点（F）］：”提示下，输入“F”确定后，则重新指定第一个打断点，再指定第二个打断点。要将对象一分为二并且不删除某个部分，输入的第一个点和第二个点应相同，通过输入“@”指定第二个点即可实现此目的。“打断于点”工具按钮□就是实现这一功能。

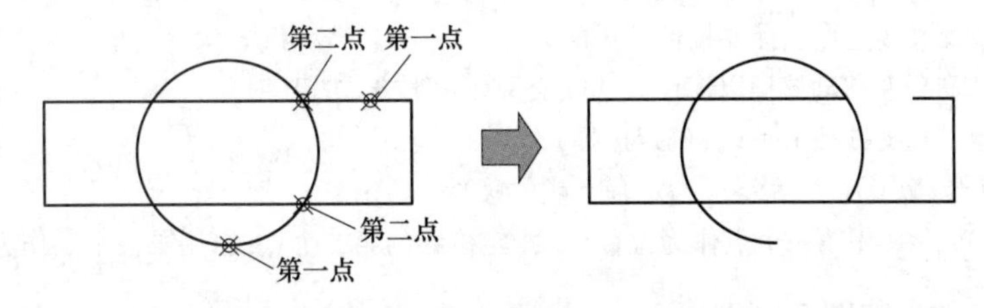

图 5-24 “打断”命令效果图

合并对象是将符合一定条件的多个对象合并为一个对象，如位于同一直线上的两条线段。

5.7.2.3　命令执行方式

菜单栏：选择“修改”→“合并”。

命令行：JOIN/J。

功能区：单击“默认”选项卡“修改”面板中的“合并”按钮→←。

5.7.2.4　操作步骤

合并对象的命令根据合并对象类型的不同，操作和提示也不同。以下是合并两段圆弧的操作。

命令：JOIN↙
选择源对象或要一次合并的多个对象：(选择一段圆弧)
选择要合并的对象：(选择另一段圆弧)↙

如果在执行合并命令后，选择一段圆弧并按“Enter”键确认，系统提示“以合并到源或进行［闭合（L）］：”，此时输入“L”确定后，圆弧封闭成一个圆。

合并对象的效果如图 5-25 所示。图中使用了两次合并命令：第一次合并了两段圆弧；第二次合并了圆弧和三段直线。

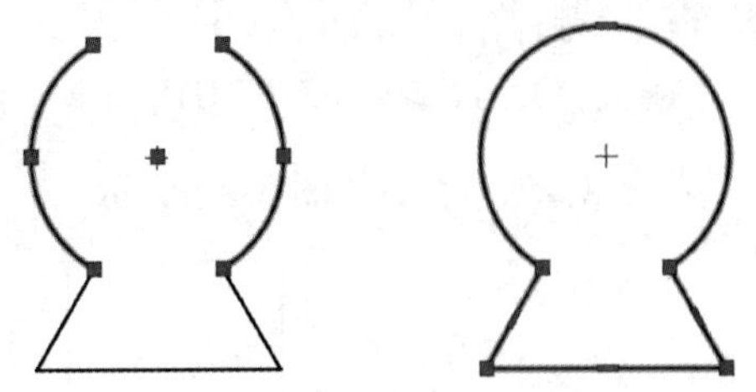

图 5-25　合并对象的效果

5.7.3　拉伸与拉长对象

拉伸命令可改变对象的形状。与缩放命令不同的是，拉伸命令主要用于非等比缩放，而缩放命令是对对象的整体进行放大或缩小。用户以窗交或圈交方法选择对象的一部分后，移动选区内对象的顶点，使对象拉伸变形。

5.7.3.1 执行方式

菜单栏：选择“修改”→“拉伸”。

命令行：STRETCH/S。

功能区：单击“默认”选项卡“修改”面板中的“拉伸”按钮。

5.7.3.2 操作步骤

命令：STRETCH↙

以交叉窗口或交叉多边形选择要拉伸的对象...

选择对象：(从右到左移动鼠标以窗交方式或交叉多边形方式选择对象)

选择对象：(继续选择或按 Enter 键确定选择)

指定基点或［位移(D)］<位移>：(指定基点或位移)

指定第二个点或 <使用第一个点作为位移>：(指定位移的第二个点或<用第一个点作为位移>)

拉伸对象的效果如图 5-26 所示。

拉长对象是指沿对象自身的自然路径来修改长度或者圆弧的包角。

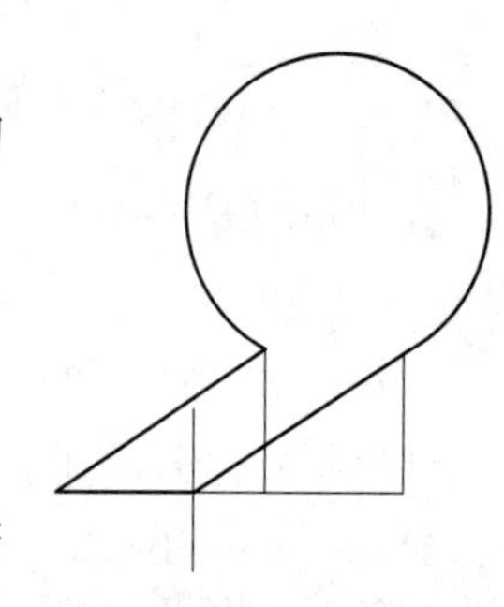

图 5-26 拉伸对象

5.7.3.3 命令执行方式

菜单栏：选择“修改”→“拉长”。

命令行：LENGTHEN/LEN。

功能区：单击“默认”选项卡“修改”面板中的“拉长”按钮 ／ 。

5.7.3.4 操作步骤

命令：LENGTHEN↙

选择要测量的对象或［增量(DE)/百分比(P)/总计(T)/动态(DY)］：(选择拉长的对象或拉长方式)↙

当前长度：

选择要测量的对象或［增量(DE)/百分比(P)/总计(T)/动态(DY)］：P↙(以百分比拉长方式为例)

输入长度百分数 <0.0000>：200↙

选择要修改的对象或［放弃(U)］：(单击拉伸对象的一侧，可以连续选择或确认结束)

拉长对象的效果如图 5-27 所示。

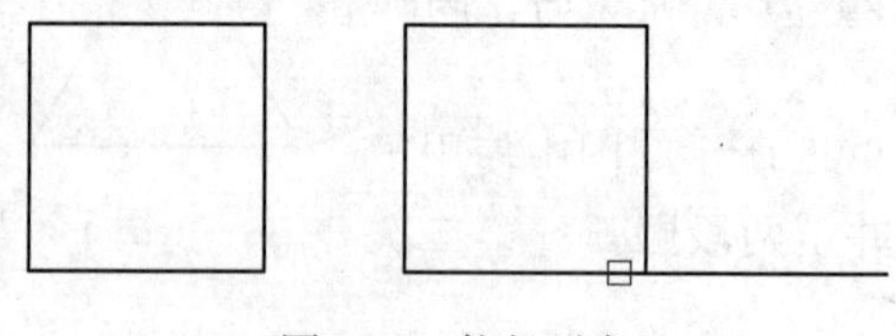

图 5-27 拉长对象

不同拉长方式的含义说明如下。

(1) 增量 (DE)：以指定的增量来修改对象的长度或圆弧的角度

(2) 百分比 (P)：指定对象总长度或圆弧总包含角的百分数设置对象长度或圆弧角度。

（3）总计（T）：指定总长度或总角度的绝对值来设置选定对象的长度或圆弧的包含角。

（4）动态（DY）：通过动态拖动对象的一个端点来改变其长度。

5.7.4 分解对象

分解对象是指将多义线、标注、图案填充、阵列结果、块或三维实体等有关联性的合成对象分解为单个元素，又称为“炸开对象”。

5.7.4.1 命令执行方式

菜单栏：选择“修改”→“分解”。

命令行：EXPLODE/X。

功能区：单击“默认”选项卡“修改”面板中的“分解”按钮。

5.7.4.2 操作步骤

命令：EXPLODE↙
选择对象：（选择要分解的对象）
选择对象：（继续选择对象或确定执行）↙

在使用分解命令时需要注意以下几个方面。

（1）对于多义线，分解后的对象忽略所有相关线宽或切线信息，沿多义线中心放置所得的直线和圆弧元素。

（2）对于尺寸标注，将分解为直线、样条曲线、箭头、多行文字或公差对象等。

（3）对于多行文字，分解为单行文字对象。

（4）对于面域，分解成直线、圆弧或样条曲线。

（5）对于阵列结果，分解成单个的可以编辑的原阵列对象。

（6）对于三维实体，将实体分解为面域。

（7）外部参照插入的块以及外部参照依赖的块不能分解。

5.7.5 倒角和圆角

倒角操作用于连接两个非平行对象，使它们以平角或倒角相接。

5.7.5.1 命令执行方式

菜单栏：选择“修改”→“倒角”。

命令行：CHAMFER/CHA。

功能区：单击“默认”选项卡“修改”面板中的“倒角”按钮。

5.7.5.2 操作步骤

命令：CHAMFER↙
（“修剪”模式）当前倒角距离 1 = 0.0000，距离 2 = 0.0000
选择第一条直线或［放弃(U)/多段线(P)/距离(D)/角度(A)/修剪(T)/方式(E)/多个(M)］：d↙（选择第一条直线或输入选项，一般输入“D”以指定倒直角的大小（距离））
指定 第一个 倒角距离 <0.0000>：（指定第一个距离 d1）↙
指定 第二个 倒角距离 <0.0000>：（指定第一个距离 d2）↙
选择第一条直线或［放弃(U)/多段线(P)/距离(D)/角度(A)/修剪(T)/方式(E)/多个(M)］：（选择

第一条直线）

选择第二条直线，或按住 Shift 键选择直线以应用角点或［距离(D)/角度(A)/方法(M)］：(选择第二条直线)

倒角的各选项含义如下。

（1）多段线（P）：对整个多义线的每两条线段相交的顶点处倒角。

（2）距离（D）：更改倒角大小。

（3）角度（A）：用一条线的倒角距离和第二条线的角度设置倒角距离。

（4）修剪（T）：倒角后是否剪去选定对象倒角外的部分。

（5）方式（E）：控制确定倒角大小使用距离或角度方法。

（6）多个（MU）：一次命令给多个对象倒角。

倒角的效果如图 5-28 所示。操作时按下“Shift”键同时选择第二个对象，倒角距离为零。

用“圆角”命令可按指定半径的圆弧光滑地连接直线、圆弧或圆等对象，还可用该圆弧对封闭的二维多段线中的各线段交点倒圆角。

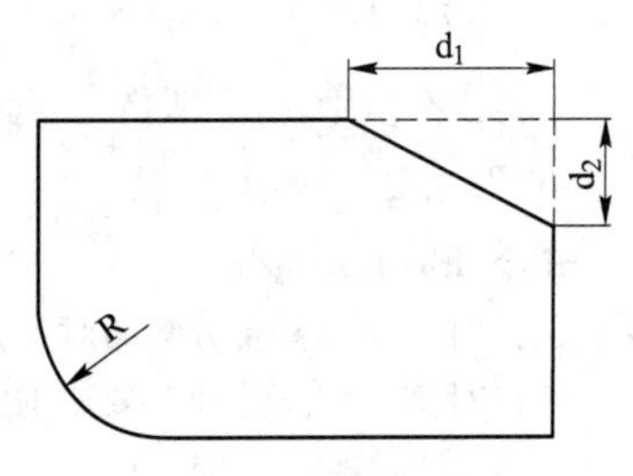

图 5-28　倒圆和圆角

5.7.5.3　执行方式

菜单栏：选择“修改”→“圆角”。

命令行：FILLET/F。

功能区：单击“默认”选项卡“修改”面板中的“圆角”按钮⌈。

5.7.5.4　操作步骤

命令：FILLET↙

当前设置：模式 = 修剪，半径 = 0.0000

选择第一个对象或［放弃(U)/多段线(P)/半径(R)/修剪(T)/多个(M)］：r↙(选择第一条直线或输入选项，一般输入“R”以指定圆角的半径)

指定圆角半径 <0.0000>：(输入圆角的半径)↙

选择第一个对象或［放弃(U)/多段线(P)/半径(R)/修剪(T)/多个(M)］：(选择第一个对象)

选择第二个对象，或按住 Shift 键选择对象以应用角点或［半径(R)］：(选择第二个对象)

倒圆角的各选项含义如下。

（1）多段线（P）：为多义线的每两条线段相交的顶点处倒圆角。

（2）半径（R）：更改圆角半径。

（3）修剪（T）：倒圆角后是否剪去选定对象圆角外的部分。

（4）多个（M）：一次命令对多个对象进行倒圆角。

在使用圆角命令时要注意：

（1）对于不平行的两个对象，当有一个对象长度小于圆角半径时，可能无法倒圆角。

（2）可以为平行直线倒圆角（以平行线间距离为圆角直径）。

（3）注意在选择对象时光标点击的位置。

（4）圆角命令可用于实体等三维对象。

圆角的效果如图 5-28 所示。操作时按下“Shift”键同时选择第二个对象，圆角半径为零，即两对象相交并形成尖角。

5.8 特殊对象的编辑

对于特殊对象，如填充、样条曲线、属性等，AutoCAD 2019 提供了相应的编辑工具。这些修改工具位于“常用”选项卡“修改”面板的扩展工具中。在 AutoCAD 经典工作空间中，可以从“修改”菜单下“对象”项中找到，也可以使用“修改 II”工具栏。

在这些对象中，外部参照、图像、文字等的编辑方法比较简单，对填充等对象的编辑又与其创建方法相似，在此不作介绍。重点介绍多段线、样条曲线、多线的编辑方法。

5.8.1 编辑多段线

编辑多段线的常见用途包含合并二维多段线、将线条和圆弧转换为二维多段线以及将多段线转换为近似 B 样条曲线的曲线（拟合多段线）。

5.8.1.1 命令执行方式

命令行：PEDIT/PE。

功能区：单击“默认”选项卡“修改”面板中的“多段线”按钮。

5.8.1.2 操作步骤

命令：PEDIT↙

选择多段线或[多条(M)]：(选择要编辑的多段线)

选定的对象不是多段线(选定的对象不是多义线时提示)

是否将其转换为多段线？<Y>：(如果选择的对象不是多段线，会有以上两行提示，询问是否将对象转换为多义线，直接按“Enter”键为转换，输入“N”按“Enter”键不转换)

输入选项[闭合(C)/合并(J)/宽度(W)/编辑顶点(E)/拟合(F)/样条曲线(S)/非曲线化(D)/线型生成(L)/反转(R)/放弃(U)]：(输入要操作的选项并确认)

在编辑多段线的命令下，输入一个选项并进行完该选项的操作后，则再次提示：

输入选项［闭合(C)/合并(J)/宽度(W)/编辑项点(E)/拟合(F)/样条曲线(S)/非曲线化(D)/线型生成(L)/放弃(U)］：

可以进行各种选项操作。要结束多段线编辑命令，在上面提示下按“Enter”键即可。

编辑多段线命令中各选项的含义如下。

（1）闭合（C）：闭合所选择的多段线。执行闭合操作后，闭合选项变为打开（O）选项，用来删除多段线的闭合线段。

（2）合并（J）：将端点重合的直线、圆弧或多段线合并为一条多段线。要合并端点不重合的对象，在“选择多段线或［多条（M）］提示下输入“Multiple（多条）”，并设置“模糊距离”足以包括端点。

（3）宽度（W）：指定整条多段线新的线宽。

（4）编辑顶点（E）：编辑多段线的顶点。

（5）拟合（F）：通过多段线的所有顶点并使用指定的切线方向创建圆弧拟合多段线成为平滑曲线，效果如图 5-29 所示。

（6）样条曲线（S）：使用选定多段线的顶点作为控制点或控制框架拟合 B 样条曲线。

若原多段线不是闭合的，所拟合的曲线通过原多义线的第一个和最后一个控制点并被拉向其他控制点，但并不一定通过，效果如图5-29所示。

（7）非曲线化（D）：删除拟合曲线或样条曲线插入的多余顶点，并拉直多段线的所有线段。

（8）线型生成（L）：生成经过多段线顶点的连续线型。

（9）反转（R）：反转多段线顶点的顺序。

（10）放弃（U）：撤销选项操作，返回到PEDIT命令的开始状态。

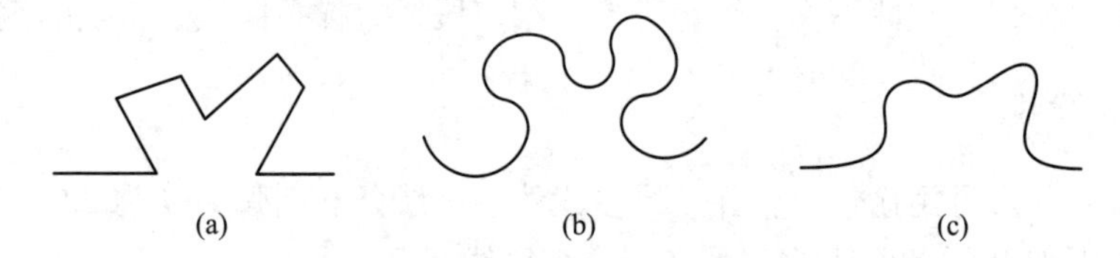

图5-29 多段线拟合平滑曲线与样条曲线效果

（a）多段线；（b）多段线拟合平滑曲线；（c）多段线拟合样条曲线

5.8.2 编辑样条曲线

5.8.2.1 命令执行方式

命令行：SPLINEDIT/SPE。

功能区：单击“默认”选项卡“修改”面板中的“编辑样条曲线”按钮。

5.8.2.2 操作步骤

命令：SPLINEDIT↙

选择样条曲线：

输入选项[闭合(C)/合并(J)/拟合数据(F)/编辑顶点(E)/转换为多段线(P)/反转(R)/放弃(U)/退出(X)]<退出>：(输入要对样条曲线编辑的选项,或直接按“Enter”键退出命令)

编辑样条曲线命令的各选项含义如下。

（1）闭合（C）：使开放的样条曲线闭合，并使曲线在端点处切向平滑。如果选定的样条曲线已经是闭合的，将出现“打开(O)”选项，而不是“闭合（C）”选项。

（2）合并（J）：将选定的样条曲线与其他样条曲线、直线、多段线和圆弧在重合端点处合并，生成一个新的样条曲线。

（3）拟合数据（F）：在编辑样条曲线命令提示下输入“F”并确认，则提示：“输入拟合数据选项[添加(A)/闭合(C)/删除(D)/扭折(K)/移动(M)/清理(P)/切线(T)/公差(L)/退出(X)]<退出>:”，用户可以根据需要选择相应的拟合数据方式进行拟合。

（4）编辑顶点（E）：可以对控制点进行“添加”“删除”“移动”和“提高阶数”等操作。

（5）转换为多段线（P）：将样条曲线转换为多段线。

（6）反转（R）：反转样条曲线的方向，首尾倒置。

（7）放弃（U）：取消上一个编辑操作。

（8）退出（X）：退出编辑样条曲线命令。

如图 5-30 所示为样条曲线采用编辑顶点的“添加”方式指定控制点操作的效果。

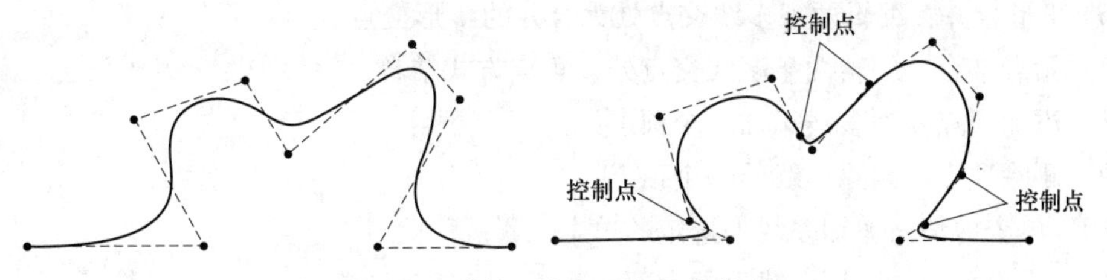

图 5-30 编辑顶点“添加”控制点

5.8.3 编辑多线

此编辑命令通过添加或删除顶点，控制角点接头样式来编辑多线。

5.8.3.1 执行方式

命令行：MLEDIT。

5.8.3.2 操作步骤

命令：MLEDIT↙

打开“多线编辑工具”对话框，如图 5-31 所示。

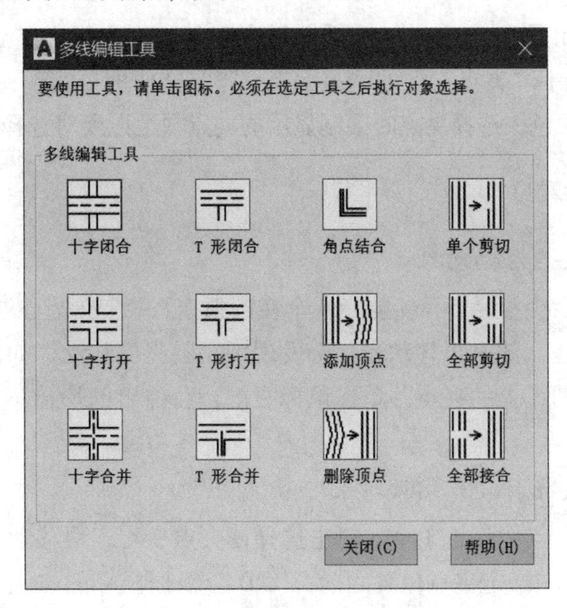

图 5-31 “多线编辑工具”对话框

选择其中一种工具，就可以对选中的多线进行相应的编辑。“多线编辑工具”对话框上的工具含义如下。

（1）十字闭合：编辑两条多线交点处为闭合的十字交点。

（2）十字打开：编辑两条多线交点处为打开的十字交点。

（3）十字合并：编辑两条多线交点处为合并的十字交点。

（4）T 形闭合：编辑两条多线交点处为闭合的 T 形交点。

（5）T 形打开：编辑两条多线交点处为打开的 T 形交点。

（6）T 形合并：编辑两条多线交点处为合并的 T 形交点。

（7）角点结合：编辑两条多线交点处以角点方式结合。

（8）添加顶点：为多线添加一个顶点。

（9）删除顶点：删除多线的一个顶点。

（10）单个剪切：剪切多线上选定的单个元素。

（11）全部剪切：剪切多线上的全部元素，分多线为两部分。

（12）全部接合：重新接合被剪切过的多线线段。

5.9　夹点模式编辑

夹点是一些实心的小方块，默认显示为蓝色，可以对其执行拉伸、移动、旋转、缩放或镜像操作。在没有执行任何命令的情况下选择对象，对象上将出现夹点。夹点模式编辑可以结合本书第 4.4.1 节鼠标操作中的相关内容一起学习。

5.9.1　夹点设置

夹点的显示与关闭是在“选项”对话框里实现的。用户可在“选项”对话框中选择“选择集”选项卡，选中“夹点”区的“显示夹点”复选框即可实现夹点显示。用户还可以设置夹点尺寸，夹点颜色，选择夹点时限制显示的夹点数，以及对选择集预览进行设置等。

5.9.2　使用夹点编辑对象

5.9.2.1　使用夹点移动对象

以圆为例，选中后会显示 5 个夹点（4 个在圆弧上，1 个在圆心处）。单击并选择圆心处夹点，夹点变成红色，此时再移动光标会发现圆跟随光标移动，如图 5-32 所示。

用户也可以选择圆弧上的夹点并单击鼠标右键，在弹出的快捷菜单上选择移动，也能达到同样的效果。

5.9.2.2　使用夹点拉伸或缩放对象

在圆弧上的 4 个夹点中任选 1 个，单击选择使夹点变红，再移动光标（向左移动是拉伸，向右则是缩放）。在指定夹点位置之前，CAD 会根据鼠标的位置动态地绘制一个预览圆，如图 5-33 所示。

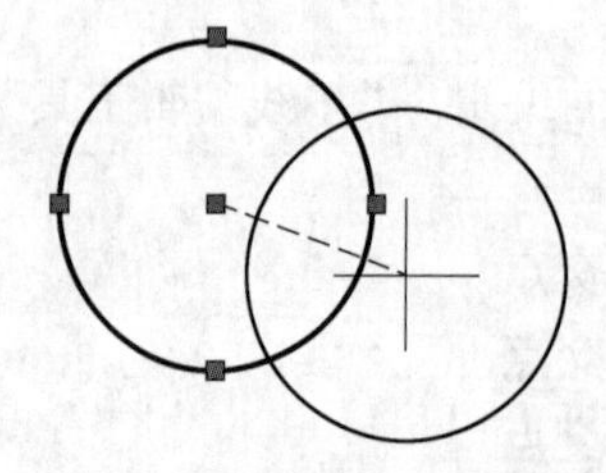

图 5-32 “夹点移动”操作示例

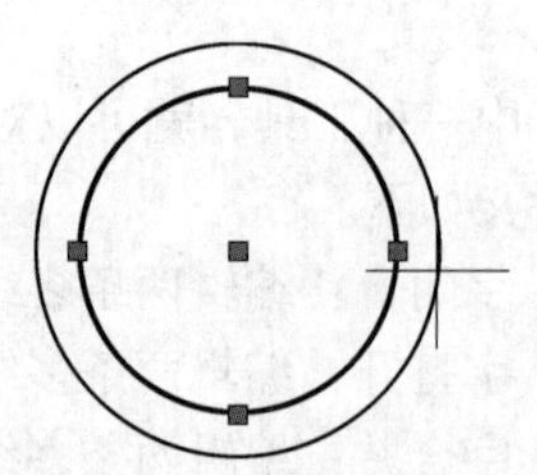

图 5-33 “夹点拉伸缩放”操作示例

5.9.2.3　使用夹点旋转对象

选择夹点使其变红，单击鼠标右键，在弹出的快捷菜单里选择“旋转”命令，再根据命令行的提示指定旋转角度。选中的夹点即为旋转的基点。具体如图 5-34 所示。

5.9.2.4　使用夹点镜像对象

旋转夹点并单击鼠标右键，在弹出的快捷菜单中选择“镜像”，然后在绘图区域中单击指定镜像线第二点。选中的夹点即为镜像线的第一点，如图 5-35 所示。

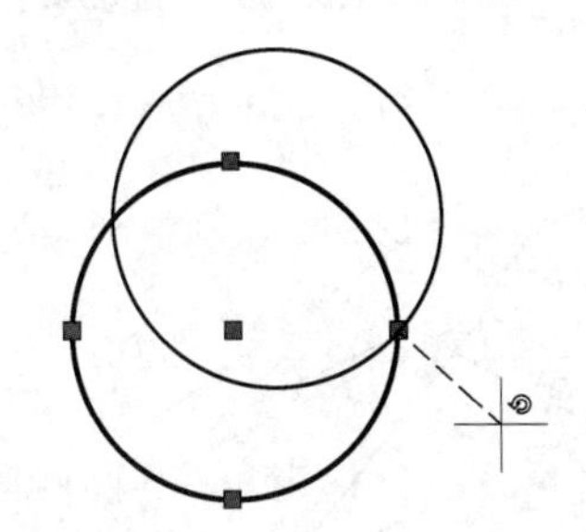

图 5-34　“夹点旋转”操作示例

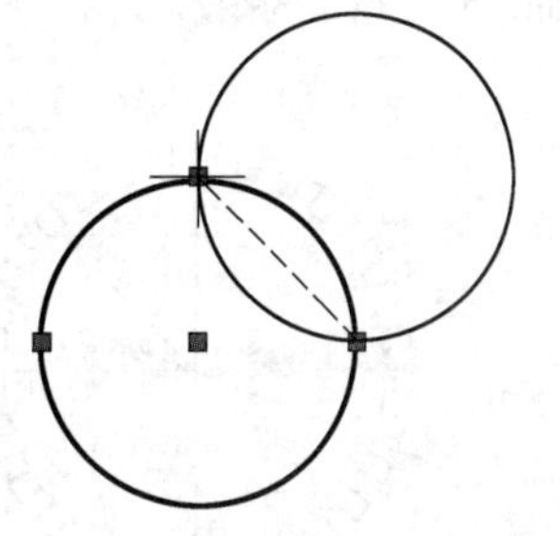

图 5-35　“夹点镜像”操作示例

习　题

5-1　选择题

1. CAD 选择图形时，鼠标从左上往右下选择和从右下往左上选择的描述错误的是（　　）。
   A　左上往右下选择，只有把图形所有部位（端点）选中才有效
   B　从右下往左上选择，只要选中其中的一点就会把与这个点关联的其他部分都选择进去，不用包含图形所有部位（端点）
   C　一条线的两个点，用鼠标从左上往右下的方法若要选中这条线，必须把两个端点都要选择进去才有效
   D　两种方式效果基本相同
2. 关于“分解”命令，以下说法正确的是（　　）。
   A　块可以分解，面域不可以分解　　B　多行文字分解后将变为单行文字
   C　图形分解后图案与边界的关联性仍将保存　　D　构造线分解后可得到两条射线
3. 使用偏移命令时，下列说法正确的是（　　）。
   A　偏移值可以小于 0，这是向反向偏移　　B　可以框选对象一次偏移多个对象
   C　偏移命令执行时不能删除源对象　　D　一次只能偏移一个对象
4. 打断命令的快捷键是（　　）。
   A　s　　B　ex　　C　len　　D　br
5. 若想创建矩形阵列，必须指定（　　）。
   A　行数、项目的数目以及单元大小　　B　项目的数目和项目间的距离
   C　行数、列数以及单元大小　　D　以上都不是

5-2　填空题

1. 通过偏移可以创建与源对象造型________的新对象。在 AutoCAD 中如果偏移的对象为直线，那么偏移的结果相当于________。偏移对象如果是圆，偏移的结果是一个和源对象________，偏移距离即为两个圆的________。偏移的对象如果是矩形，偏移结果还是一个和源对象同中心的矩

形，偏移距离即为两个矩形________的距离。

2. 画点划线时，如果所画出的点划线显示的是直线，则应修改________。

3. 使用 AutoCAD 夹点编辑功能可完成的常用编辑操作有________、________、________、________和________。

4. 使用镜像命令 MI，将图 5-36 中甲改为乙位置，镜像线位置应选择点________。

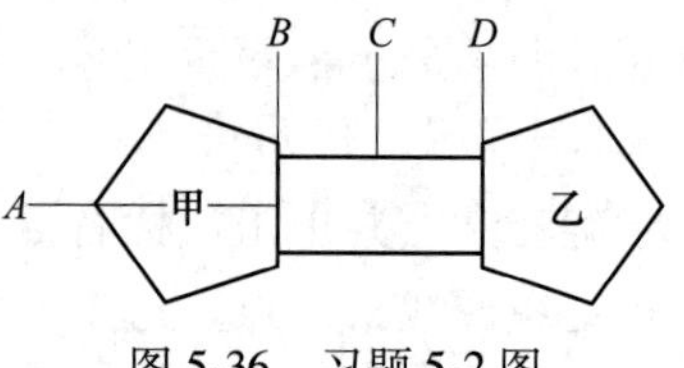

图 5-36 习题 5-2 图

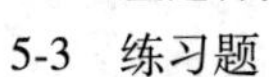

5-3 练习题

绘制如图 5-37 所示的图形。

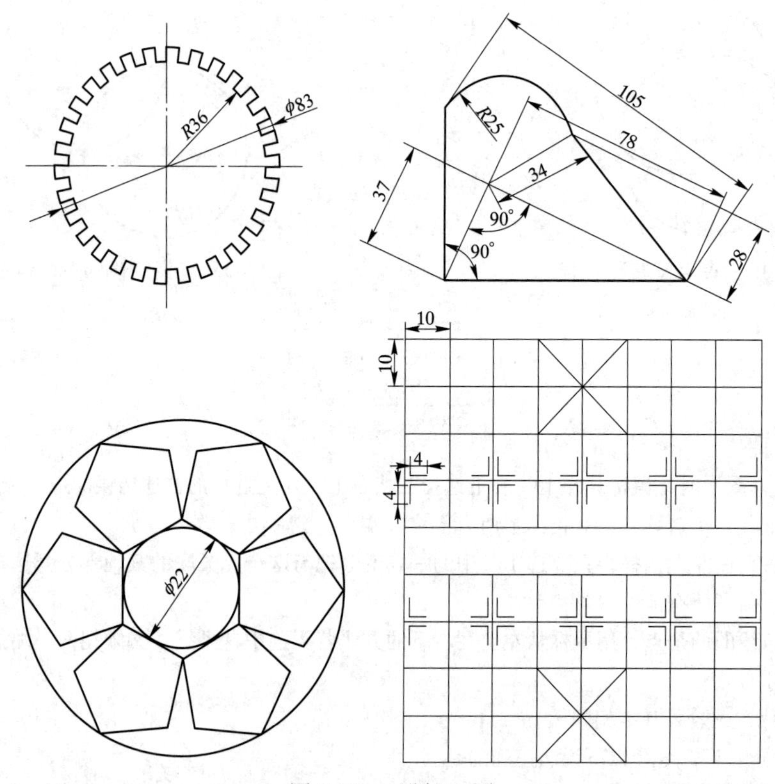

图 5-37 习题 5-3 图

5-4 思考题

1. 缩放和拉伸命令有哪些异同点？

2. AutoCAD 绘图时，滚动鼠标中键进行视图缩放，提示“已无法进一步缩小”怎么办？

6 文字、表格与图案填充

在一个完整的图样中，通常都包含一些文字注释、表格来说明图样中的信息，如说明图形中的技术要求、材料特性和施工要求等。在绘图时，经常也会遇到图案填充，比如绘制剖视图或断面。用填充图案来区分工程的部件或表现组成对象的材质，以增强图形的可读性。

6.1 文　　字

6.1.1 创建文字样式

创建文字样式是进行文字注释的首要任务，文字样式用于控制图形中所使用文字的字体、宽度和高度等参数。在一幅图形中可定义多种文字样式以适应工作的需要。

6.1.1.1　命令执行方式

菜单栏：选择“格式”→“文字样式”。

命令行：STYLE/ST。

功能区：单击“默认”选项卡“注释”面板中的“文字样式”按钮。

6.1.1.2　操作说明

调用“文字样式”命令后，系统会弹出“文字样式”对话框，如图 6-1 所示。

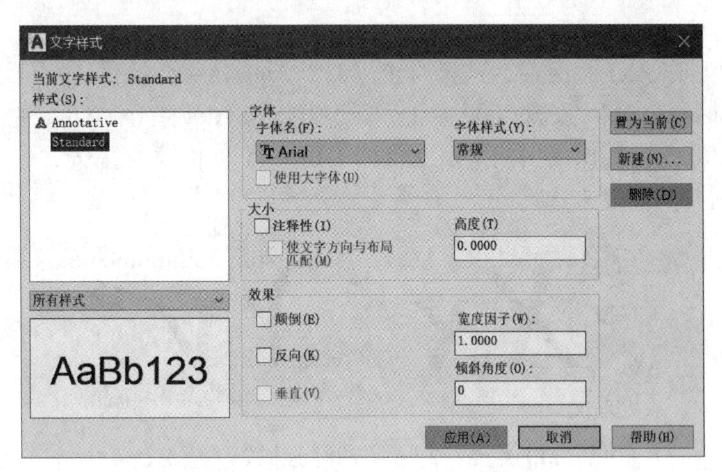

图 6-1　“文字样式”对话框

其中一些需要说明的选项含义如下。

(1)“注释性（I）”复选框。用来指定文字为注释性文字。

(2)“使文字方向与布局匹配（M）”复选框。用来指定图纸空间视口中的文字方向与布局方向匹配。

（3）“宽度因子（W）”。用来设置宽度系数。当系数为 1 时，表示将按字体文件中定义的宽高比标注文字。当此系数小于 1 时字会变窄，反之变宽。

（4）“倾斜角度（O）”。设置文字字头的倾斜角度。角度为 0°时不倾斜，为正时向右倾斜。反之则向左倾斜。

AutoCAD 中，除了默认的“Standard（标准）”文字样式外，其他所需的文字样式都需要新建。在创建文字之前，应先设置文字样式。

6.1.2 创建单行文字

创建单行文字一般使用“DTEXT”命令。该命令一次可注写多处同字高、同旋转角的文字，每输入一个起点，都将在此处生成一个独立的文字对象。它是绘制工程图中常用的命令。

6.1.2.1 命令执行方式

菜单栏：选择“绘图”→“文字”→“单行文字”。

命令行：TEXT/DTEXT/DT。

功能区：单击“默认”选项卡“注释”面板中的单行文字按钮“A”；或单击“注释”选项卡“文字”面板中的单行文字按钮“A”。

6.1.2.2 操作步骤

命令：TEXT↙

当前文字样式：“Standard” 文字高度： 2.5000 注释性： 否 对正： 左

指定文字的起点 或 [对正(J)/样式(S)]：(指定文字输入的起点位置)

指定高度 <2.5000>：↙(默认指定高度 2.5000)

指定文字的旋转角度 <0>：↙(默认指定文字的旋转角度 0°)

输入文字

（1）若在执行 TEXT 命令后，选择对正（J），AutoCAD 会提供：左(L)/居中(C)/右(R)/对齐(A)/中间(M)/布满(F)/左上(TL)/中上(TC)/右上(TR)/左中(ML)/正中(MC)/右中(MR)/左下(BL)/中下(BC)/右下(BR)15 种格式对正方式，如图 6-2 所示，用户可以根据自身的需要来选择。

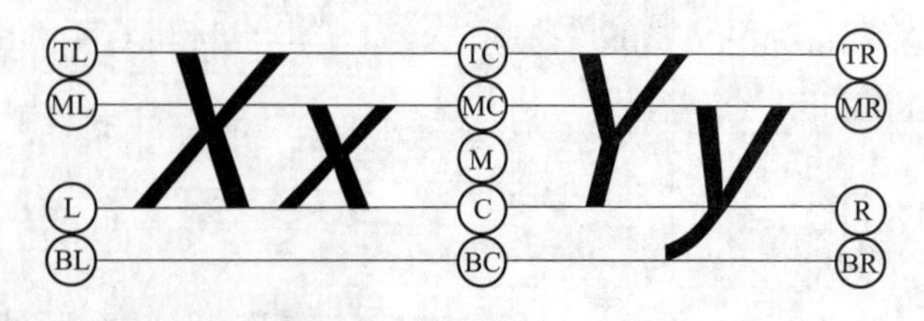

图 6-2 文字的对正方式

（2）若在执行 TEXT 命令后，选择样式正（S），命令行提示“输入样式名或 [?] <Standard>：”。此时，用户可以直接输入文字样式的名称，也可以输入“?”来查询当前存在的文字样式列表。

6.1.2.3　编辑文字

关于编辑单行文字，用户可以通过以下几种方式来实现。

（1）依次选择【修改】→【对象】→【文字】→【编辑】菜单命令。

（2）命令行输入“TEXTEDIT/ED”并按下空格键或“Enter”键。

（3）在绘图区域双击文字对象。

（4）选择要编辑的文字对象后，在绘图区域中单击鼠标右键，然后在快捷菜单中选择“编辑”命令。

6.1.3　创建多行文字

多行文字又称段落文字，是一种更易于管理的文字对象，可以由两行以上的文字组成，而且文字作为一个整体处理。

6.1.3.1　命令执行方式

菜单栏：选择“绘图”→“文字”→“多行文字”。

命令行：MTEXT/T。

功能区：单击“默认”选项卡“注释”面板中的多行文字按钮“A”；或单击“注释”选项卡“文字”面板中的多行文字按钮“A”。

6.1.3.2　操作步骤

调用命令后，在绘图区域单击指定第一角点，然后指定对角点来确定输入区域。如果功能区处于活动状态，将显示“文字编辑器”上下文选项卡，如图 6-3 所示。利用文字编辑器可以方便设置多行文字的样式、字体及大小等属性。

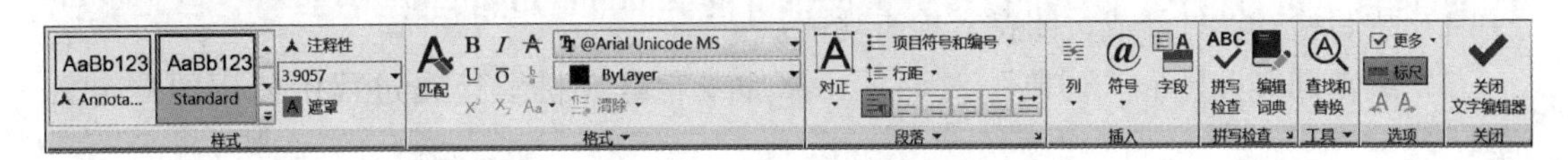

图 6-3　“多行文字”编辑器

“文字编辑器”中的各项含义如下。

（1）“样式面板”。默认情况下，“Standard”文字样式处于活动状态。

1）注释性：打开或关闭当前文字对象的“注释性”。

2）文字高度：设定文字的字符高度或修改选定文字的高度。

3）遮罩：显示“背景遮罩”对话框。

（2）“格式”面板。

1）匹配文字格式：将选定文字的格式应用到目标文字。

2）粗体和斜体：打开和关闭新文字或选定文字的粗体格式或斜体格式。

3）删除线：打开和关闭新文字或选定文字的删除线。

4）下划线和上划线：打开和关闭新文字或选定文字的下划线或上划线。

5）堆叠：当在文字输入窗口中选中的文字包含“/”“#”“^”等，须用不同的格式来表示分数或指数时，用“堆叠”按钮便可实现相应的堆叠与非堆叠的切换。

6）上标和下标：将选定的文字转换为上标或下标，或者将选定的上标和下标文字转换为普通文字。

7）更改大小写：将选定文字更改为大写或小写。

8）字体和颜色：指定或更改文字的字体和颜色。

9）清除格式：删除选定字符的字符格式，或删除选定段落的段落格式，或删除选定段落中的所有格式。

10）倾斜角度：为文字指定倾斜角度。

11）追踪：增大或减小选定字符之间的空间，1.0代表常规间距。

12）宽度因子：扩展或收缩选定字符，1.0代表常规宽度。

（3）“段落”面板。

1）文字对正：选择“文字对正”方式，有9种对齐选项，“左上”为默认。

2）项目符号和编号：对列表格式或选定文字进行项目符号和编号设置。

3）行距：为当前段落进行行距设置。

4）对齐：设置当前段落的对齐方式，包括左对齐、居中、右对齐、两端对齐和分散对齐。

5）段落：打开“段落”对话框。

（4）“插入”面板。

1）栏：对文字进行分栏。

2）符号：在光标位置插入符号或不间断空格。

3）字段：显示“字段”对话框，从中可以选择要插入到文字中的字段。

（5）“拼写检查”面板。

1）拼写检查：打开或关闭拼写检查功能。

2）编辑词典：显示“词典”对话框，添加或删除在拼写检查过程中使用的自定义词典。

（6）“工具”面板。

1）查找和替换：打开“查找和替换”对话框，对文字进行查找和替换。

2）输入文字：打开“选择文件”对话框，选择文件，将文件内容输入。

3）全部大写：检查输入的文字是否存在首字母小写但后面的字母大写的情况。

（7）“选项”面板。

主要对字符集、标尺和制表符等进行设置。

在文字输入窗口中右击鼠标，可以弹出“多行文字”快捷菜单，该菜单与“文字编辑器”中的命令基本对应。若要对多行文字进行编辑，可以直接左键双击多行文字对象，或者选中多行文字对象后右键打开快捷菜单，选择“编辑多行文字”。

6.2 表格创建与编辑

在AutoCAD 2019中，用户可以使用创建表格命令创建表格，也可以从Microsoft Excel中直接复制表格，并将其作为AutoCAD表格对象粘贴到图形中。此外，AutoCAD中的表格也可以输出，以供在其他应用程序中使用。

6.2.1 表格样式

表格使用行和列并以一种简明扼要的形式提供信息，常用于一些组件的图形中。表格样式用于控制一个表格的外观，并保证标准的字体、颜色、文本、高度和行距。用户可以使用默认表格样式，也可以创建自己的表格样式。

在创建新的表格样式时，可以指定一个起始表格。起始表格是图形中用作设置新表格样式的样例表格。

6.2.1.1 命令执行方式

菜单栏：选择“格式”→“表格样式”。

命令行：TABLESTYLE。

功能区：单击“默认”选项卡“注释”面板中的表格样式按钮 ；或单击“注释”选项卡“表格”面板中右下角的小箭头 也可以打开表格样式对话框。

6.2.1.2 操作说明

调用“表格样式”命令后，系统会弹出“表格样式”对话框，如图 6-4 所示。

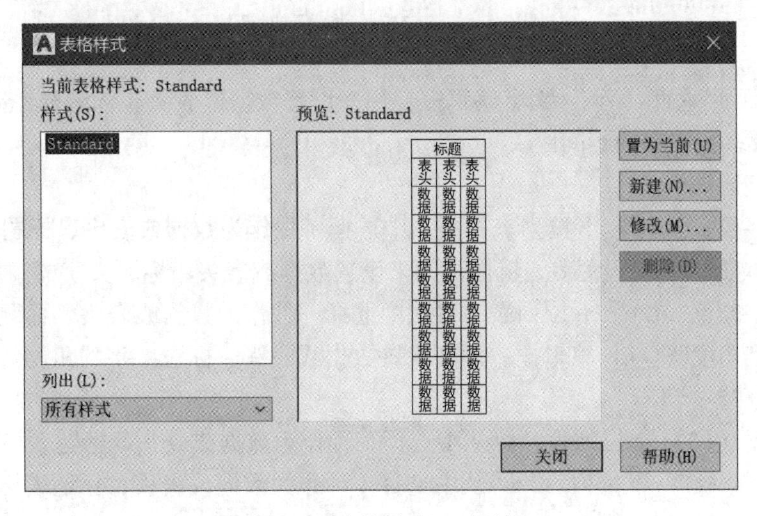

图 6-4 “表格样式”对话框

单击“新建”按钮并命名新样式继续后，系统会弹出“新建表格样式”对话框，如图 6-5 所示。在对话框中用户可以进行新建表格样式的设置。其中各选项卡的含义和操作方法如下。

(1) 基本选项卡。

1) “填充颜色 (F)” 下拉列表：可从中选择一种作为数据或表头、标题表格的底色。

2) “对齐 (A)” 下拉列表：可从中选择一种作为数据或表头、标题文字的定位方式。

3) “格式 (O)” 按钮：可从弹出的“表格单元格式”对话框中选择“百分比”“日期”“点”“角度”等样例作为表格中输入相应文字的格式。

4) “类型 (T)” 下拉列表：可从“数据”和“标签”中选择一种类型。

5) 页边距“水平 (Z)” 文字编辑框：用来设置数据或表头、标题内文字与线框水平方向的间距。

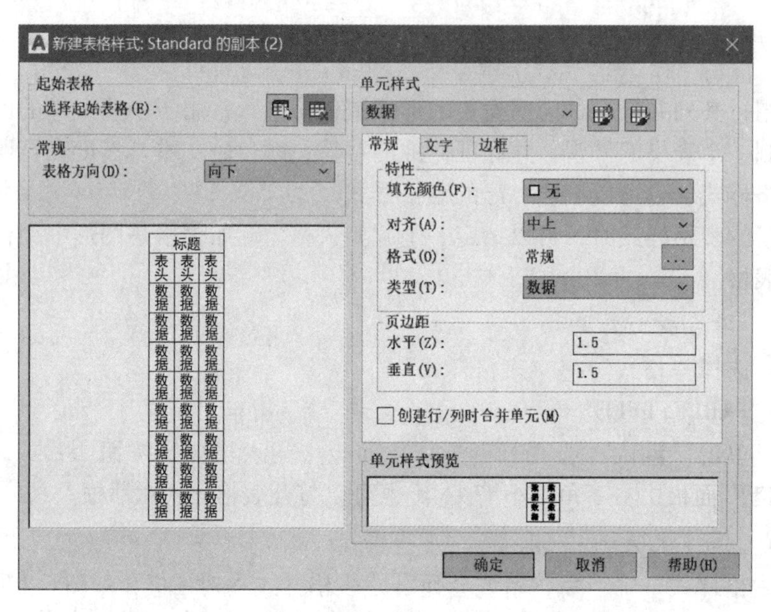

图 6-5 “新建表格样式”对话框

6）页边距“垂直（V）”文字编辑框：用来设置数据或表头、标题内文字与线框垂直方向的间距及多行文字的行间距。

（2）文字选项卡。

1）“文字样式（S）”下拉列表：可从中选择一种作为数据或表头、标题文字的字体。

2）“字体高度（I）”文字编辑框：用来设置数据或表头、标题文字的高度。

3）“文字颜色（C）”下拉列表：可从中选择一种作为数据或表头、标题文字的颜色。

4）“文字角度（G）”编辑框：用来设置数据或表头、标题文字的角度。

（3）边框选项卡。

1）“线宽（L）”下拉列表：可从中选择一种作为数据或表头、标题表格线型的线宽。

2）“线型（N）”下拉列表：可从中选择一种作为数据或表头、标题表格线型的线型。

3）“颜色（C）”下拉列表：可从中选择一种作为数据或表头、标题表格线型的颜色。

6.2.2　创建表格

表格样式创建完成后，可以以此为样式创建表格。

6.2.2.1　命令执行方式

菜单栏：选择“绘图”→“表格”。

命令行：TABLE/TB。

功能区：单击“默认”选项卡“注释”面板中的表格按钮▦；或单击“注释”选项卡“表格”面板中的表格按钮▦。

6.2.2.2　操作说明

调用“表格”命令后，系统弹出“插入表格”对话框，如图 6-6 所示。用户设置完成后，单击“确定”按钮，关闭对话框进入绘图状态。此时命令行提示：“指定插入点”

(或指定窗口的两个对角点)，指定后显示多行文字输入格式进行表格中的文字输入。可单击单元格或操作键盘上的箭头移位键来选择单元输入文字。

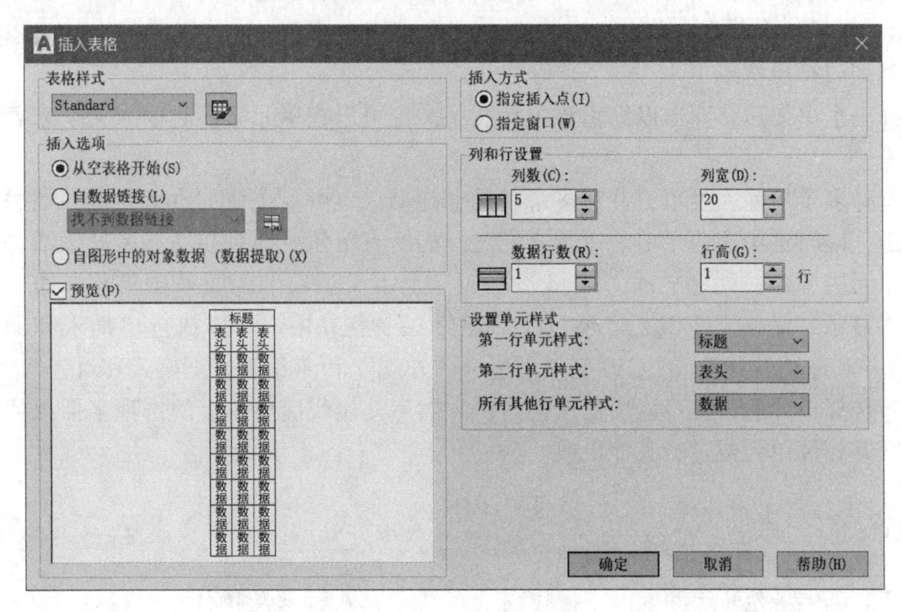

图 6-6 “插入表格”对话框

6.2.3 编辑表格

6.2.3.1 命令执行方式

表格创建完成后，用户可以单击该表格上的任意网格线以选中该表格，然后通过使用“属性”选项卡或夹点来修改，一般最常用最简便的方法就是使用夹点来进行编辑。

6.2.3.2 操作说明

A 修改表格大小

更改表格的高度或宽度时，只有与所选夹点相邻的行或列将会更改。表格的高度或宽度保持不变。要根据正在编辑的行或列的大小按比例更改表格的大小，可在使用列的夹点时按 Ctrl 键。如何通过夹点修改表格形状大小如图 6-7 所示。

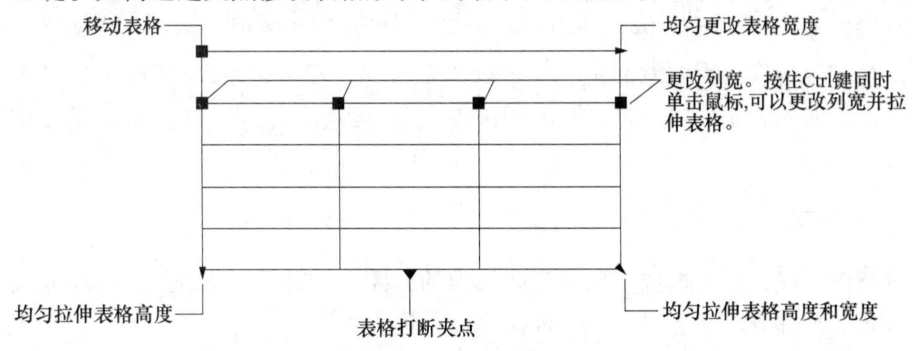

图 6-7 通过夹点修改表格

B 修改表格单元

若要修改表格单元，需先在单元内单击以选中它，单元边框的中央将显示夹点，如图6-8所示。在另一个单元内单击可以将选中的内容移到该单元。拖动单元上的夹点可以使单元及其列或行更宽或更小。

选择一个单元后，双击以编辑该单元文字。也可以在单元亮显时输入文字来替换其当前内容。

要选择多个单元，可单击并在多个单元上拖动。也可以按住“Shift”键并在另一个单元内单击，同时选中这两个单元以及它们之间的所有单元。如果在功能区处于活动状态时在表格单元内单击，则将显示“表格”功能区上下文选项卡。如果功能区未处于活动状态，则将显示“表格”工具栏。通过“表格”工具栏，用户可以执行“插入和删除行和列”“合并和取消合并单元”“改变单元边框的外观”和“编辑数据格式和对齐”等操作。

注：选择单元后，也可以单击鼠标右键，然后使用快捷菜单上的选项来插入或删除列和行、合并相邻单元或进行其他更改。

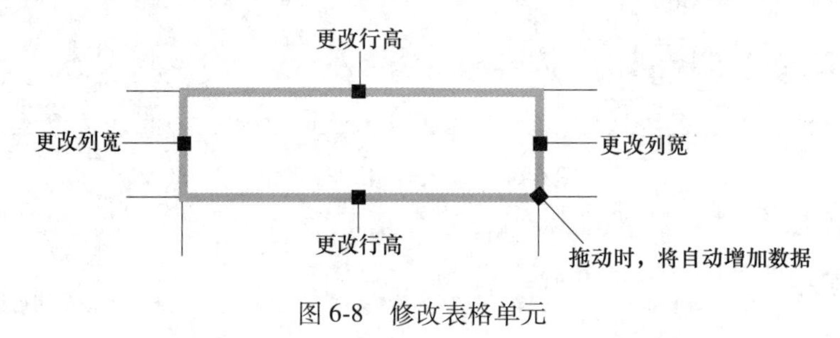

图6-8 修改表格单元

6.3 图案填充的概念和特点

在绘制图形时，经常会遇到图案填充，比如绘制物体的剖视图或断面，需要使用某种图案来填充指定的区域，而这个区域的边界就是填充边界。

6.3.1 填充边界

在图案填充时，填充边界可以是形成封闭区域的任意对象组合，例如直线、圆弧、圆、多义线以及面域，也可以指定点定义边界。如果在复杂图形上填充小区域，可以使用边界集加快填充速度。需注意的是，仅可以填充与“用户坐标系”（UCS）的XY平面平行的平面上的对象，不能填充具有宽度和实体填充的多义线内部，因为它们的轮廓是不可接受的边界。

6.3.2 填充方式

在进行图案填充时，把位于总填充区域内的封闭区域称为“孤岛”，填充方式一般分为普通方式、外部方式和忽略方式三种孤岛显示样式。

6.3.2.1 普通方式

如图6-9（a）所示，普通方式是从边界开始，每条填充线或每个填充符号向中间延伸，遇到内部对象与之相交时填充图案断开，直到遇到下一次相交时再继续延伸。该方式是系统的默认方式。

6.3.2.2　外部方式

外部方式顾名思义，填充图案从边界向中间延伸，只要和内部对象相交，图案由此断开，即只填充外部区域。如图 6-9（b）所示。

6.3.2.3　忽略方式

如图 6-9（c）所示，忽略方式忽略内部所有对象，所有内部结构都被填充图案覆盖。

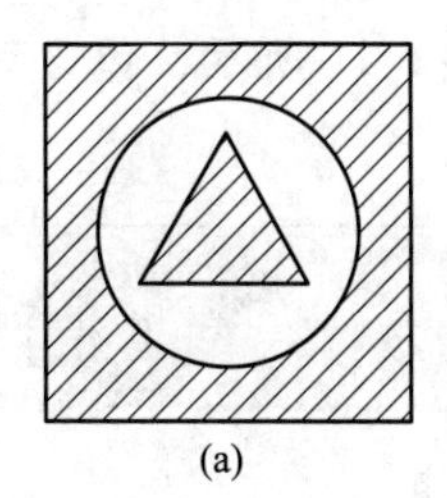
(a)

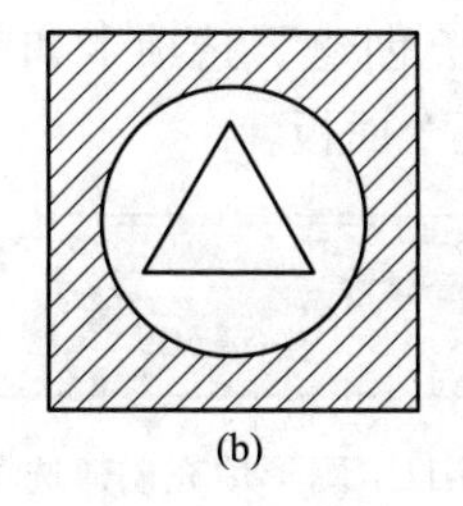
(b)

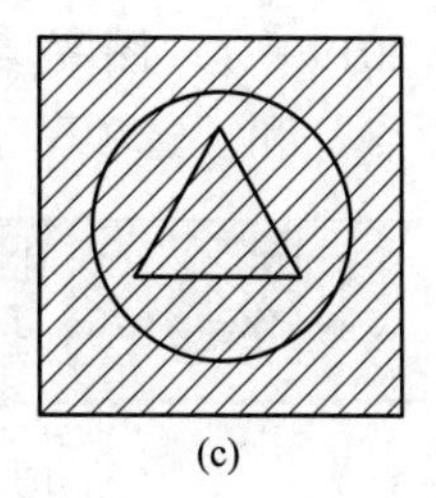
(c)

图 6-9　填充方式

（a）普通方式；（b）外部方式；（c）忽略方式

当填充图案经过块时，AutoCAD 不再把它看作是一个对象，而是把组成块的各个成员当作各自独立的对象。但选择填充对象时，仍把块当作一个对象处理。

6.4　填充图案的创建

6.4.1　创建基本图案

可以使用填充图案、纯色填充或渐变色来填充现有对象或封闭区域，也可以创建新的图案填充对象。用户可以从以下各项中进行选择。

（1）预定义的填充图案。

（2）用户定义的填充图案。

（3）实体填充。

（4）渐变填充。

6.4.1.1　命令执行方式

菜单栏：选择“绘图”→“图案填充”。

命令行：HATCH/H。

功能区：单击“默认”选项卡“绘图”面板中的“图案填充”按钮▨。

6.4.1.2　操作步骤

命令：HATCH↙

拾取内部点或［选择对象(S)/放弃(U)/设置(T)］：(左键拾取图形内部点)

正在选择所有可见对象...

正在分析所选数据...

正在分析内部孤岛...
“确定”或“取消”

结果如图 6-10 所示。

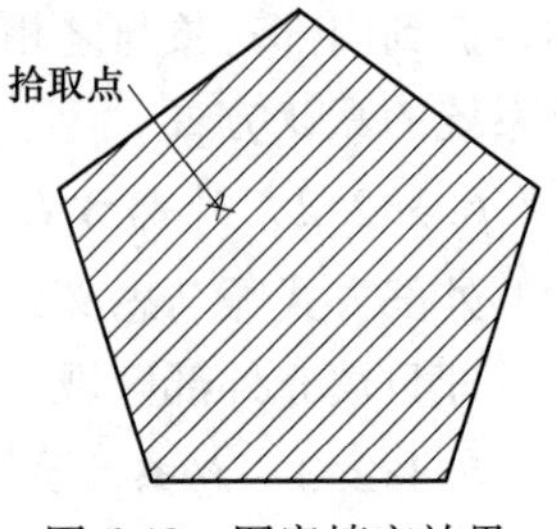

图 6-10　图案填充效果

上述操作是比较常用的简单图案填充，而在一些稍微复杂的工程图中，往往需要对填充的图案比例、颜色和角度等进行调整，这就涉及对“图案填充创建”选项卡的灵活运用。

6.4.2　图案填充创建选项卡

在 AutoCAD 2019 中，“图案填充创建”选项卡如图 6-11 所示，包含有“边界”“图案”“特性”“原点”和“选项”五个面板。

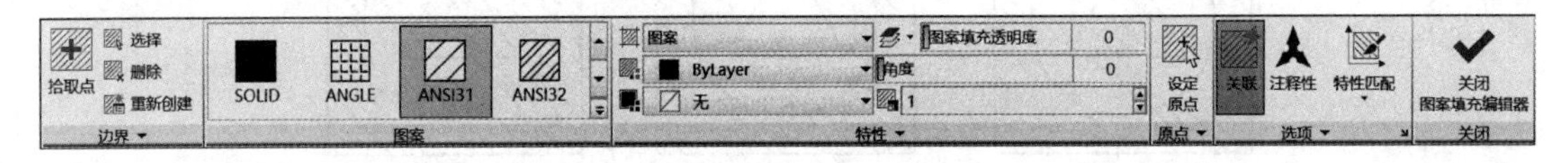

图 6-11　图形填充创建选项卡

6.4.2.1　“边界”面板

“拾取点”指通过选择由一个或多个对象形成的封闭区域内的点来确定图案填充边界，如图 6-12 所示。

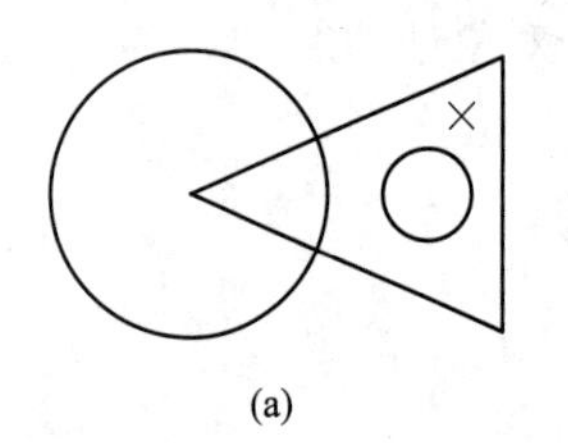
(a)

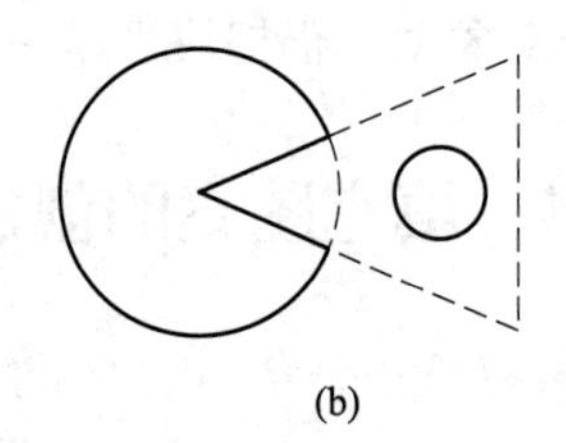
(b)

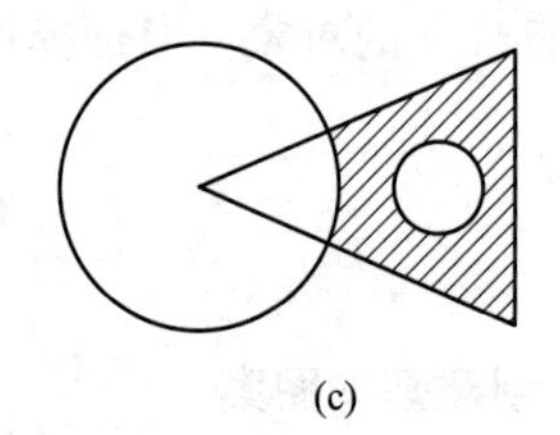
(c)

图 6-12　“拾取点”填充
（a）选定内部点；（b）图案填充边界；（c）结果

“选择”指通过基于选定对象确定边界，将图案填充区域添加到选定的图案填充，如图 6-13 所示。

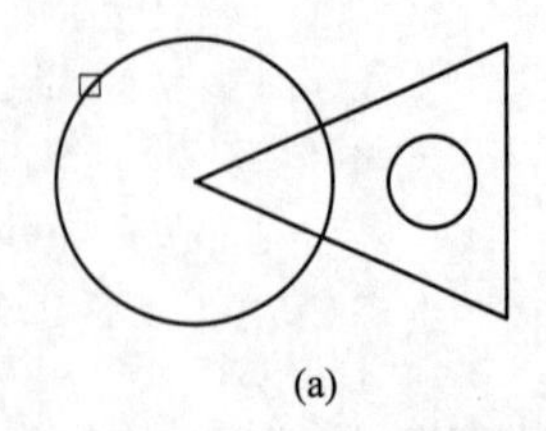
(a)

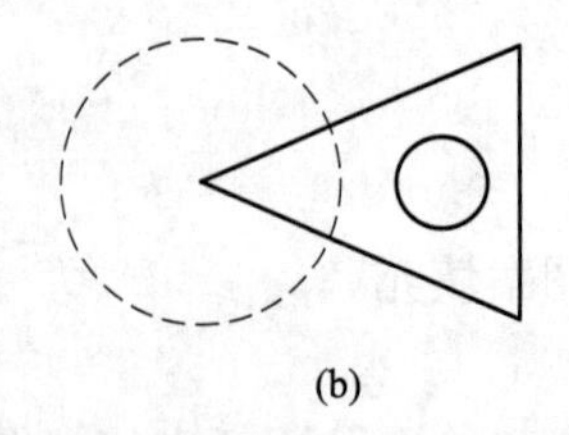
(b)

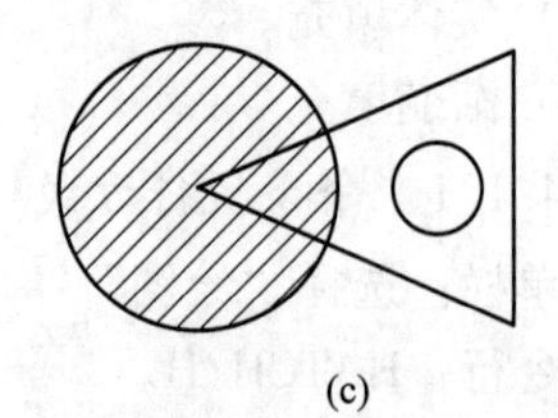
(c)

图 6-13　选择对象确定边界填充
（a）选定对象；（b）图案填充边界；（c）结果

单击“边界”面板右侧的向下箭头，各项含义如下。

（1）“显示边界对象”显示边界夹点控件，用户可以使用这些控件来通过夹点编辑边界对象和选定的图案填充对象。当用户选择非关联图案填充时，将自动显示图案填充边界夹点。选择关联图案填充时，会显示单个图案填充夹点，除非选择“显示边界对象”选项。只能通过夹点编辑关联边界对象来编辑关联图案填充。

（2）“保留边界对象”指定如何处理图案填充边界对象。选项包括：“不保留边界”，即不创建独立的图案填充边界对象；“保留边界-多段线”，创建封闭图案填充对象的多段线；“保留边界-面域”，创建封闭图案填充对象的面域对象；“选择新边界集”，指定对象的有限集，以便通过创建图案填充时的拾取点进行计算。

（3）“使用当前视口”，从当前视口范围内的所有对象定义边界集。“指定边界集”指从使用“定义边界集”选定的对象定义边界集。

6.4.2.2 “图案”面板

“图案”面板如图6-14所示，显示所有预定义和自定义图案的预览图像。用户可以在“图案”选项卡上图案库里查找自定义图案。

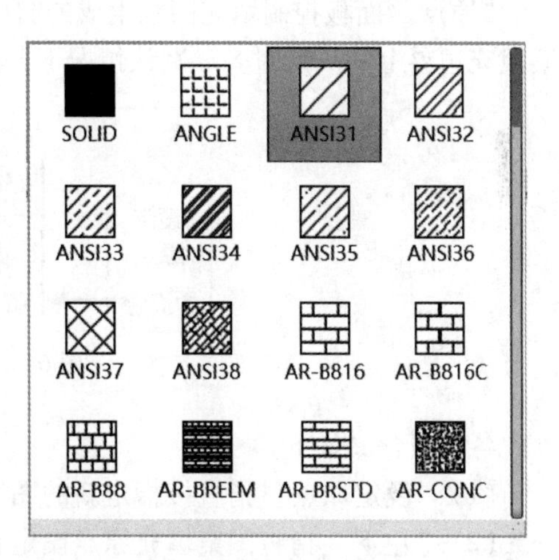

图6-14 “图案”面板

6.4.2.3 “特性”面板

“特性”面板如图6-15所示，其中一些选项含义如下。

（1）“图案填充类型”是指定使用纯色、渐变色、图案还是用户定义的填充。

（2）“图案填充透明度”是设定新图案填充对象的透明度级别，替代默认对象透明度。

（3）“图案填充颜色”是指定将颜色设定为Bylayer、ByBlock还是选定颜色。

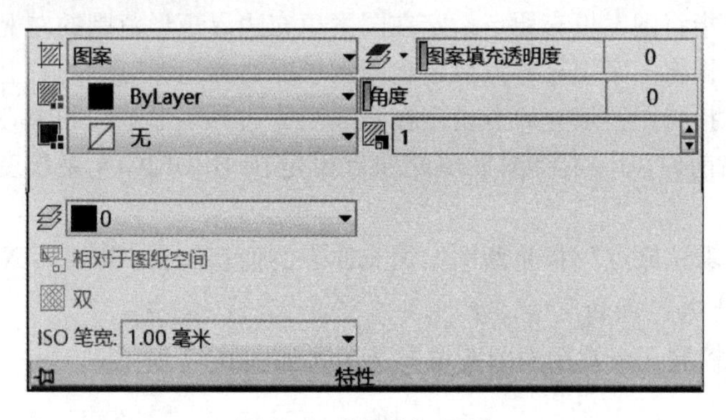

图6-15 “特性”面板

（4）“图案填充角度”指定渐变色和图案填充对象的角度，可使用滑块将图案填充角度设定为0°~359°。

（5）“填充图案缩放”是指放大或缩小预定义或自定义填充图案（HPSCALE）（仅当“类型”设定为“图案”时可用）。

（6）“图案填充间距”指定用户定义图案中的直线间距。

（7）“渐明渐暗”是指当“图案填充类型”设定为“渐变色”时，此选项指定用于单色渐变填充的明色（与白色混合的选定颜色）或暗色（与黑色混合的选定颜色）。

(8)“图层名”是为指定的图层指定新的图案填充对象，替代当前图层。选择“使用当前值”可使用当前图层（HPLAYER）。

(9)“相对图纸空间”是指相对于图纸空间单位缩放填充图案（仅在布局中可用）。使用此选项，可很容易地做到以适合于布局的比例显示填充图案。

(10)“双向”是将绘制第二组直线，与原始直线成 90°角，从而构成交叉线（HPDOUBLE）（仅当“图案填充类型”设定为“用户定义”时可用）。

(11)“ISO 笔宽”指基于选定的笔宽缩放 ISO 图案（仅对预定义的 ISO 图案可用）。

6.4.2.4 “原点”面板

“原点”面板控制填充图案生成的起始位置。如图 6-16 所示，某些图案填充需要与图案填充边界上的一点对齐。默认情况下，所有图案填充原点都对应于当前的 UCS 原点。

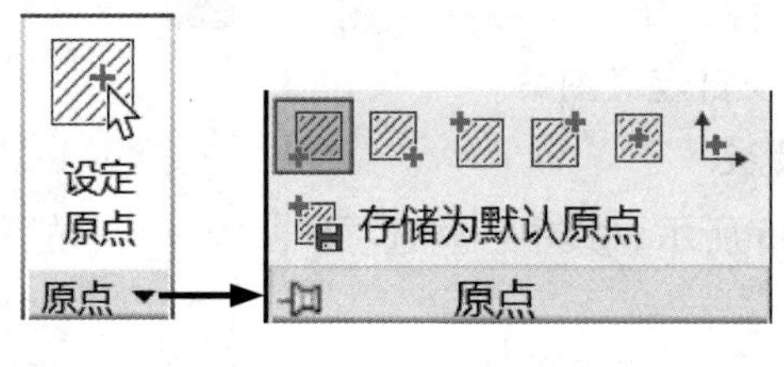

图 6-16 “原点”面板

各选项含义如下。

(1)“设定原点”指直接指定新的图案填充原点。

(2)“左下”指将图案填充原点设定在图案填充边界矩形范围的左下角。

(3)“右下”指将图案填充原点设定在图案填充边界矩形范围的右下角。

(4)“左上”指将图案填充原点设定在图案填充边界矩形范围的左上角。

(5)“右上”指将图案填充原点设定在图案填充边界矩形范围的右上角。

(6)“中心”指将图案填充原点设定在图案填充边界矩形范围的中心。

(7)“使用当前原点”指将图案填充原点设定在 HPORIGIN 系统变量中存储的默认位置。

(8)“存储为默认原点”指将新图案填充原点的值存储在 HPORIGIN 系统变量中。

6.4.2.5 “选项”面板

“选项”面板控制几个常用的图案填充选项，如图 6-17 所示。

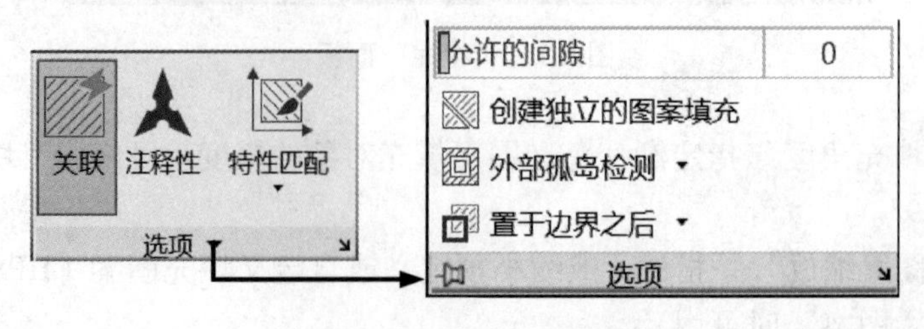

图 6-17 “选项”面板

(1)“关联”是指定图案填充或填充为关联图案填充。关联的图案填充或填充在用户修改其边界对象时将会更新（HPASSOC）。

（2）“注释性”是指定图案填充为注释性。此特性会自动完成缩放注释过程，从而使注释能够以正确的大小在图纸上打印或显示（HPANNOTATIVE）。

（3）“特性匹配”是使用当前原点：使用选定图案填充对象（除图案填充原点外）设定图案填充的特性；使用源图案填充的原点：使用选定图案填充对象（包括图案填充原点）设定图案填充的特性。

如图 6-17 所示，单击“选项”面板向下箭头，弹出各项内容的含义如下。

（1）“允许的间隙”，设定将对象用作图案填充边界时可以忽略的最大间隙。默认值为 0，此值指定对象必须封闭区域而没有间隙。移动滑块或按图形单位输入一个值（0~5000），以设定将对象用作图案填充边界时可以忽略的最大间隙。任何小于等于指定值的间隙都将被忽略，并将边界视为封闭（HPGAPTOL）。

（2）“创建独立的图案填充”，控制当指定了几个单独的闭合边界时，是创建单个图案填充对象，还是创建多个图案填充对象。

（3）“外部孤岛检测”，单击“外部孤岛检测”面板向下箭头，如图 6-18 所示。

1）普通孤岛检测。从外部边界向内填充。如果遇到内部孤岛，填充将关闭，直到遇到孤岛中的另一个孤岛。

2）外部孤岛检测。从外部边界向内填充。此选项仅填充指定的区域，不会影响内部孤岛。

3）忽略孤岛检测。忽略所有内部的对象，填充图案时将通过这些对象。

4）“绘图次序”为图案填充或填充指定绘图次序（HPDRAWORDER）。选项包括：不指定、后置、前置、置于边界之后和置于边界之前，如图 6-19 所示。

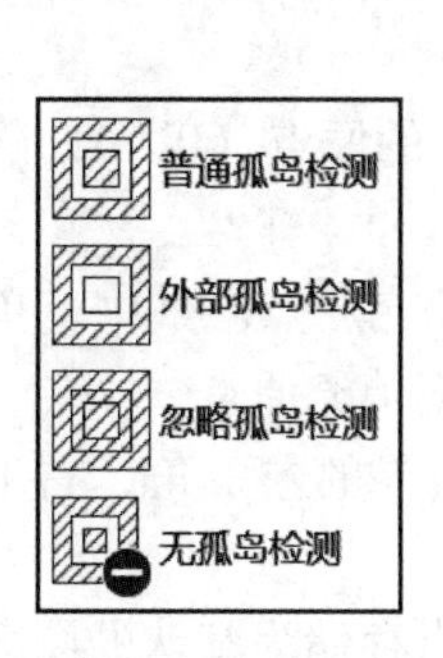

图 6-18 “外部孤岛检测”面板下拉菜单

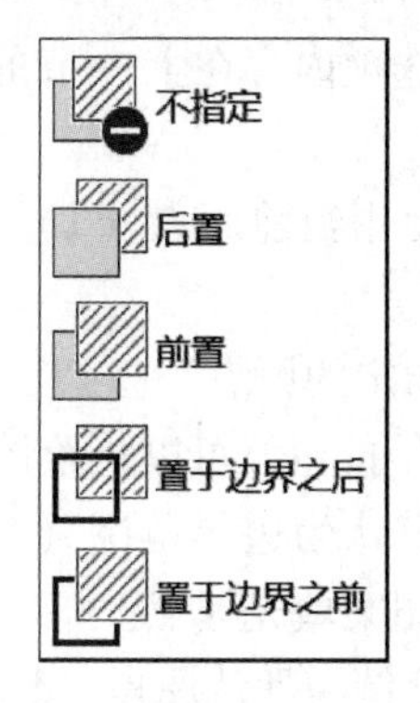

图 6-19 “绘图次序”选项

6.4.3 编辑图案填充

6.4.3.1 命令执行方式

菜单栏：选择“修改”→“对象”→“图案填充”。

命令行：HATCHEDIT/HE。

功能区：单击“默认”选项卡“修改”面板中的“图案填充编辑”按钮。

选择填充图案，单击右键选择“图案填充编辑”按钮。

6.4.3.2 操作说明

调用编辑图案填充命令后，弹出“图案填充编辑”对话框，如图 6-20 所示。

图 6-20 “图形填充编辑”对话框

大部分选项内容在上一节的图案填充选项卡中已经介绍，但还有一些选项含义需要解释。

(1)“使用当前原点（T）”按钮。可以使用当前 UCS 的原点（0，0）作为图案填充原点。

(2)“指定的原点”按钮。可以通过指定点作为图案填充原点。其中，单击“单击以设置新原点”按钮，可以从绘图窗口中选择某一点作为图案填充原点。

(3)“默认为边界范围（X）”复选框，可以以填充边界的左下角、右下角、左上角或圆心作为图案填充原点。

(4)“存储为默认原点（F）”复选框，可以将指定的点存储为默认的图案填充原点。

(5)“保留边界（S）”复选框。选中该复选框后，AutoCAD 自动将图案填充区域的边界储存在当前图形文件的系统数据库中，以便为定义边界提供原始数据。

(6)“对象类型”下拉框。该下拉框用以控制新边界类型，包括“多段线”和“面域”两个选项。选择“多段线”选项，表示图样填充区域的边界为多段线；选择“面域”选项，表明图样填充区域的边界是面域边界。

(7) 边界集。当用户使用拾取内部点方式设置图样填充边界时，AutoCAD 将自动分析当前图形文件中可见的各个对象，并搜索出包围该内部点的各对象以及它们所组成的边界。边界集中默认选择是当前视口，即指在当前视口下，从里向外寻找封闭图形。如果选择单击“新建”按钮，可重新设置选择范围。此时下拉列表框中将增加“现有集合”选项，表明 AutoCAD 已将刚才用户创建的一组实体作为目标用来构造新的边界。

如图 6-21 所示为“图案填充编辑”对话框中的“渐变色”选项卡，其中一些选项内容的含义如下。

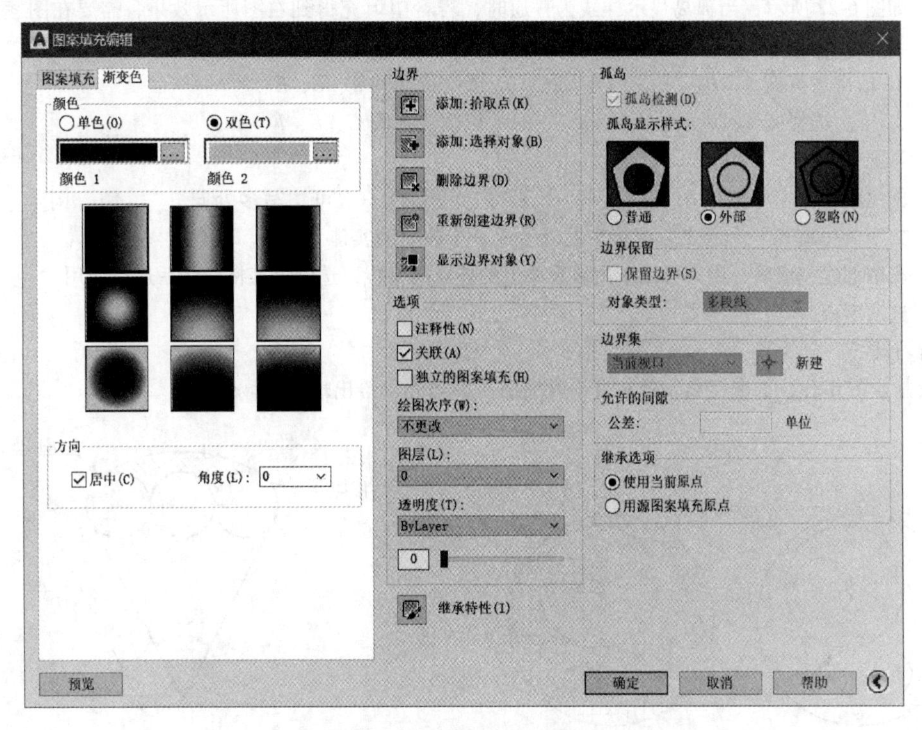

图 6-21 “渐变色”填充对话框

(1)“单色（O）”指定使用从较深色调到较浅色调平滑过渡的单色填充。选中“单色”按钮时，AutoCAD 显示带浏览按钮和“着色”“色调”滑动条的颜色样本。

(2)“双色（T）”指定在两种颜色之间平滑过渡的双色渐变填充。选中“双色”按钮时，AutoCAD 分别为颜色 1 和颜色 2 显示带浏览按钮的颜色样本。

(3)“居中（C）”复选框用于指定对称的渐变配置，如果没有选中此复选框，渐变填充将朝左上方变化，创建光源在对象左边的图案。

(4)“角度（L）”下拉列表用于指定颜色渐变填充的角度，相对于当前 UCS 指定角度，此选项与指定给图案填充的角度互不影响。

(5)“渐变图案”显示出渐变填充的 9 种固定图案。这些图案包括线性扫掠状、球状和抛物面状图案。其余边界和孤岛检测与图案填充功能一样。

6-1　选择题

1. 下面哪个命令用于为图形标注多行文字、表格文字和下划线文字等特殊文字（　　）。

A　mtext　　B　text　　C　dtext　　D　ddedit

2. 使用“指定插入点”插入表格时，该点将确定表格的（　　）。

A　正中心位置　　B　左上角位置　　C　左下角位置　　D　右下角位置

3. 下列（　　）不属于文字的对正方式。

A　对正　　B　对齐　　C　调整　　D　中间

4. 如图 6-22 所示，当孤岛显示样式为普通时，若希望填充得到右图所示效果，需要在图案的“边界”组中添加选择哪些对象（　　）。

A. 依次选择圆 *A*、*B*、*D*　　B. 依次选择圆 *A*、*C*、*E*、*F*

C. 依次选择圆 *A*、*B*、*C*、*D*　　D. 依次选择圆 *C*、*E*、*F*、*A*

6-2　填空题

1. 创建单行文字一般使用“________”命令。该命令一次可注写多处同________、同________的文字，每输入一个起点，都将在此处生成一个独立的实体。

2. 表格创建完成后，用户可以单击该表格上的任意网格线以选中该表格，然后通过使用“________”选项卡或________来修改。

6-3　练习题

绘制如图 6-23，查询距离 *a* 的长度，并完成图案填充，给出填充区域的面积。

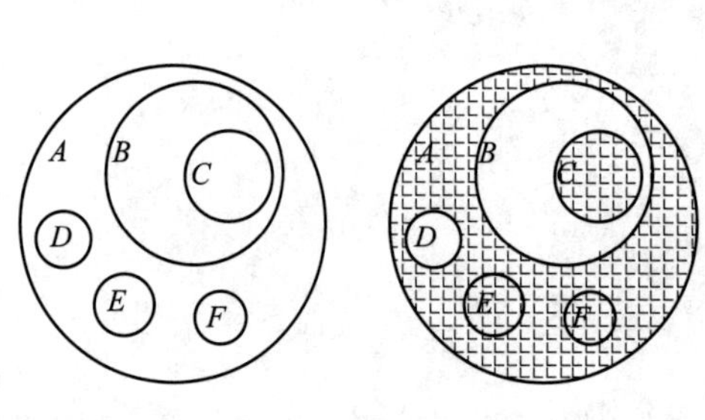

图 6-22　习题 6-1 图

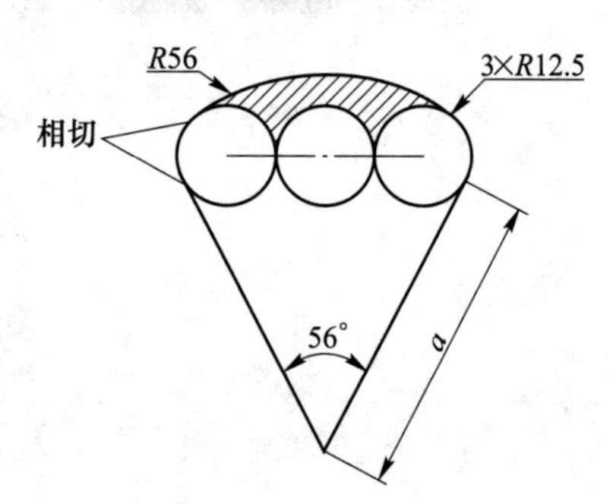

图 6-23　练习题图

6-4　思考题

1. 在 AutoCAD 2019 中，孤岛检测方式有哪几种，各有什么异同？

2. 如何在 AutoCAD 中插入 Excel 表格？

7 图层与图层管理

图层作为一个图形管理工具，可以将复杂的图形数据有序地组织起来，帮助用户有效地管理复杂的图形数据。通过设置图层的特性控制图形的颜色、线型、线宽，以及是否显示、是否可修改和是否被打印等，可将类型相似的对象分配在同一个图层上，例如把文字、标注放在独立的图层上，从而方便对文字和标注进行整体的设置和修改。

7.1 图层的概念与特性

7.1.1 图层的概念

为了节省存储空间和便于图形对象的管理，AutoCAD 可以将一张图形上同一类型或属性的对象放在同一个图层上，由此提出了图层的概念。这里图层可以理解为一张透明的绘图纸，各图层具有相同的坐标系和图形界限等绘图环境。通过图层可以实现按功能组织信息，执行线型、线宽、颜色和其他标准。通过创建图层，可以将类型相似的对象指定给同一个图层使其关联。

每个图层中的图像可以单独修改，在编辑图像时只在当前选择的图层上进行。它们按一定的顺序上下层叠在一起，就形成了一幅完整的图像，图层的效果如图 7-1 所示。

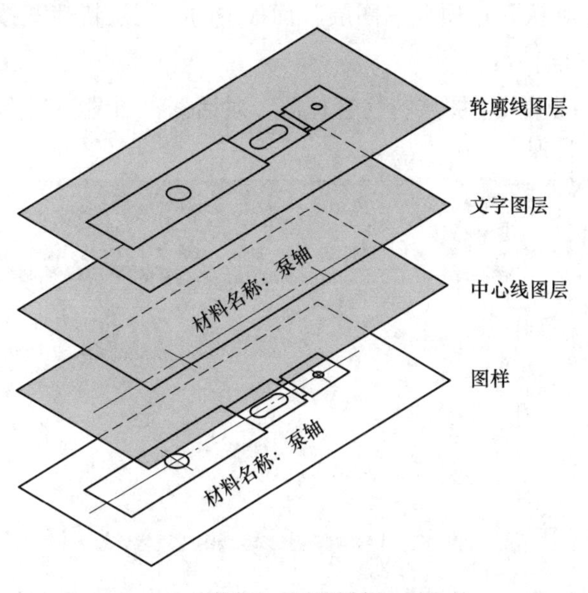

图 7-1　图层样例

7.1.2 图层的特性

AutoCAD 中的图层具有以下特征。

(1) 每个图层都有名字。默认情况下，AutoCAD 自动创建一个名为“0”的图层，其他图层需要用户自己创建和定义。图层名可以由字母、数字以及汉字等组成。

(2) 图层的数量没有限制。

(3) 用户只能在当前图层上进行绘图操作，但可以通过使用图层操作命令改变当前图层。

(4) 用户可以对图层的状态进行操作，对图层进行打开或关闭、冻结或解冻、锁定或解锁。

(5) 只要创建过标注，AutoCAD 将自动创建 Defpoints 图层，此图层用于放置标注的定义点，而且默认设置为“不打印”，且无法更改这一设置。

(6) 0 图层、Defpoints 图层、当前图层、包含对象的图层和依赖外部参照的图层不能被删除。

(7) 0 图层和依赖外部参照的图层不能被重命名。

7.2 图层的设置与管理

7.2.1 图层的设置

7.2.1.1 命令执行方式

菜单栏：选择“格式”→“图层”。

命令行：LAYER/LA。

功能区：单击“默认”选项卡“图层”面板中的“图层特性”按钮。

7.2.1.2 操作说明

执行命令后，系统弹出“图层特性管理器”对话框，如图 7-2 所示。通过该对话框可以对图层进行设置与管理。

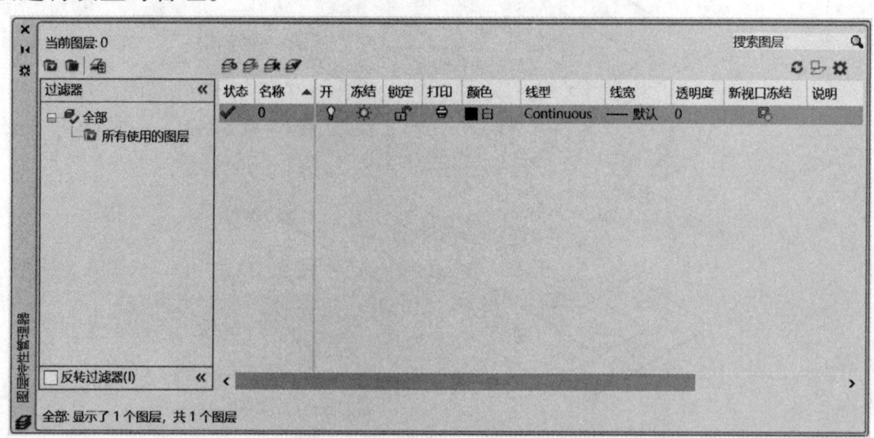

图 7-2 “图层特性管理器”对话框

7.2.1.3 图层的设置

图层的设置主要包括图层的新建、重命名、颜色、线型、线宽、透明度等。

A 新建图层

单击图层特性管理器中的“新建”按钮，或按“Alt+N”快捷键就可以新建一个名为“图层1”的新图层。用户可以根据需要修改图层的名称，单击“图层1”，在文本框中输入新的图层名称即可。默认情况下，新建图层与当前图层的状态、颜色、线型及线宽等设置相同。但需要注意的是，在选择某个已有图层后再新建图层，则将在被选中图层的下面新建一个与所选图层设置相同的新图层。

B 颜色设置

要设置图层的颜色时，在“图层特性管理器”对话框的图层列表中单击该对应的颜色列的位置，打开“选择颜色”对话框，如图7-3所示。

在“选择颜色”对话框中，可以使用“索引颜色”“真彩色”和“配色系统”选项卡选择颜色。各选项卡的简要说明如下。

（1）“索引颜色”选项卡中的颜色是AutoCAD中使用的标准颜色。每一种颜色用一个ACI编号（1~255的整数）标识。

（2）“真彩色”选项卡中的颜色使用24位颜色定义显示16M色。其颜色的选择比索引颜色更丰富，但选择颜色相对复杂一些。一般在索引颜色不能满足要求的情况下才考虑使用真彩色。指定真彩色时，可以使用HSL或RGB颜色模式。使用HSL颜色模式时，可以指定颜色的“色调”“饱和度”和“亮度”要素。

（3）“配色系统”选项卡包括几个标准的Pantone配色系统，也可以输入其他配色系统。用户可以自定义配色系统来进一步扩充可供使用的颜色选择。

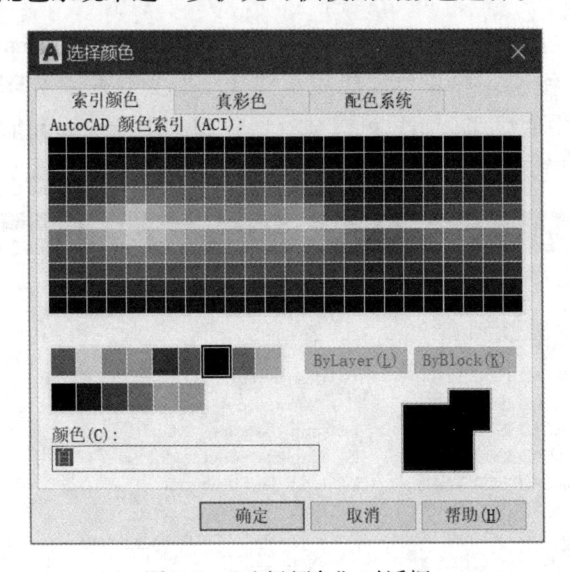

图7-3 “选择颜色”对话框

C 线型设置

线型是指作为图形基本元素的线条的组成和显示方式。如在《CAD工程制图规则》

(GB/T 18229—2000）中，规定了常用的15种基本线型，包括实线、虚线、间隔画线、点划线等。每种线型在图形中所代表的含义也各不相同。默认情况下，图层的线型定义为“Continuous”线型（实线）。在新建图层上，用户需要对线型进行选择和设置。除选择线型外，还可以设置线型比例以控制横线和空格的大小。

AutoCAD中的线型是以线型文件（也称为线型库）的形式保存的，其类型是以“.lin”为扩展名的ASCII文件。可以在AutoCAD中加载已有的线型文件，并从中选择所需的线型；也可以修改线型文件或创建一个新的线型文件。

a 线型设置

在“图层特性管理器”对话框中的图层列表中单击该图层的线型列对应的位置，打开“选择线型”对话框，如图7-4所示。在“已加载的线型”列表中选择所需的线型，然后单击“确定”按钮即可。

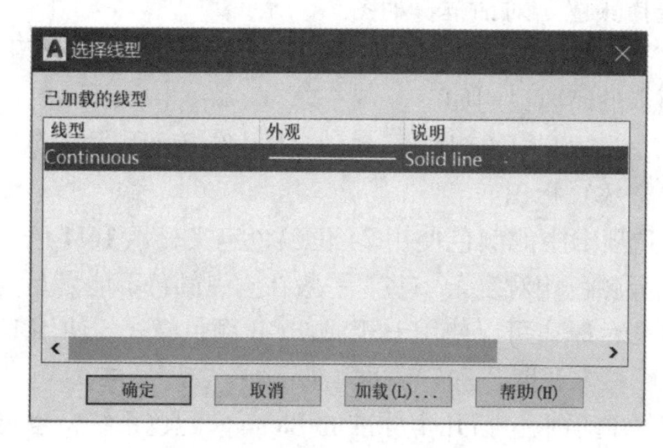

图7-4 “选择线型”对话框

在默认情况下，“已加载的线型”列表中通常只有“Continuous”一种线型。用户可以单击“加载（L）”按钮，打开“加载或重载线型”对话框，如图7-5所示。在对话框中显示了当前线型库中的线型，用户可以从这些线型中进行选择和加载，单击选中线型后（高亮显示），单击“确定”按钮即可。

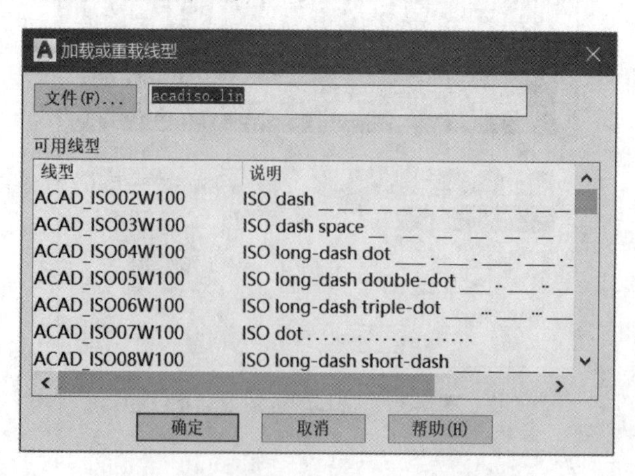

图7-5 “加载或重载线型”对话框

AutoCAD 2019 中的线型文件包含在线型库定义文件 acad. lin 和 acadiso. lin 中。其中，用户可以单击加载或重载线型对话框中的“文件（F）”按钮，打开“选择线型文件”对话框，如图 7-6 所示。用户可以在里面选择合适的库文件。

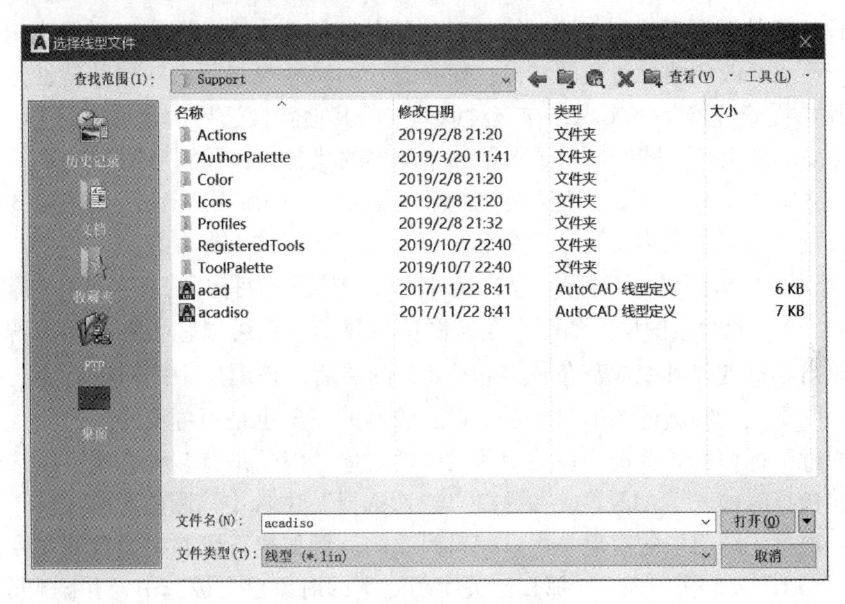

图 7-6 “选择线型文件”对话框

b 线宽设置

线宽是指在图层上绘图时所使用线型的宽度，系统“默认线宽”为 0. 25mm。修改线宽可以在“图层特性管理器”对话框中的图层列表中单击该图层的线宽列对应的位置，打开“线宽”对话框，如图 7-7 所示，然后选择所需的线宽，单击“确定”按钮即可。

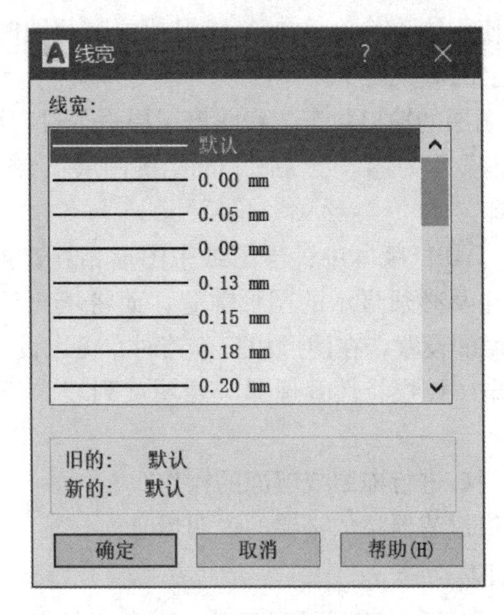

图 7-7 “线宽”对话框

7.2.2　图层的管理

7.2.2.1　图层状态的设置

当在设置好的图层下绘制图形时，新对象的各种特性由当前图层的设置决定，即为随层（ByLayer）。要改变图形对象的特性，使新设置的特性覆盖原来随层的特性，同样可以利用“图层特性管理器”来实现，在该对话框中的其他特性选项的含义如下。

（1）状态。“状态”特性显示了图层和过滤器的状态，当前图层图标为✔。

（2）名称。默认情况下，图层的名称按0（默认）、图层1、图层2、图层3等的编号以此递增，用户可以根据需要进行重命名，但0图层不能被重命名。

（3）开关。显示图层是否打开。默认条件下，图层均为打开状态，小灯泡显示点亮状态（淡黄色）。此时该图层上的图形在绘图窗口显示，也可以输出和打印；若要关闭图层，可以单击小灯泡使其变成灰色。关闭某个图层后，该图层中的对象将不再显示，但仍然可在该图层上绘制新的图形对象，不过新绘制的对象也是不可见的。

另外通过鼠标框选无法选中被关闭图层中的对象，但还是有多种方法可以选中这些对象，如可在选择时输入“ALL”或右键在“快速选择”中选中该图层对象。

注意：被关闭图层中的对象是可以编辑修改的。例如执行删除、镜像等命令，选择对象时输入“ALL”或“Ctrl+A”，那么被关闭图层中的对象也会被选中，并被删除或镜像。

（4）冻结。图层冻结后，该图层中的图标小太阳变成雪花。冻结图层后不仅使该层不可见，而且在选择时忽略层中的所有对象。另外在对复杂的图作重新生成时，AutoCAD也忽略被冻结层中的对象，从而节约时间。冻结图层后，不能在该层上绘制新的图形对象，也不能编辑和修改。

（5）锁定。图层锁定后，该图层中的解锁图标变成锁定图标。和冻结不同，被锁定的层是可见的，也可定位到层上的对象，但不能对这些对象进行编辑。用户可以在锁定的图层上作图，也可以使用查询命令和对象捕捉功能。绘图时把不需要修改的图层锁定，可以避免对这些图层上的对象发生误操作。

（6）打印图层。显示图层的输出状态，表明该图层是否打印输出。可以被打印时，图标显示为，不被打印时，显示为。已关闭和冻结的图层不会被打印，被锁定的图层只要没有关闭打印就可以打印。

（7）透明度。在AutoCAD低版本中，当图纸中图形相互遮挡的时候，需要设置图形的顺序，让一些文字、标注及必须显示的图形前置，而将填充等后置。在AutoCAD 2012版本后，提供了对象透明度的设置，在图形相互遮挡时，可以设置对象的透明度，前后的图形都可以同时显示。单击“图层特性管理器”透明度列表，可以更改图层的透明度值，设置范围为0~90。

（8）新视口冻结。对视口进行冻结或解冻的操作。

（9）说明。对图层或组过滤器添加必要的说明信息。

7.2.2.2　切换当前图层

在“图层特性管理器”对话框的图层列表中，双击“状态”列下的图标变为✔，即可将该图层设置为当前图层。也可以通过功能区“默认”选项卡的“图层”面板中的下拉列表框进行选择设置，如图 7-8 所示，将图层 1 选中后即将该图层设置为当前图层。

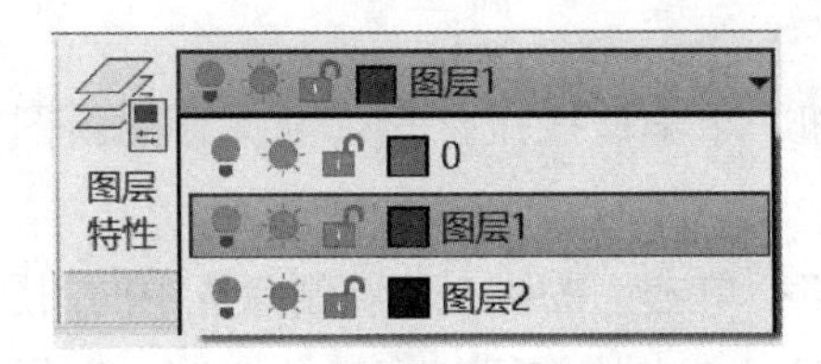

图 7-8 下拉列表框设置当前图层

7.2.2.3 删除图层

在“图层特性管理器”对话框的图层列表中，选中需要删除的图层，单击“删除图层”按钮，或者选中需要删除的图层后右键打开快捷菜单，选择“删除图层”。0 图层、Defpoints 图层、当前图层、包含对象的图层和依赖外部参照的图层不能被删除。

7.2.2.4 保存和恢复图层状态

图层设置中图层状态包括图层是否打开、冻结、锁定、打印在新视口中自动冻结；图层特性则包括颜色、线型、线宽和打印样式。用户可以将设置好的图层状态和特性保存，以便以后恢复此设置。如果在完成图形的不同阶段或打印过程中需要恢复所有图层的指定设置，保存图形设置可以节省时间，提供效率，尤其是对于包含大量图层的图形尤其方便。

A 图层状态管理器

在“图层状态管理器”对话框中，单击按钮，打开“图层状态管理器”对话框，如图 7-9 所示。利用该对话框可以对所有图层的状态进行管理。对话框的各项功能如下。

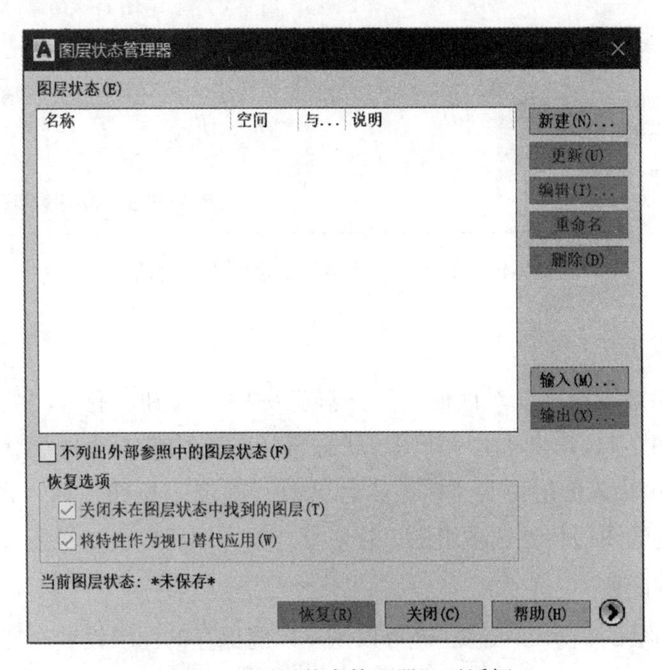

图 7-9 “图层状态管理器”对话框

(1)“图层状态（E)”列表框：显示当前图层已保存下来的图层状态名称，以及从外部输入的图层状态名称。

(2)“新建（N)”按钮：单击该按钮打开“要保存的新图层状态”对话框来创建新的图层状态。

(3)“删除（D)”按钮：单击该按钮，可以删除选中的图层状态。

(4)“输入（M)”按钮：单击该按钮，将打开“输入图层状态”对话框，可以将外部图层状态输入到当前图层中。

(5)“输出（X)”按钮：单击该按钮，将打开“输出图层状态”对话框，可以将当前已保存的图层状态输出到一个 LAS 文件中。

(6)“恢复（R)”按钮：单击该按钮，可以将选中的图层状态恢复到当前图形中。

单击对话框右下角的按钮，可以拉出“要恢复的图层特性”选项组，通过选中相应的复选框来设置图层状态和特性，如图 7-10 所示。

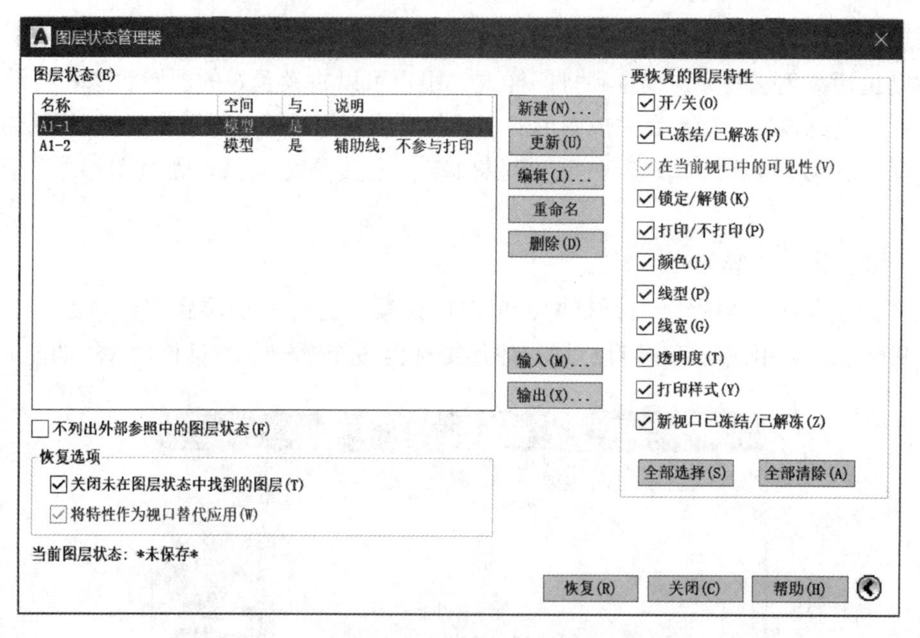

图 7-10　扩展的“图层状态管理器”对话框

B　保存图层设置

单击“图层状态管理器”对话框中的“新建（N)”按钮，打开“要保存的新图层状态”对话框，如图 7-11 所示。在“新图层状态名（L)”中输入新图层状态名称，在“说明（D)”输入框中输入图层说明文字，然后单击“确定”按钮返回“图层状态管理器”对话框，在要恢复的图层特性选项组中设置恢复选项，然后单击“关闭（C)”按钮即可。

C　恢复图层设置

如果改变了图层的显示等状态，还可以恢复以前保存的图层设置。打开“图层状态管理器”对话框，选择需要恢复的图层，单击“恢复（R)”按钮即可。

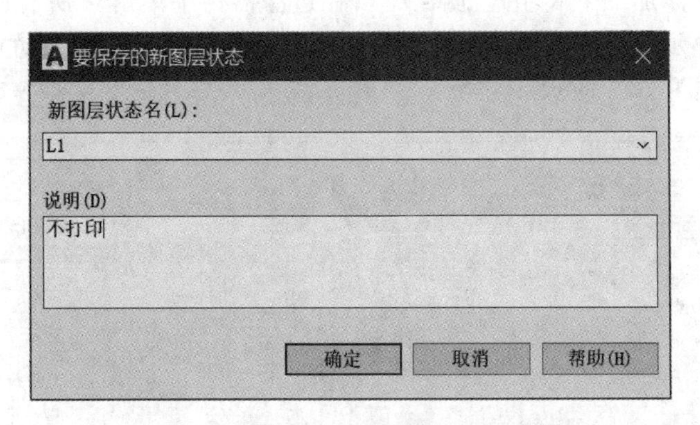

图 7-11 “要保存的新图层状态”对话框

7.2.2.5 过滤图层

对于含有大量图层，如数十个甚至上百个图层的复杂图纸，要定位到需要操作的图层是比较困难的。AutoCAD 的图层过滤功能可以根据层的特征或者特性对其进行分组，从而达到将具有某种共同特点的图层过滤出来的目的。用户可以通过两种方式进行图层过滤。

A 利用“图层过滤器特性”对话框过滤图层

单击“图层特性管理器”对话框中的“新建特性过滤器（P）”按钮，打开“图层过滤器特性”对话框，如图 7-12 所示。在“过滤器名称（N）”文本框中输入过滤器名称。在“过滤器定义”列表中，设置包括状态、名称等过滤条件。在“过滤器预览”中显示用户定义的过滤器。

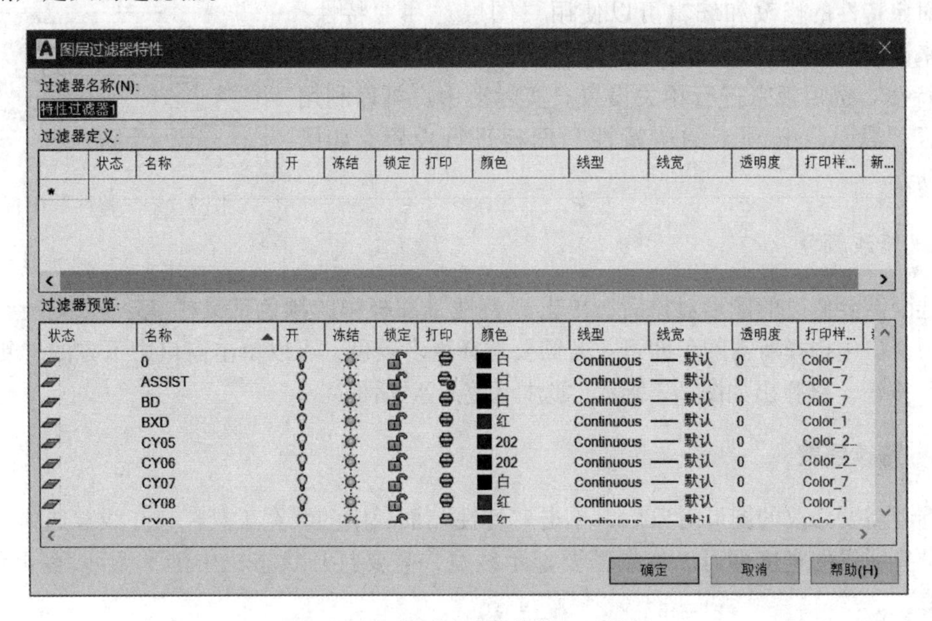

图 7-12 “图层过滤器特性”对话框

B 使用新建组过滤器过滤图层

单击“图层特性管理器”对话框中的“新建组过滤器（G）”按钮，在该对话框的左侧过滤器竖列中添加一个“组过滤器 1”。在过滤器树中单击“所有使用图层”的结点或其他过滤器，显示对应的图层信息，然后将需要分组过滤的图层拖动到新建的“组过滤器 1”上即可，如图 7-13 所示。

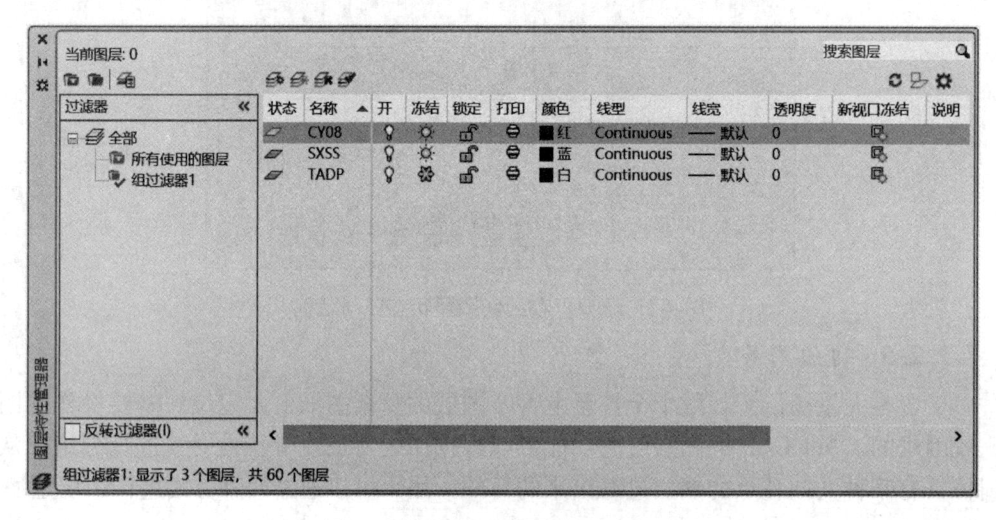

图 7-13　利用新组过滤器过滤图层

7.3　对象特性修改

对象特性的修改和编辑可以使用“图层”和“特性”面板来设置或更改。本书第 5.3 节“特性编辑”介绍了利用“特性”选项板来进行相关设置。实际上用户可以利用功能区“默认”选项卡的“特性”面板进行设置，如图 7-14 所示。

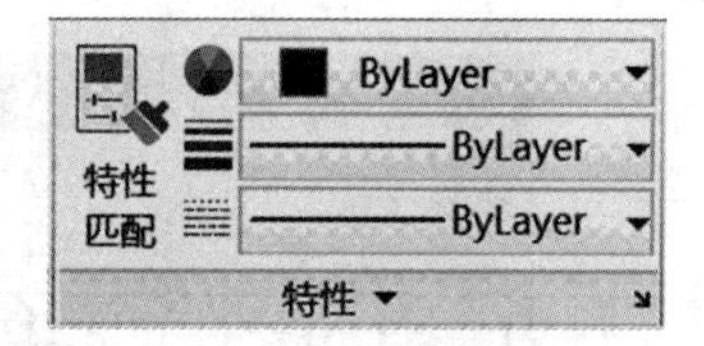

图 7-14 “特性”面板

7.3.1　修改颜色

选中需要修改的图形对象后，单击“特性”面板中的颜色工具栏 ■ ByLayer ，在颜色选项窗口中选择所需颜色即可。若需要选择更多颜色，可以单击窗口中下方的“更多颜色…”按钮，将弹出如图 7-3 所示“选择颜色”对话框。

7.3.2　修改线宽

选中需要修改的图形对象后，单击“特性”面板中的线宽工具栏，在线宽选项下拉窗口中选择所需的宽度即可。如果需要显示线宽，需要打开状态栏中的“显示/隐藏线宽”按钮☰。

右键单击☰按钮，弹出“线宽设置”提示，单击后打开“线宽设置”对话框。也可以单击线宽选项窗口的最下面的“线宽设置”按钮打开“线宽设置”对话框，如图 7-15 所示。在该对话框中，通过拖动“调整显示比例”选项中的滑块可以调整显示线宽。

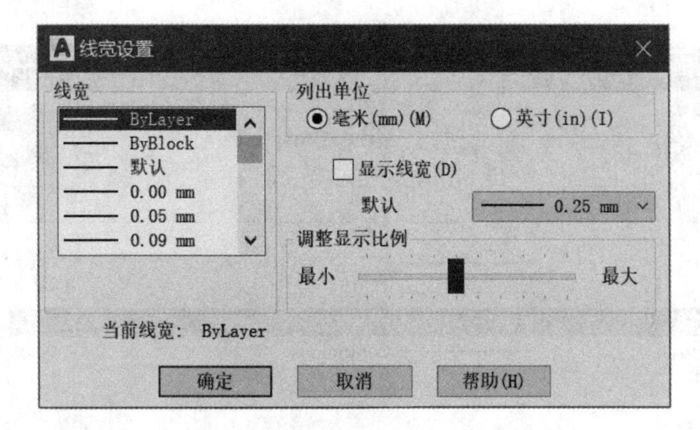

图 7-15 “线宽设置”对话框

7.3.3 修改线型

选中需要修改的图形对象后，单击“特性”面板中的线型工具栏，在线型下拉选项窗口中选择需要的线型即可。但默认情况下，窗口仅显示“Continuous”线型，通过单击最下方的“其他”按钮打开“线型管理器”对话框，如图 7-16 所示。

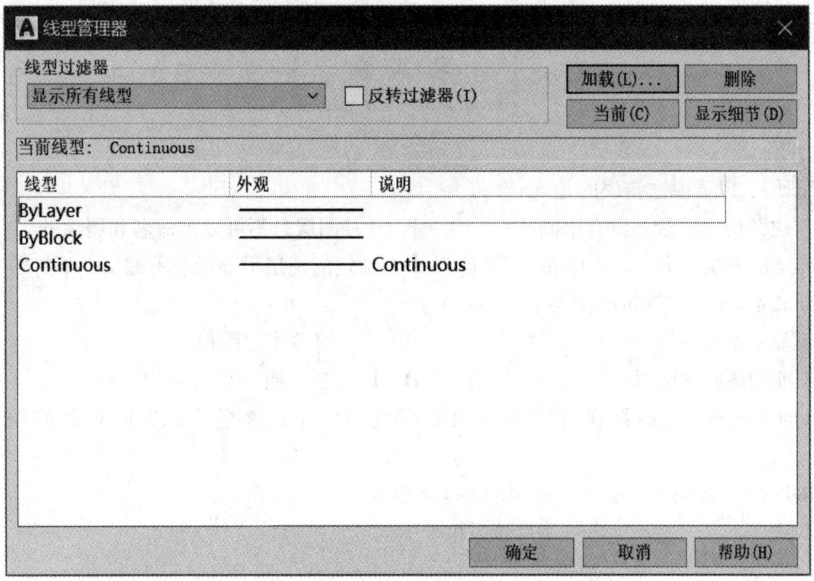

图 7-16 “线型管理器”对话框

“线型管理器”对话框中显示了满足过滤条件的线型，若需要其他线型则需要对线型进行加载，加载的方法和步骤如前所述，加载后再重新对线型进行修改。

采用“线型管理器”除了可以选择其他线型外，还可以对线型进行管理，如图 7-17 所示。

（1）“删除”按钮：单击删除选中的线型。

（2）“显示细节（D）”按钮：单击该按钮，可在线型管理器对话框中显示“详细信息”选项区。

线型管理器

线型过滤器

显示所有线型

反转过滤器(I)

加载(L)... 删除

当前(C) 隐藏细节(D)

当前线型： Continuous

线型	外观	说明
ByLayer		
ByBlock		
ACAD_ISO02W100		ISO dash
Continuous		Continuous

详细信息

名称(N)： ACAD_ISO02W100

说明(E)： ISO dash

缩放时使用图纸空间单位(U)

全局比例因子(G)： 1.0000

当前对象缩放比例(O)： 1.0000

ISO 笔宽(P)： 1.0 毫米

确定 取消 帮助(H)

图 7-17 “详细信息”选项区

7-1 选择题

1. 关于图层，以下说法错误的是（　　）。

   A 创建图层的数量是没有限制的　　B 0 号图层是不可以重命名和删除的

   C 冻结的图层不显示、不编辑、不打印　　D 锁定的图层不显示、不编辑、不打印

2. 在 AutoCAD 中，被锁定的图层上（　　）。

   A 不显示本层图层　　B 不可修改本层图形

   C 不能增画新的图形　　D 以上全不能

3. 在 AutoCAD 中，要始终保持图形对象的颜色与图层的颜色一致，则对象的颜色设置因为（　　）。

   A ByLayer（随层）　　B ByBlock（随块）

   C 默认　　D 按颜色

7-2 填空题

1. 图层特性管理器可以显示图形中的图层列表及其特性，可以________、________和________图层，还可以更改________、设置布局视口的特性等。

2. 被________的图层上的对象不可以被编辑但可以显示。

7-3 练习题

在同一图层上显示不同的线型、线宽和颜色。绘制一个边长为 50 的正六边形，将其顶边颜色变为红色，线宽值为 0.30，线型为“ACAD_ISO003W100”。

7-4 思考题

1. 哪些图层不能被删除？

2. 试述冻结图层和锁定图层的异同点。

8 尺寸标注

尺寸标注是设计绘图的重要内容之一。没有尺寸标注的图形被称为哑图，在各大行业中已经极少采用了。另外需要注意的是，图形对象的大小取决于图纸所标注的尺寸数据大小，并不以绘图自身的尺寸作为依据。因此，图纸中的尺寸标注可以看作是数字化信息的表达。

8.1 尺寸标注的规则

8.1.1 基本规则

尺寸标注的基本规则有以下几个方面。

(1) 物体的真实大小应以图样上所标注的尺寸数值为依据，与图形自身大小及绘图的精确度无关。

(2) 当图样中的尺寸以毫米（mm）为单位时，不需要标注计量单位的代号或名称。如采用其他单位，则必须注明相应计量单位的代号或名称。

(3) 图样中所标注的尺寸为该图样所表示物体的最后加工完工尺寸，否则应另加说明。

(4) 物体的某一尺寸一般只标注一次，并标注在反映该图形对象最清晰的位置上。

8.1.2 尺寸标注的组成

一个完整的尺寸标注应包括尺寸界线、尺寸线、箭头及尺寸文字，如图 8-1 所示。通常 AutoCAD 将这 4 部分作为块处理，因此一个尺寸标注一般就是一个对象。

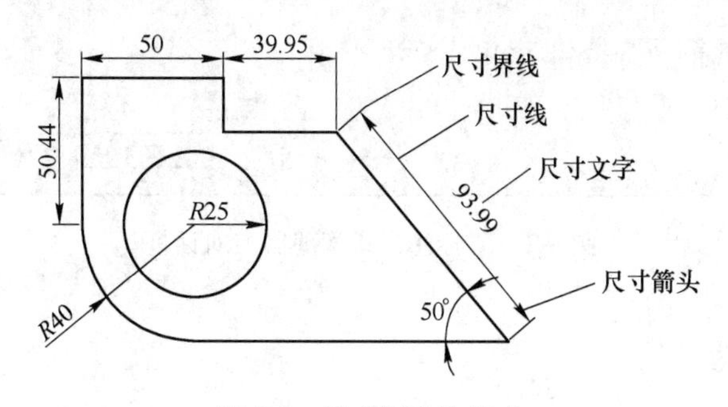

图 8-1　尺寸标注的组成

(1) 尺寸界线。用细实线绘制，从图形的轮廓线、轴线、中心线引出，一般超出尺寸线 2~5mm。轮廓线、轴线、中心线本身也可以做尺寸界线。

(2) 尺寸线。尺寸线必须用细实线单独绘出，不能用任何图线代替，也不能与任何图线重合。

(3) 尺寸箭头。箭头位于尺寸线两端，指向尺寸界线，用于标记标注的起始、终止位置。箭头是一个广义的概念，可以有不同的样式。

(4) 尺寸文字。同一张图中尺寸文字的大小应一致。除角度外的尺寸文字，一般应填写在尺寸线的上方，也允许填写在尺寸线的中断处，但同一张图中应保持一致；文字的方向应与尺寸线平行，尺寸文字不能被任何图线通过，偶有重叠，其他图线均应断开。

8.2 标注样式

尺寸标注样式用于控制尺寸标注的外观，比如说箭头的样式、文字的位置及尺寸界线的长度等。想要修改尺寸样式，需要用到“标注样式管理器”对话框。有以下几种方式可以调出“标注样式管理器”。

菜单栏：选择“格式”或“标注”→“标注样式”。

命令行：DIMSTYLE/D。

功能区：单击“默认”选项卡“注释”面板中的“标注样式”按钮。

单击“注释”选项卡“标注”面板中右下角的按钮。

调用命令后，系统会弹出“标注样式管理器”对话框，如图 8-2 所示。

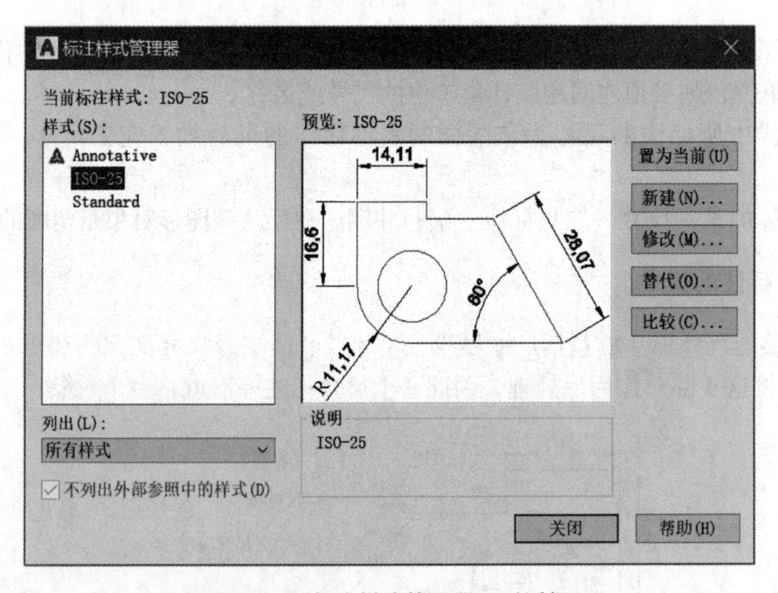

图 8-2 “标注样式管理器”对话框

8.2.1 新建标注样式

在“标注样式管理器”对话框中，单击“新建（N）”按钮，打开“创建新标注样式”对话框，如图 8-3 所示，用户可以自己创建新的标注样式。

该对话框中的各选项内容含义如下。

(1)“新样式名（N）”：用于输入新标注样式的名称。

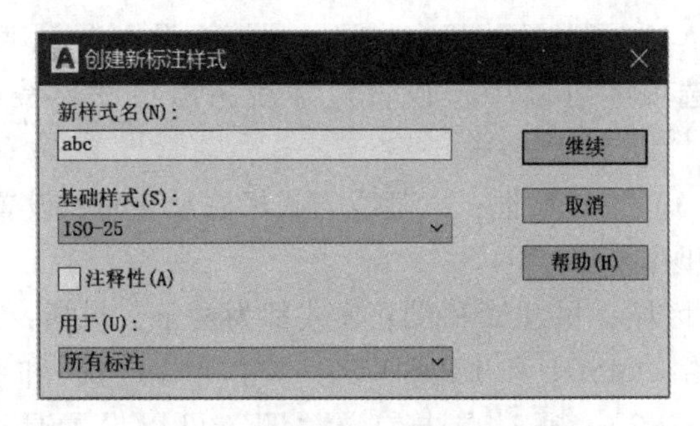

图 8-3 “创建新标注样式”对话框

(2)“基础样式(S)”：用于选择一个基础样式，新样式在该基础样式上修改而得。注意在“标注样式管理器”对话框“样式(S)”中选择的样式即为新建标注样式的默认基础样式。

(3)“用于(U)”：用于指定新建样式的适用范围，可以是所有标注、线性标注、角度标注、半径标注、直径标注、坐标标注和引线与公差。

在设置完成新样式名、基础样式和适用范围后，单击“继续”按钮，将打开“新建标注样式”对话框，如图 8-4 所示。该对话框中的选项卡包括线、符号和箭头、文字、调整、主单位、换算单位和公差。

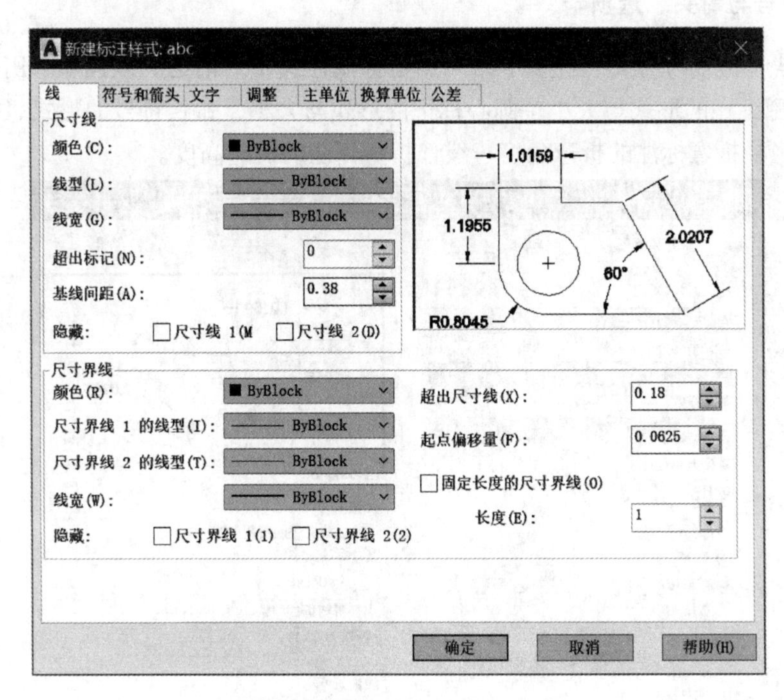

图 8-4 “新建标注样式”对话框

8.2.2 “线”选项卡

如图 8-4 所示，在打开“新建标注样式”对话框后，选择“线”选项卡。该选项卡包括两个选项组：尺寸线和尺寸界线，相关选项的含义说明如下。

(1)“超出标记（N)”调整框：只有当尺寸线箭头设置为“建筑标记”“倾斜”“积分”和“无”时，该选项才可以用于设置尺寸线超出尺寸界线的距离。系统变量为DIMDLE。

(2)“基线间距（A）”调整框：以基线方式标注尺寸时，设置相邻两尺寸线之间的距离。系统变量为DIMDLI。

(3)“隐藏”选项区域：尺寸线和尺寸界线都为两条，包括：尺寸线1(M）和尺寸线2(D)，(系统变量为DIMSD1和DIMSD2)；尺寸界线1(1）和尺寸界线2(2)（系统变量为DIMSE1和DIMSE2)。通过单击勾选“□”可以设置是否隐藏尺寸线或尺寸界线。

(4)“超出尺寸线（X)”输入框：设置尺寸界线超出尺寸线的长度，系统变量为DIMEXE。

(5)“起点偏移量（F)”调整框：设定自图形中定义标注的点到尺寸界线的偏移距离，系统变量为DIMEXO。

(6)“固定长度的尺寸界线（O)”复选框：用于设置尺寸界线的固定长度。

通过“新建标注样式”对话框的右上方的预览窗口，用户可以随时查看标注样式设置的结果。

8.2.3　“符号与箭头”选项卡

图8-5是“符号与箭头”选项卡的“新建标注样式”对话框。该选项卡用来控制尺寸起止符号（箭头）的形式与大小、圆心标记的形式与大小、弧长符号的形式、折断标注的折断长度、半径折弯标注的折弯角度、线性折弯标注的折弯高度。

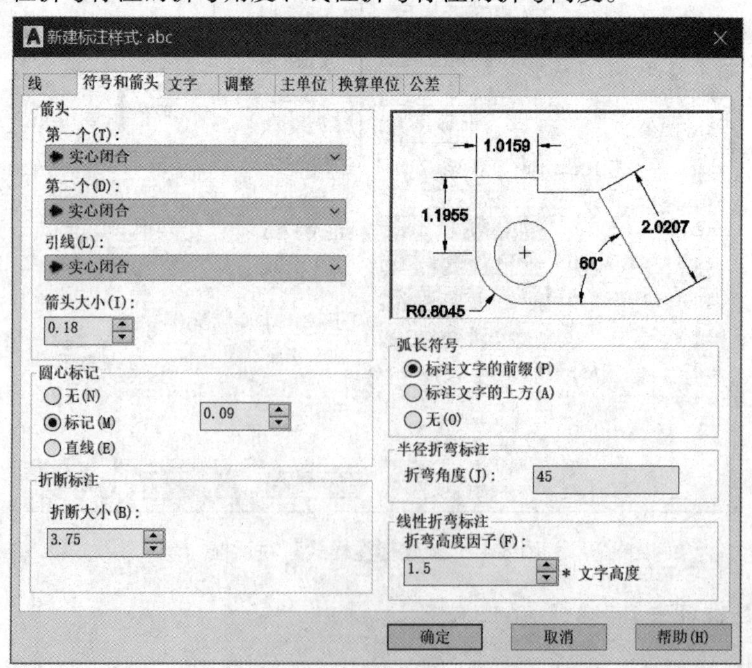

图8-5　“符号与箭头”选项卡

“符号与箭头”选项卡中一些选项的含义如下（见图 8-6）。

（1）“箭头”：在“箭头”选项区域中可以设置标注箭头的外观。通常情况下，尺寸线的两个箭头应一致。AutoCAD 2019 提供了多种箭头样式，用户可以从对应的下拉列表框中选择箭头，并在“箭头大小”调整框中设置它们的大小，用户还可以自定义箭头，箭头大小系统变量为 DIMASZ。

（2）“圆心标记”：控制直径标注和半径标注的圆心标记和中心线的外观。在建筑图形中，一般不创建圆心标记或中心线。系统变量为 DIMCEN。

（3）“弧长符号”：控制弧长标注中圆弧符号的显示。

（4）“折断标注”：在“折断大小”调整框中可以设置折断标注的大小。

（5）“半径折弯标注”：控制折弯半径标注的显示。折弯半径标注通常在半径太大，致使中心点位于图幅外部时使用；“折弯角度”用于连接半径标注的尺寸界线和尺寸线的横向直线的角度，一般为 45°。

（6）线型折弯标注：控制线性标注折弯的显示。当标注不能精确表示实际尺寸时，通常将折弯线添加到线性标注中，实际尺寸通常比所需值小。

实心闭合
空心闭合
闭合
点
建筑标记
倾斜
打开
指示原点
指示原点 2
直角
30 度角
小点
空心点
空心小点
方框
实心方框
基准三角形
实心基准三角形
积分
无
用户箭头...

图 8-6 “箭头”下拉列表

8.2.4 “文字”选项卡

“文字”选项卡主要用来选定尺寸数字的样式及设定尺寸数字的高度、位置和对齐方式。除预览区外，该选项卡有“文字外观”“文字位置”和“文字对齐”3 个区。具体如图 8-7 所示。

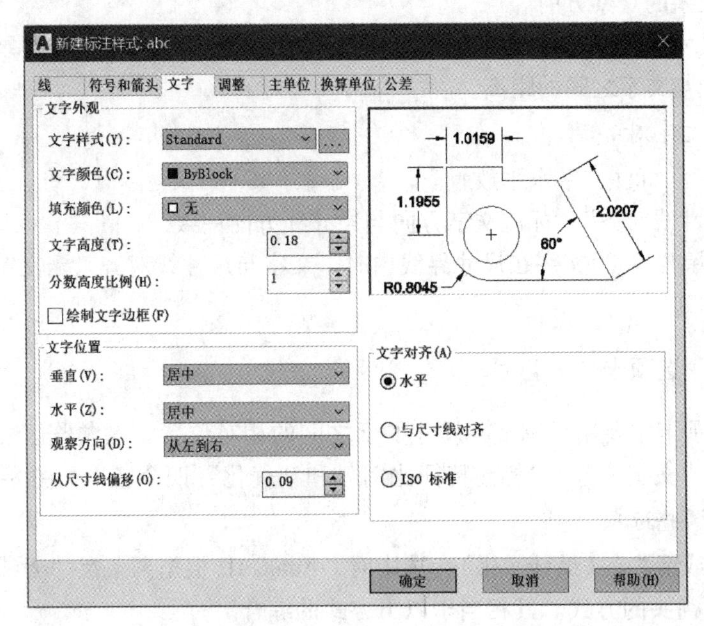

图 8-7 “文字”选项卡

8.2.4.1 文字外观

(1)“文字样式(Y)”下拉列表:用于选择文字样式。也可以单击其右侧的显示文字样式对话框按钮…,以创建或修改文字样式。系统变量为 DIMTXSTY。

(2)“文字颜色(C)”下拉列表框:设定标注文字的颜色。如果单击“选择颜色”(在“颜色”列表的底部),将显示“选择颜色”对话框。也可以输入颜色名或颜色号。系统变量为 DIMCLRT。

(3)“填充颜色(L)”:设定标注中文字背景的颜色。如果单击“选择颜色”(在“颜色”列表的底部),将显示“选择颜色”对话框。也可以输入颜色名或颜色号。

(4)“文字高度(T)”:设定当前标注文字样式的高度。如果在此选项卡上指定的文字样式具有固定的文字高度,则该高度将替代在此处设置的文字高度。如果要在此处设置标注文字的高度,请确保将文字样式的高度设置为零。系统变量为 DIMTXT。

(5)“绘制文字边框(F)”:显示标注文字的矩形边框。此选项会将存储在 DIMGAP 系统变量中的值更改为负值。

8.2.4.2 文字位置

(1)“垂直(V)”下拉列表框:包含“居中”“上”“外部”“JIS”和“下”5个选项,用于控制标注文字相对尺寸线的垂直位置。系统变量为 DIMTAD,对应的值分别为 0、1、2、3、4。

(2)“水平(Z)”下拉列表框:包含“居中”“第一条尺寸界线”“第二条尺寸界线”“第一条尺寸界线上方”和“第二条尺寸界线上方”5个选项,用于设置标注文字相对于尺寸线和尺寸界线在水平方向的位置。系统变量为 DIMLJUST,对应的值分别为 0、1、2、3、4。

(3)“观察方向(D)”下拉列表框:包含“从左到右”和“从右到左”两个选项,用于设置标注文字的观察方向。

(4)“从尺寸线偏移(O)”微调框:设置尺寸线断开时标注文字周围的距离;若不断开即为尺寸线与文字之间的距离。

8.2.4.3 文字对齐

(1)“水平”:标注文字水平放置。

(2)“与尺寸线对齐”:标注文字方向与尺寸线方向一致。

(3)“ISO 标准”:当文字在尺寸界线内时,文字与尺寸线对齐。当文字在尺寸界线外时,文字水平排列。

8.2.5 “调整”选项卡

“调整”选项卡主要用来调整各尺寸要素之间的相对位置。除预览区外,该选项卡还有“调整选项”“文字位置”“标注特征比例”和“优化”四个区,如图 8-8 所示。

8.2.5.1 调整选项

(1)“文字或箭头”(最佳效果):选中时,AutoCAD 根据两条尺寸界线间的距离确定放置尺寸数字与箭头的方式。其相当于以下方式的综合。

(2)“箭头”:选中时,如果尺寸数字与箭头两者仅允许在尺寸界线内放一种,则将

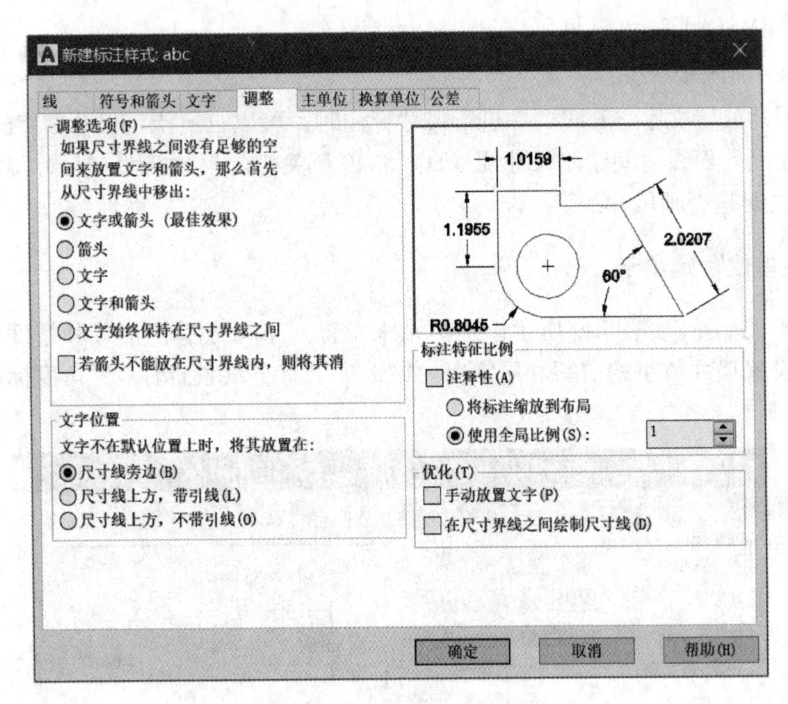

图 8-8　“调整”选项卡

箭头移到尺寸界线外，尺寸数字放在尺寸界线内；如果尺寸数字也不足以放在尺寸界线内，则尺寸数字和箭头都移到尺寸界线外。

(3)“文字”：选中时，如果箭头与尺寸数字两者仅允许在尺寸界线内放一种，则会把箭头移到尺寸界线外，数字放在尺寸界线内；若数字也不足以放在尺寸界线内，那么尺寸数字和箭头都移到尺寸界线外。

(4)“文字和箭头”：当尺寸界线间距不足以放下文字和箭头时，文字和箭头都移到尺寸界线外。

(5)“文字始终保持在尺寸界线之间”：始终将文字放在尺寸界线之间。系统变量为DIMTIX。

(6)“若箭头不能放在尺寸界线内，则将其消除”：如果尺寸界线内没有足够的空间，则不显示箭头。

8.2.5.2　文字位置

(1)“尺寸线旁边（B）”：将标注文字放在尺寸线的旁边。

(2)“尺寸线上方，带引线（L）”：将标注文字放在尺寸线的上方，并加上引线。

(3)“尺寸线上方，不带引线（O）”：将标注文字放在尺寸线的上方，但不加上引线。

8.2.5.3　标注特征比例

(1)“将标注缩放到布局”：根据当前模型空间视口与图纸空间之间的比例确定比例因子。此时系统变量 DIMSCALE 值为 0。

(2)“使用全局比例（S）”：为所有标注样式设置一个比例，指定大小、距离或间距，包括文字和箭头大小，该值改变的仅仅是这些特征符号的大小，并不改变标注的测量值。

系统变量为 DIMSCALE。

8.2.5.4 优化区域

(1)“手动放置文字(P)”:在进行尺寸标注时,可以自行指定尺寸数字的位置。

(2)“在尺寸界线之间绘制尺寸线(D)”:该开关控制尺寸箭头在尺寸界线外时,两条尺寸界线之间是否画尺寸线。

8.2.6 “主单位”选项卡

“主单位”选项卡如图 8-9 所示,主要用来设置基本尺寸单位格式和精度,指定绘图比例,并能设置尺寸数字的前缀和后缀等。该选项卡有“线性标注”“角度标注”两个选项组。

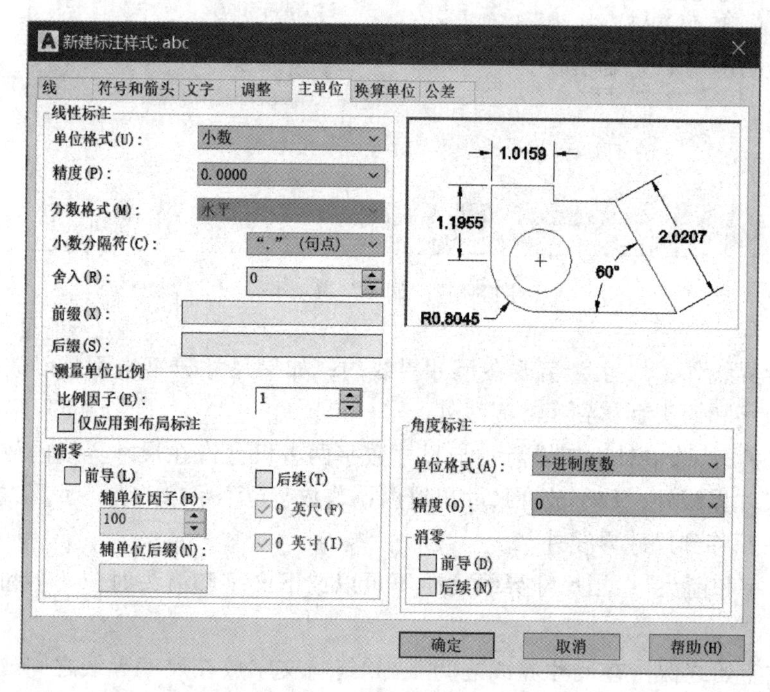

图 8-9 “主单位”选项卡

8.2.6.1 线性标注

(1)“单位格式(U)”下拉列表:用来设置线性尺寸单位格式,包括科学、小数、工程、建筑、分数等。其中小数为默认设置。系统变量为 DIMUNIT。

(2)“精度(P)”下拉列表:用来设置除角度标注外其他尺寸小数点后保留的位数。系统变量为 DIMTDEC。

(3)“分数格式(M)”下拉列表:用来设置线性基本尺寸中分数的格式,包括“对角”“水平”和“非重叠”3 个选项。系统变量为 DIMFARC。

(4)“小数分割符(C)”下拉列表:用来指定十进制数单位中小数分割符的形式,包括句号、逗号和空格 3 个选项。系统变量为 DIMDSEP。

(5)“舍入(R)”输入框:为除“角度”之外的所有标注类型设置标注测量的最近舍入值。系统变量为 DIMRND。

（6）“前缀（X）”和“后缀（S）”输入框：用于设置标注文字的前缀和后缀，用户在相应的文本框中输入文本符即可。

8.2.6.2 测量单位比例和消零

（1）“比例因子（E）”：设置线性标注测量值的比例因子。不建议更改此值的默认值 1.00。

（2）“仅应用到布局标注”：仅将测量比例因子应用于在布局视口中创建的标注。除非使用非关联标注，否则该设置应保持取消复选状态。

（3）“前导（L）”：勾选该复选框，标注中前导的 0 将不显示。

（4）“后续（T）”：勾选该复选框，标注中后续的 0 将不显示。

8.2.6.3 角度标注

（1）“单位格式（A）”下拉列表框：设定角度单位格式。

（2）“精度（O）”下拉列表框：设定角度标注的小数位数。

（3）“消零”选项：控制是否禁止输出前导零和后续零。

8.2.7 “换算单位”选项卡

“换算单位”选项卡主要用来控制换算单位的显示，如图 8-10 所示。AutoCAD 2019 可以同时创建两种系统测量值的标注，可以将英尺和英寸标注添加到使用公制单位创建的图形中。

选择“显示换算单位（D）”复选框后，可以对“换算单位”选项区内的单位格式、精度、换算单位倍数、舍入精度等内容进行设置。

在“位置”选项组内，可以设置换算单位的位置，包括“主值后（A）”和“主值下（B）”两种方式。

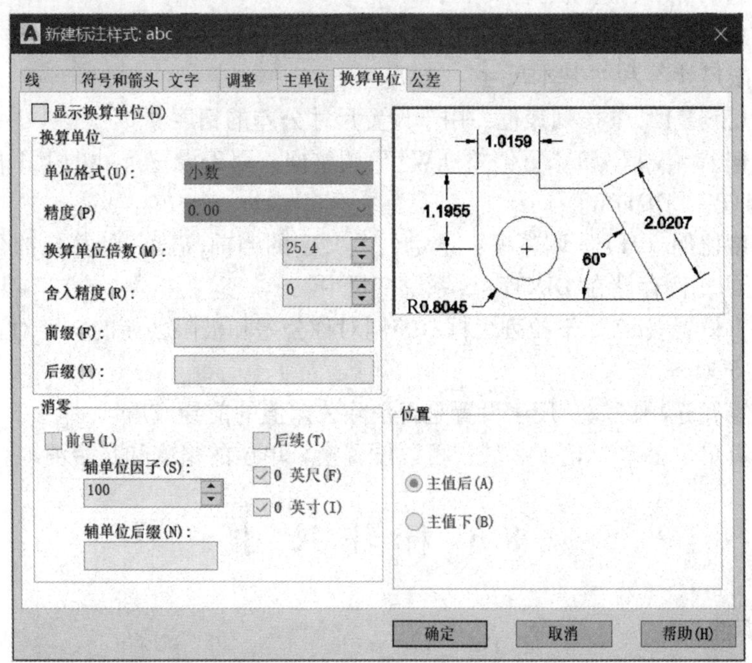

图 8-10 “换算单位”选项卡

8.2.8 “公差”选项卡

“公差”选项卡用来控制尺寸公差标注形式、公差值大小及公差数字的高度及位置，主要用于机械制图。如图 8-11 所示。

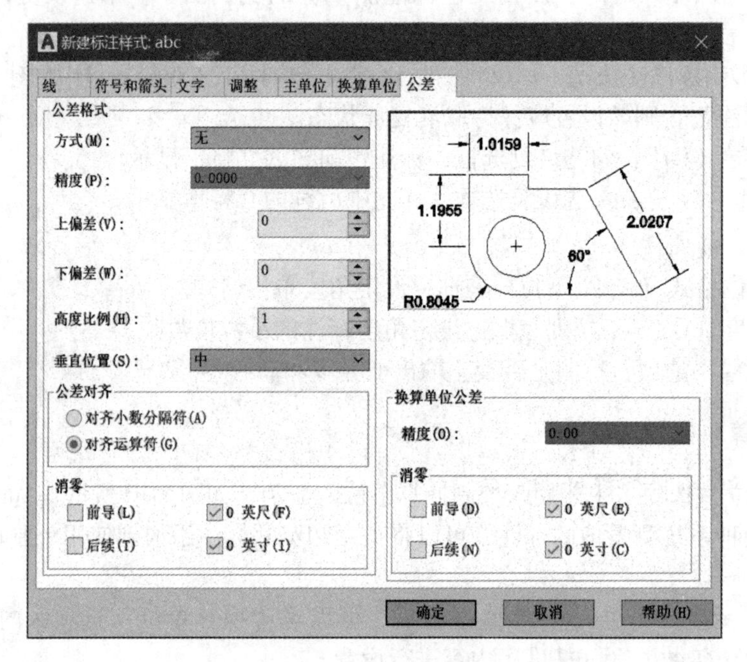

图 8-11 “公差”选项卡

“公差”选项卡中各选项的含义如下。

(1)“方式（M）”下拉列表框：确定以何种方式标注公差，包括“无”“对称”“极限偏差”“极限尺寸”和“基本尺寸”选项。

(2)“精度（P）”下拉列表框：用于设置尺寸公差的精度。

(3)“上偏差（V）”和“下偏差（W）”调整框：用于设置尺寸的上下偏差，系统变量分别为 DIMTP 和 DIMTM。

(4)“高度比例（H）”调整框：设定公差文字的当前高度。计算出的公差高度与主标注文字高度的比例存储在 DIMTFAC 系统变量中。

(5)“垂直位置（S）”下拉列表框：控制对称公差和极限公差的文字对正，包括上对齐、中对齐和下对齐。

(6)“消零”选项区域：用于设置是否消除公差值的前导或后续。

(7)“换算单位公差”选项区域：可以设置换算单位的精度和是否消零。

8.3 标注尺寸

8.3.1 线性标注

尺寸标注的类型众多，包括线性标注、对齐标注、半径标注、直径标注、角度标注、基线标注和连续标注等，下面从线性标注开始介绍。

8.3.1.1　命令执行方式

菜单栏：选择“标注”→“线性”。

命令行：DIMLINEAR/DLI。

功能区：单击“默认”选项卡“注释”面板中的“线性标注”按钮。

　　　　单击“注释”选项卡“标注”面板中的“线性标注”按钮。

8.3.1.2　操作步骤

命令：DIMLINEAR↙

指定第一个尺寸界线原点或 <选择对象>:(指定第一个尺寸界线起点)

指定第二个尺寸界线原点:(指定第二个尺寸界线起点)

指定尺寸线位置或[多行文字(M)/文字(T)/角度(A)/水平(H)/垂直(V)/旋转(R)]：(指定尺寸线位置或选项)

如果直接指定尺寸线位置，AutoCAD 将按测定的尺寸数字完成标注。若需要，可进行选项选择，上述提示行各选项含义说明如下。

(1) 多行文字：用多行文字编辑器重新指定尺寸数字。

(2) 文字：用单行文字方式重新指定尺寸数字。

(3) 角度：指定尺寸数字的旋转角度。

(4) 水平：指定尺寸线水平标注（实际可直接拖动)。

(5) 垂直：指定尺寸线垂直标注。

(6) 旋转：指定尺寸线与尺寸界线的旋转角度。

线性标注各参数如图 8-12 所示。

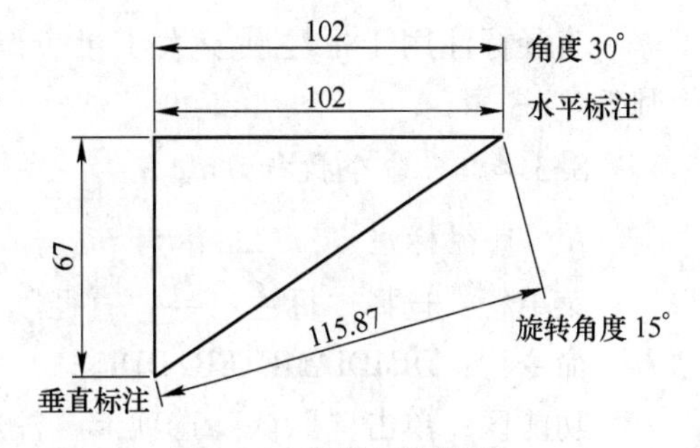

图 8-12　线性标注举例

8.3.2　对齐标注

用对齐命令可标注倾斜方向的线性尺寸。

8.3.2.1　命令执行方式

菜单栏：选择“标注” →“对齐”。

命令行：DIMALIGNED/DAL。

功能区：单击“默认”选项卡“注释”面板中的“对齐标注”按钮。

　　　　单击“注释”选项卡“标注”面板中的“对齐标注”按钮。

8.3.2.2　操作步骤

命令：DIMALIGNED↙

指定第一个尺寸界线原点或 <选择对象>:（指定第一个尺寸线起点）

指定第二个尺寸界线原点:（指定第二个尺寸界线起点）

指定尺寸线位置或[多行文字(M)/文字(T)/角度(A)]：(指定尺寸线位置或选项)

其中各选项的含义同线性标注里的选项，命令效果如图 8-13 所示。

8.3.3　角度标注

角度尺寸标注用于标注两条直线之间的夹角、三点之间的角度以及圆弧的角度。

8.3.3.1 命令执行方式

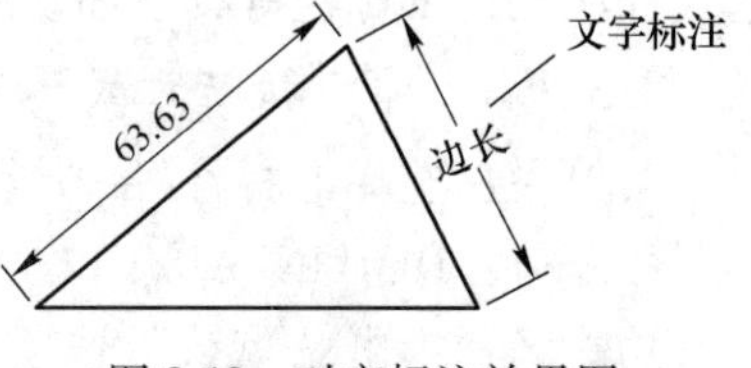

图 8-13 对齐标注效果图

菜单栏：选择“标注”→“角度”。

命令行：DIMANGULAR/DAN。

功能区：单击“默认”选项卡“注释”面板中的“角度”按钮。

单击“注释”选项卡“标注”面板中的“角度”按钮。

8.3.3.2 操作步骤

命令：DIMANGULAR↙

选择圆弧、圆、直线或 <指定顶点>：（点取第一条直线）

选择第二条直线：（点取第二条直线）

指定标注弧线位置或[多行文字(M)/文字(T)/角度(A)/象限点(Q)]：（拖动确定尺寸线位置或选项）

若需要，可进行选项选择。选项“多行文字”“文字”“角度”的含义与线性尺寸标注方式的同类选项相同。如果选择“象限点”，可按指定点的象限方位标注角度。

8.3.4 半径与直径标注

直径标注用于标注圆及大于半个圆的圆弧，半径标注用于标注半圆或小于半圆的圆弧。

8.3.4.1 命令执行方式

A 直径标注

菜单栏：选择“标注”→“直径”。

命令行：DIMDIAMETER/DDI。

功能区：单击“默认”选项卡“注释”面板中的“直径”按钮。

单击“注释”选项卡“标注”面板中的“直径”按钮。

B 半径标注

菜单栏：选择“标注”→“半径”。

命令行：DIMRADUIUS/DRA。

功能区：单击“默认”选项卡“注释”面板中的“半径”按钮。

单击“注释”选项卡“标注”面板中的“半径”按钮。

8.3.4.2 操作步骤

二者的操作步骤相同，下面以直径标注为例进行说明。

命令：DIMDIAMETER↙

选择圆弧或圆：（选择圆或圆弧）

指定尺寸线位置或[多行文字(M)/文字(T)/角度(A)]：（拖动确定尺寸线位置或选项）

直径和半径的标注效果在默认情况下如图 8-14（a）所示。但可以在尺寸标注样式的调整选项卡下根据需要选择箭头、文字或“文字和箭头”选项，来标注出如图 8-14（b）所示的尺寸外观。

8.3.5 折弯标注

折弯标注用于测量选定对象的半径，并显示前面带有一个半径符号的标注文字，可以在更合适的位置指定尺寸线的原点。

8.3.5.1 命令执行方式

菜单栏：选择“标注”→“折弯”。

命令行：DIMJOGGED/DJO。

功能区：单击“默认”选项卡“注释”面板中的“折弯”按钮。
单击“注释”选项卡“标注”面板中的“折弯”按钮。

8.3.5.2 操作步骤

命令：DIMJOGGED↙
选择圆弧或圆：
指定图示中心位置：
指定尺寸线位置或［多行文字(M)/文字(T)/角度(A)］：
指定折弯位置：

折弯标注的效果如图 8-15 所示。

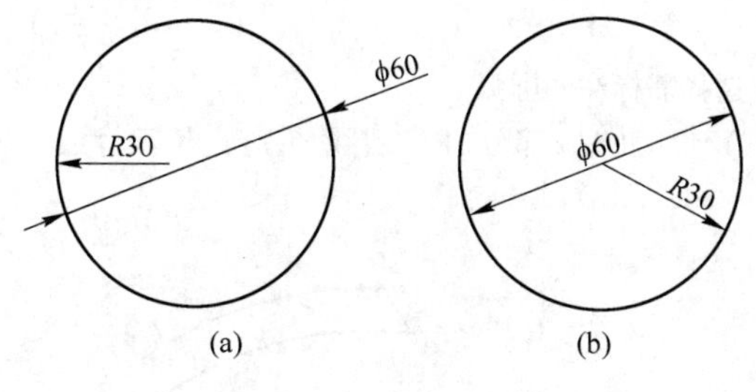

图 8-14 直径标注效果图

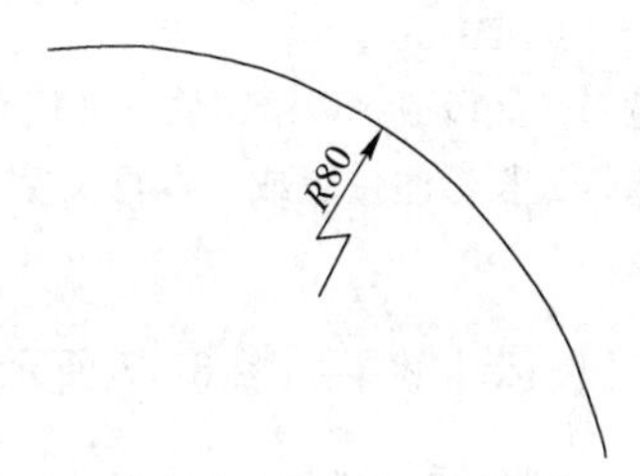

图 8-15 折弯标注效果图

8.3.6 坐标标注

坐标标注用于标注某一点距离基准点（当前坐标系原点）的坐标值。

8.3.6.1 命令执行方式

菜单栏：选择“标注”→“坐标”。

命令行：DIMORDINATE/DOR。

功能区：单击“默认”选项卡“注释”面板中的“坐标”按钮。
单击“注释”选项卡“标注”面板中的“坐标”按钮。

8.3.6.2 操作步骤

命令：DIMORDINATE↙
指定点坐标：
指定引线端点或［X 基准(X)/Y 基准(Y)/多行文字(M)/文字(T)/角度(A)］：

A “指定引线端点”默认选项

用于确定引线的端点位置。用户确定后，AutoCAD 2019 在该点标出指定点的坐标。

B　其他选项

“X 基准、Y 基准”选项分别用来标注指定点的 *X*、*Y* 坐标（标注效果如图 8-16 所示）；“多行文字（M）”选项指利用多行文字的方式输入标注的内容；“文字（T）”选项是指采用单行文字方式输入标注的内容；“角度（A）”选项用于确定标注文字的旋转角度。

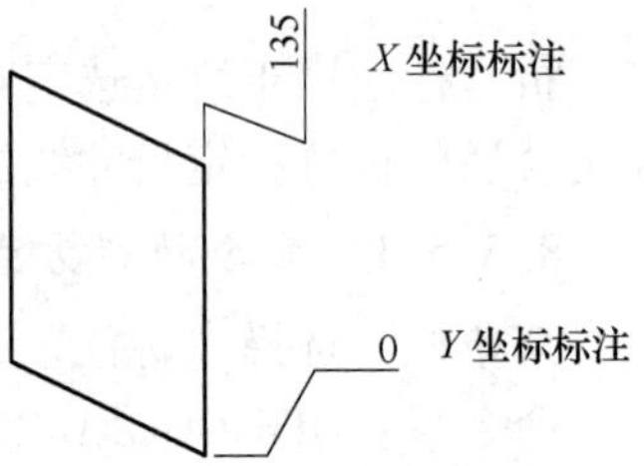

图 8-16　坐标标注效果图

8.3.7　弧长标注

弧长标注用来测量圆弧或多段线圆弧上的距离，标注文字的前方将显示圆弧符号。

8.3.7.1　命令执行方式

菜单栏：选择“标注”→“弧长”。

命令行：DIMARC/DAR。

功能区：单击“默认”选项卡“注释”面板中的“弧长”按钮。
单击“注释”选项卡“标注”面板中的“弧长”按钮。

8.3.7.2　操作步骤

命令：DIMARC↙

选择弧线段或多段线圆弧段：(用直接点取方式选择需标注的圆弧)

指定弧长标注位置或［多行文字(M)/文字(T)/角度(A)/部分(P)/引线(L)］：(给尺寸线位置或选项)

弧长标注效果如图 8-17 所示。

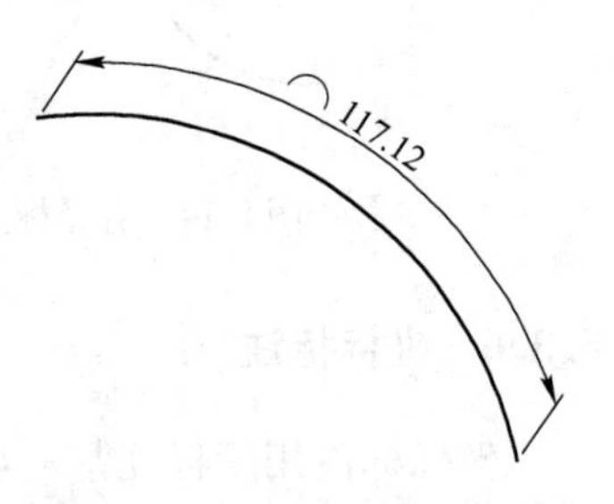

图 8-17　弧长标注效果图

8.3.8　基线标注与连续标注

基线标注是从上一个或选定标注的基线作连续的线性、角度或坐标标注。连续标注会自动创建从上一次创建标注的延伸线处开始的标注，设置所需的标注样式为当前标注样式后，可用该命令快速地标注首尾相接的若干个连续尺寸。

8.3.8.1　命令执行方式

A　基线标注

菜单栏：选择“标注”→“基线”。

命令行：DIMBASELINE/DBA。

功能区：单击“注释”选项卡“标注”面板中的“基线”按钮。

B　连续标注

菜单栏：选择“标注”→“连续”。

命令行：DIMCONTINUE/DCO。

功能区：单击“注释”选项卡“标注”面板中的“连续”按钮。

8.3.8.2　操作步骤

除命令不同外，两者的操作步骤相同，下面以基线标注为例，说明操作步骤。需要注意的是，在进行基线标注或连续标注之前，必须先进行线性、对齐或角度标注。

```
命令：DIMBASELINE↙
指定第二个尺寸界线原点或［选择(S)/放弃(U)］<选择>：
标注文字 =50
指定第二个尺寸界线原点或［选择(S)/放弃(U)］<选择>：
标注文字 =104
指定第二个尺寸界线原点或［选择(S)/放弃(U)］<选择>：
标注文字 =128
指定第二个尺寸界线原点或［选择(S)/放弃(U)］<选择>：
标注文字 =166
指定第二个尺寸界线原点或［选择(S)/放弃(U)］<选择>：(确认或取消)
```

以上操作结果如图 8-18（a）所示。连续标注的效果如图 8-18（b）所示。

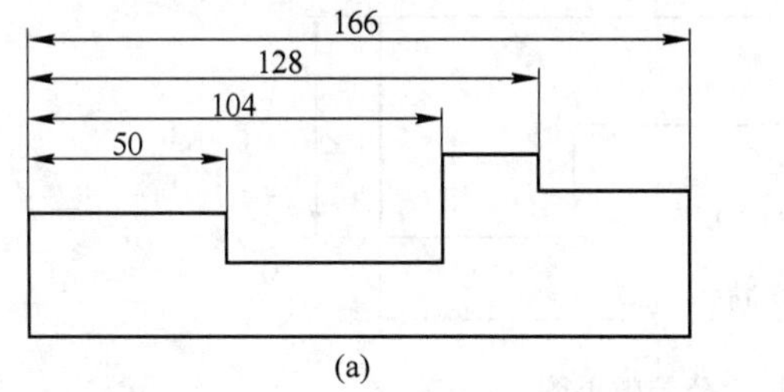

(a)

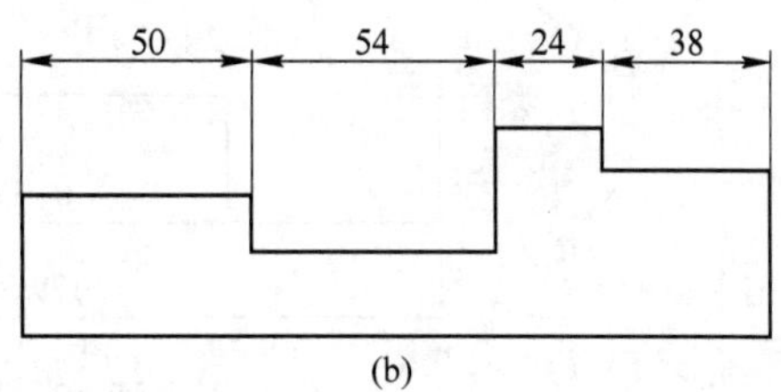

(b)

图 8-18　基线标注与连续标注效果图

（a）基线标注；（b）连续标注

8.3.9　圆心标记

指给圆、圆弧或多边形圆弧的中心添加十字型圆心标记或中心线。

8.3.9.1　命令执行方式

菜单栏：选择“标注”→“圆心标记”。

命令行：DIMCENTER/DCE。

功能区：单击“注释”选项卡“标注”面板中的“圆心标记”按钮⊕。

8.3.9.2　操作步骤

```
命令：DIMCENTER↙
选择圆弧或圆：(拾取圆弧或圆即可)
```

圆心标记的形式由系统变量 DIMCEN 控制。当变量的值大于零时，做圆心标记，且该值是圆心标记线的一半；当变量的值小于零时，画出中心线，且该值是圆心处小十字线的一半。

8.3.10　公差标注

公差分为尺寸公差、形状公差和位置公差三种，其中形状公差和位置公差合称为形位公差。

8.3.10.1 尺寸公差

尺寸公差指定标注允许变动的值。通过指定生产中的公差，可以控制部件所需的精度等级。特征是部件的一部分，例如点、线、轴或表面。

A 命令执行方式

在 AutoCAD 2019 中，有三种方法可以创建尺寸公差，包括通过标注样式创建、通过文字形式创建和“特性”选项板创建公差。

B 命令说明

尺寸公差示例如图 8-19 所示。如果标注值可以在两个方向上变化，所提供的正值和负值将作为极限公差附加到标注值中。如果两个极限公差值相等，将用“±”符号表示，它们也称为对称公差。否则，正值将位于负值上方。如果将公差作为界限应用，则程序将使用所提供的正值和负值计算最大值和最小值，这些值将替换标注值。

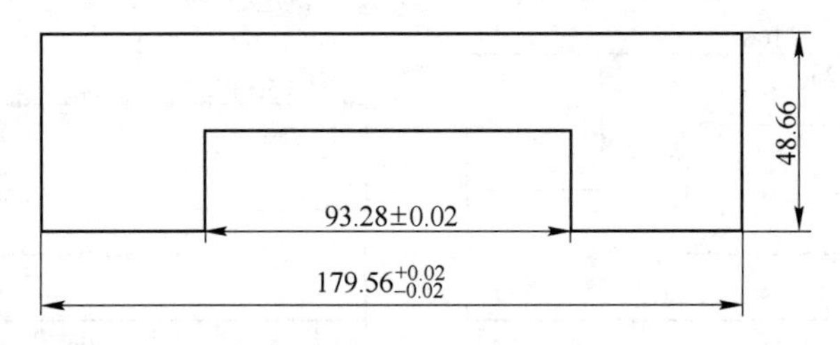

图 8-19 尺寸公差效果图

8.3.10.2 形位公差

形位公差是指单一实际要素的形状所允许的变动全量，可以通过特征控制框来添加形位公差，这些框中包含单个标注的所有公差信息。特征控制框至少由两个组件组成（见图 8-20）：第一个特征控制框包含一个几何特征符号，表示应用公差的几何特征，例如位置、轮廓、形状、方向等。形状公差控制直线度、平面度、圆度和圆柱度；第二个轮廓控制直线和表面。

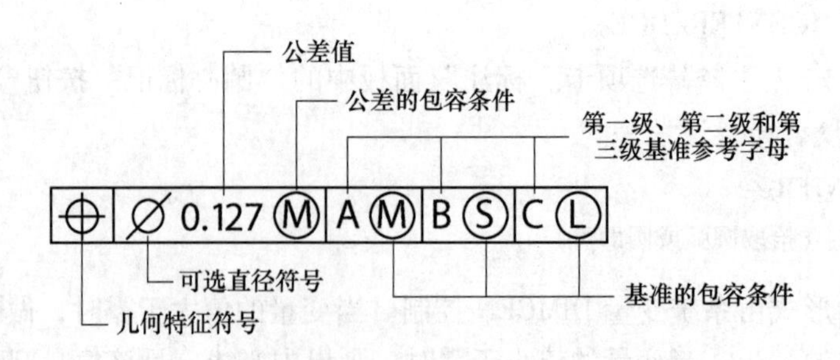

图 8-20 形位公差

A 命令执行方式

菜单栏：选择【标注】→【公差】。
命令行：TOLERANCE/TOL。
功能区：单击“注释”选项卡“标注”面板中的“公差”按钮。

B 命令说明

调用“形位公差”命令后，系统会弹出形位公差对话框，如图 8-21 所示。

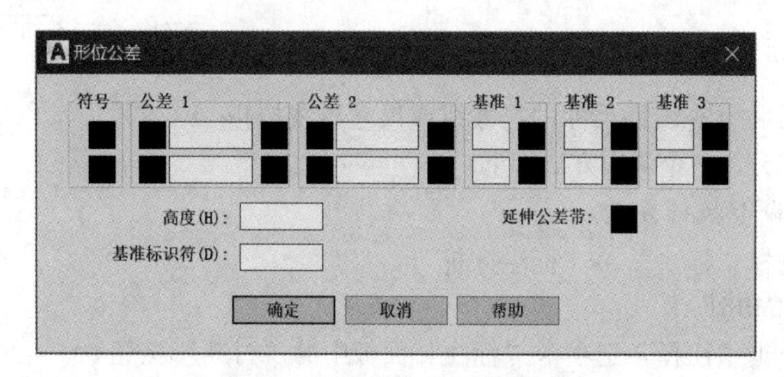

图 8-21 “形位公差”对话框

形位公差对话框中各选项含义如下。

(1) “公差 1”：创建特征控制框中的第一个公差值。公差值指明了几何特征相对于精确形状的允许偏差量。

(2) “公差 2”：在特征控制框中创建第二个公差值。以第一个相同的方式指定第二个公差值。

(3) “基准 1”：在特征控制框中创建第一级基准参照。基准参照由值和修饰符号组成。基准是理论上精确的几何参照，用于建立特征的公差带。基准 2 和基准 3 同理。

(4) “高度 (H)”：创建特征控制框中的投影公差零值。投影公差带控制固定垂直部分延伸区的高度变化，并以位置公差控制公差精度。

(5) “投影公差带”：在延伸公差带值的后面插入延伸公差带符号。

(6) 基准标识符 (D)：创建由参照字母组成的基准标识符。基准是理论上精确的几何参照，用于建立其他特征的位置和公差带。点、直线、平面、圆柱或者其他几何图形都能作为基准。

8.4 编辑尺寸标注

标注对象创建完成后，用户还可以根据需要进行修改。

8.4.1 编辑文字和尺寸界限

DIMEDIT/DED 命令可以让用户根据需要编辑标注文字和尺寸界线，可以旋转、修改或恢复标注文字、更改尺寸界线的倾斜角，操作方式如下。

命令：DIMEDIT↙
输入标注编辑类型 [默认(H)/新建(N)/旋转(R)/倾斜(O)] <默认>:

(1) 默认：将旋转标注文字移回默认位置。

(2) 新建：使用在位文字编辑器更改标注文字。

(3) 旋转：旋转标注文字，输入 0 将会使标注文字按默认方式放置。

（4）倾斜：当尺寸界线与图形的其他要素冲突时，“倾斜”选项将很有用处。倾斜角从 UCS 的 X 轴进行测量，如图 8-22 所示。

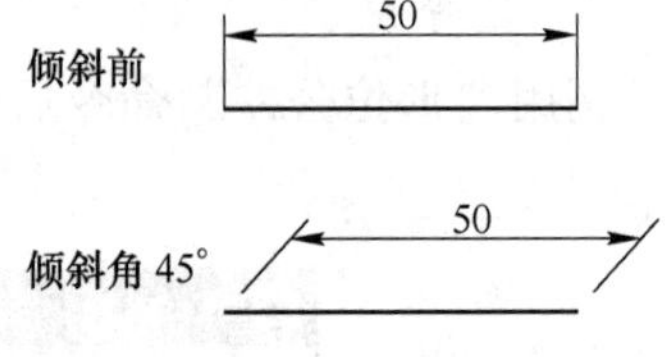

图 8-22 尺寸界线倾斜

8.4.2 标注打断

切断标注可将已有线性尺寸的尺寸线或尺寸界线按指定位置删除一部分，命令调用方法如下。

8.4.2.1 命令执行方式

菜单栏：选择“标注”→“标注打断”。

命令行：DIMBREAK。

功能区：单击“注释”选项卡“标注”面板中的“打断”按钮。

8.4.2.2 操作说明

命令：DIMBREAK↙
选择要添加/删除折断的标注或［多个(M)］：(选择一个线性尺寸或选择多个)
选择要折断标注的对象或［自动(A)/手动(M)/删除(R)］<自动>：M↙
指定第一个打断点：(在尺寸线或尺寸界线上指定第一个打断点)
指定第二个打断点：(在尺寸线或尺寸界线上指定第二个打断点)
1 个对象已修改

标注打断的效果如图 8-23 所示。

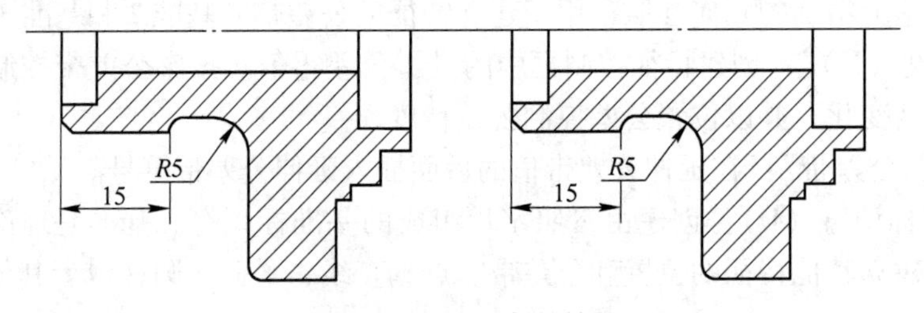

图 8-23 标注打断的效果

8.4.3 标注间距

线性标注或角度标注之间的间距可根据需要进行调整。“标注间距”命令可将选中的尺寸以指定的尺寸线间距均匀整齐地排列起来，但需要注意的是，间距仅适用于平行的线性标注或共用一个顶点的角度标注。

8.4.3.1 命令执行方式

菜单栏：选择“标注”→“标注间距”。

命令行：DIMSPACE。

功能区：单击“注释”选项卡“标注”面板中的“调整间距”按钮。

8.4.3.2 操作步骤

命令：DIMSPACE↙
选择基准标注：

选择要产生间距的标注：找到 1 个
选择要产生间距的标注：找到 1 个，总计 2 个
选择要产生间距的标注：找到 1 个，总计 3 个
选择要产生间距的标注：
输入值或［自动(A)］<自动>:↙

效果示例如图 8-24 所示。

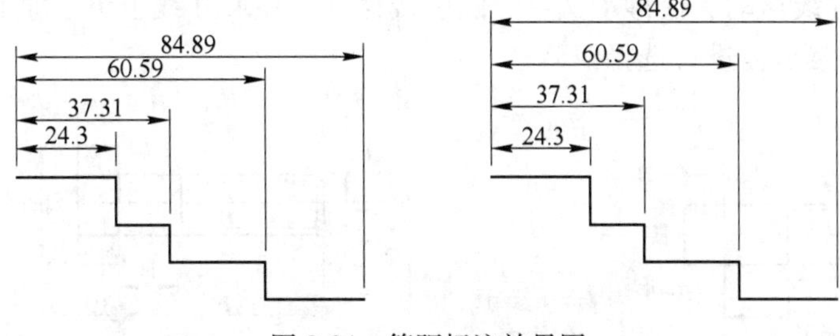

图 8-24 等距标注效果图

8.4.4 标注检验

“检验”标注命令可在选中尺寸的尺寸数字前后加注文字，并绘制分隔符和外框。

8.4.4.1 执行方式

菜单栏：选择“标注”→“检验”。

命令行：DIMINSPECT。

功能区：单击“注释”选项卡“标注”面板中的“检验”按钮。

8.4.4.2 操作步骤

执行命令后，系统会弹出“检验标注”对话框，如图 8-25 所示。

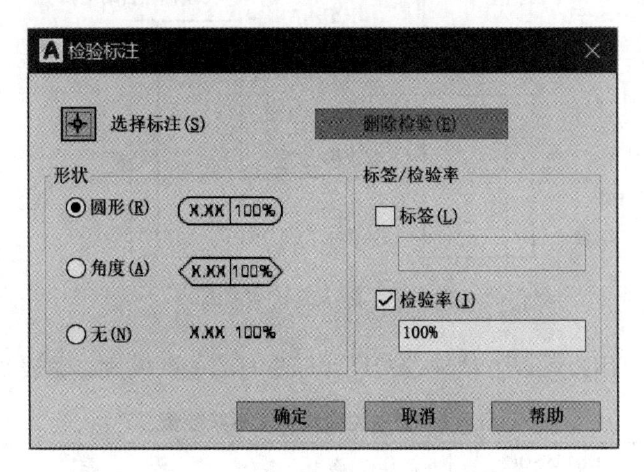

图 8-25 “检验标注”对话框

在该对话框中进行相应的设置，再单击“选择标注”按钮返回绘图区域，选择所要修改的尺寸，单击右键返回“检验标注”对话框，然后单击“确定”按钮完成修改。

8.4.5 夹点编辑标注

标注对象和直线、多线段等图形对象一样，可以使用夹点功能进行编辑。选择标注对象后，会显示出5个节点，然后选择相应节点即可对其进行编辑。

除了直接拖拽节点完成编辑外，用户还可以在选择节点后单击鼠标右键（见图8-26），系统会弹出快捷菜单（包含拉伸、连续标注、基线标注和翻转箭头。中间节点弹出的快捷菜单则包含随尺寸线移动、仅移动文字、随引线移动、在尺寸线上方、垂直居中和重置文字位置等选项），然后再进行选择。

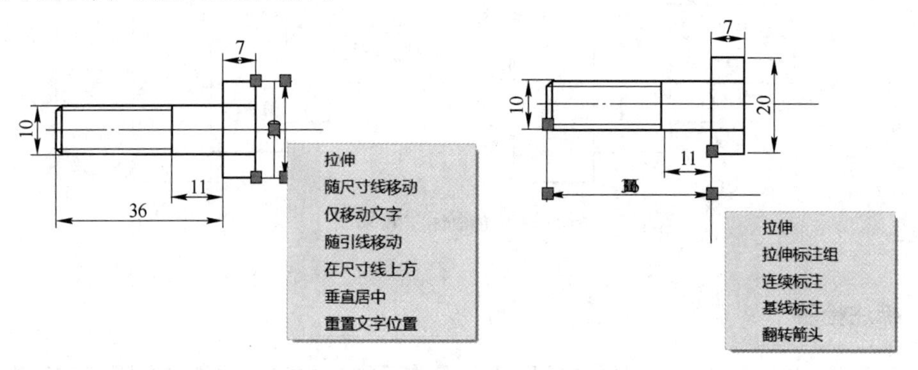

图8-26　标注夹点右键快捷菜单

8.4.6 重新关联标注

标注关联是指标注与被标注对象有关联关系。如果标注的尺寸值是按自动测量值标注，且标注是在尺寸关联模式下完成的，那么改变被标注对象的尺寸大小后，相应的标注尺寸也随之发生改变，如图8-27所示。

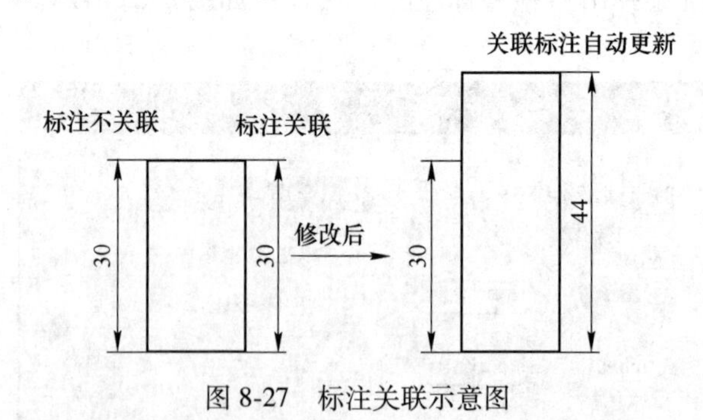

图8-27　标注关联示意图

利用系统变量，用户可以方便地设置尺寸标注时的关联模式，见表8-1。

表8-1　标注关联模式及系统变量

关联模式	DIMASSOC	功　能
关联标注	2	尺寸与标注对象有关联关系
无关联标注	1	尺寸与标注对象无关联关系
分解的标注	0	尺寸是单个对象而不是块，相当于对一个尺寸对象执行分解命令

对不是关联的标注进行关联的执行方式如下。

8.4.6.1 命令执行方式

菜单栏：选择“标注”→“重新关联标注”。

命令行：DIMREASSOCIATE。

功能区：单击“注释”选项卡“标注”面板中的“重新关联”按钮。

8.4.6.2 操作步骤

命令：DIMREASSOCIATE↙

选择要重新关联的标注 ...

选择对象：(选择标注对象)

指定第一个尺寸界线原点或［选择对象(S)］<下一个>：

各选项的含义如下。

(1) 指定第一个尺寸界线原点。要求用户确定第一条尺寸界线的起始点位置，同时把所选择尺寸标注的第一条尺寸界线的起始点位置用一个小叉标示出来。如果继续以该点为尺寸界线的起始点，按“Enter”键；如果选择新的点作为尺寸界线的起始点，在此提示下确定相应的点。系统将提示“指定第二个尺寸界线原点 <下一个>”。

要求用户确定第二条尺寸界线的起始点位置，同时把所选择的尺寸标注的第二条尺寸界线的起始点位置用一个小叉标示出来。如果继续以该点为尺寸界线的起始点，按“Enter”键；如果选择新的点作为尺寸界线的起始点，在此提示下确定相应的点。

确定两个起始点后，命令结束，并将新的尺寸标注与原被标注对象建立关联。

(2)“选择对象（S）”。执行该选项后，系统提示“选择对象:”。在此提示下选择图形对象后，系统将原尺寸标注改为对所选对象的标注，并对标注建立关联关系。

8.5 多重引线

在“注释”选项卡下有“引线”面板，可以标注引线和注释，而且引线和注释可以有多种格式。

8.5.1 多重引线的样式

多重引线样式决定了所绘多重引线的形式和相关内容的形式。系统默认为“Standard”样式，用户可以自行设置多重引线样式。

8.5.1.1 命令执行方式

菜单栏：选择“格式”→“多重引线样式”。

命令行：MLEADERSLYLE。

功能区：单击“注释”选项卡“引线”面板中右下角的按钮↘。

8.5.1.2 操作步骤

输入命令后，系统会弹出“多重引线样式管理器”对话框，如图 8-28 所示。

单击“新建”按钮将弹出“创建新多重引线样式”对话框，在框中输入新建样式名再点击“继续”，便会弹出“修改多重引线样式”对话框，如图 8-29 所示。

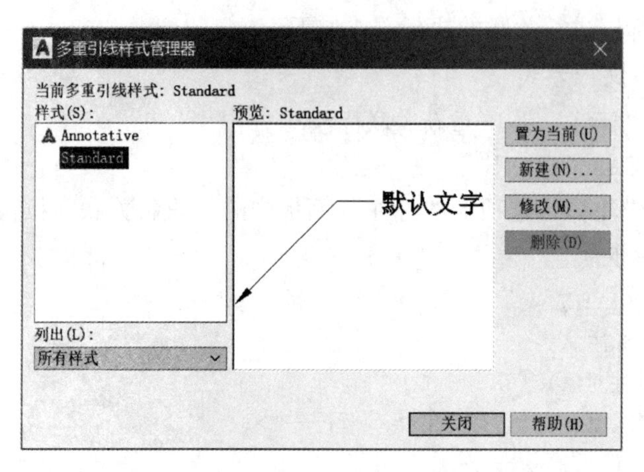

图 8-28 “多重引线样式管理器”对话框

用户设置好后单击“修改”按钮，即可修改已有的多重引线样式；单击对话框中的“置为当前”按钮，可将选中的多重引线样式设置为当前样式。具体操作及个选项卡的含义可以参考新建标注样式相关内容，这里不再详细说明。

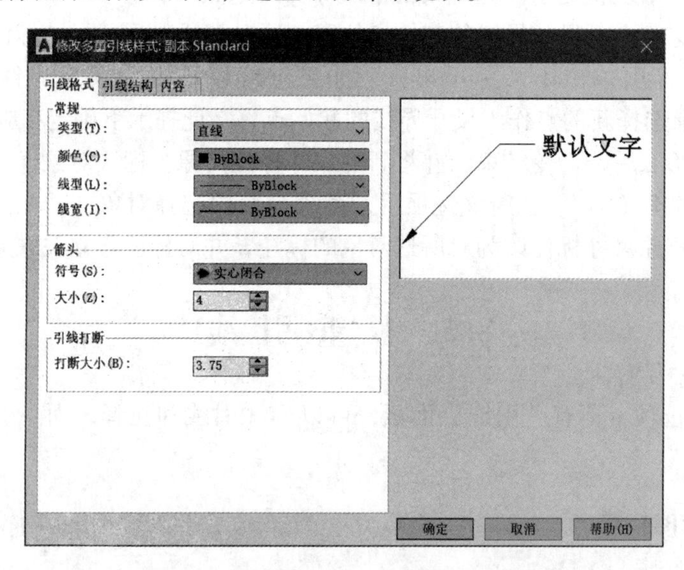

图 8-29 “修改多重引线样式”对话框

8.5.2 创建多重引线

设置好所需的多重引线样式后，便可从图形中的任意点或部件创建多重引线。

8.5.2.1 命令执行方式

菜单栏：选择“标注”→“多重引线”。

命令行：MLEADER/MLD。

功能区：单击“默认”选项卡“注释”面板中的“多重引线”按钮。

单击“注释”选项卡“标注”面板中的“多重引线”按钮。

8.5.2.2 操作步骤

命令：MLEADER↙

指定引线箭头的位置或［引线基线优先(L)/内容优先(C)/选项(O)］<选项>：

以上各选项的含义如下。

(1) 引线基线优先 (L)：选择该选项后，将先指定多重引线对象的基线的位置，然后再输入内容，CAD 默认引线基线优先。

(2) 内容优先 (C)：选择该选项后，将先指定与多重引线对象相关联的文字或块的位置，然后再指定基线位置。

(3) 选项 (O)：指定用于放置多重引线对象的选项。

多重引线标注的效果如图 8-30 所示。

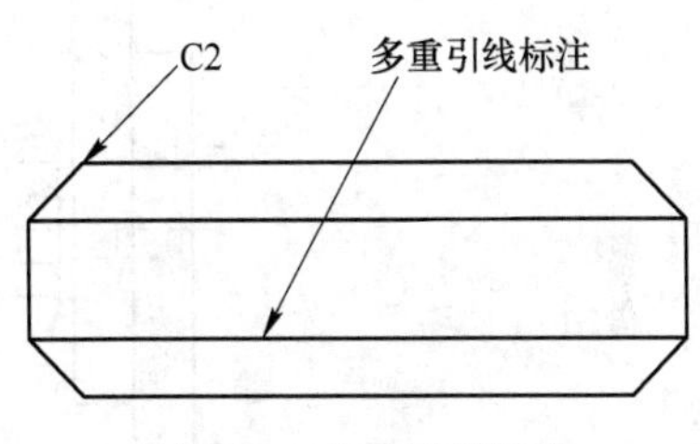

图 8-30 多重引线标注

8.5.3 多重引线编辑

多重引线的编辑主要包括对齐多重引线、合并多重引线、添加多重引线和删除多重引线。

8.5.3.1 对齐多重引线

A 命令执行方式

命令行：MLEADERALIGN/MLA。

功能区：单击“注释”选项卡“引线”面板中的“对齐”按钮。

B 操作步骤

对齐并间隔排列选定的多重引线对象。如图 8-31 所示，指定多重引线①、③与多重引线②对齐。

8.5.3.2 合并多重引线

A 执行方式

命令行：MLEADERCOLLECT/MLC。

功能区：单击“注释”选项卡“引线”面板中的“合并”按钮。

B 操作步骤

合并操作指将包含块的选定多重引线整理到行或列中，并通过单引线显示结果。效果如图 8-32 所示。

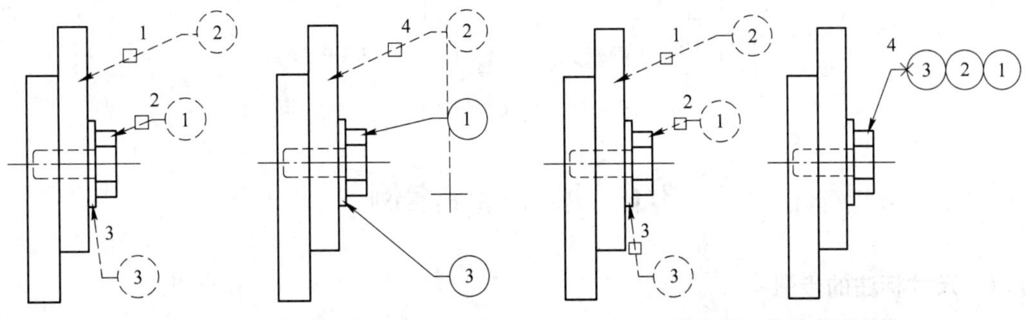

图 8-31 对齐多重引线

图 8-32 合并多重引线

8.5.3.3 添加多重引线

A 执行方式

命令行：MLEADEREDIT/MLE。

功能区：单击“注释”选项卡“引线”面板中的“添加引线”按钮。

B 操作步骤

添加多重引线是指将引线添加至多重引线对象。选择多重引线 2 并拖拽十字光标至指定添加的位置，如图 8-33 所示。

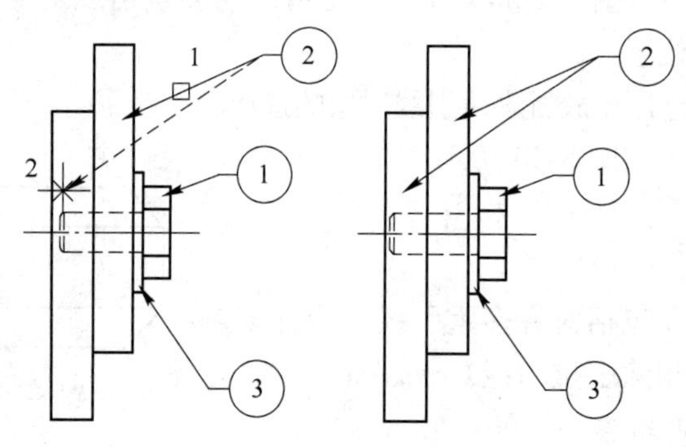

图 8-33 添加多重引线

8.5.3.4 删除多重引线

A 执行方式

命令行：AIMLEADEREDITREMOVE。

功能区：单击“注释”选项卡“引线”面板中的“删除引线”按钮。

B 操作步骤

从选定的多重引线对象中删除引线，调用命令后再选中想删除的对象并按下空格，即可完成删除引线的操作，如图 8-34 所示。注意该操作只能选定引线，不能选定箭头、文字。

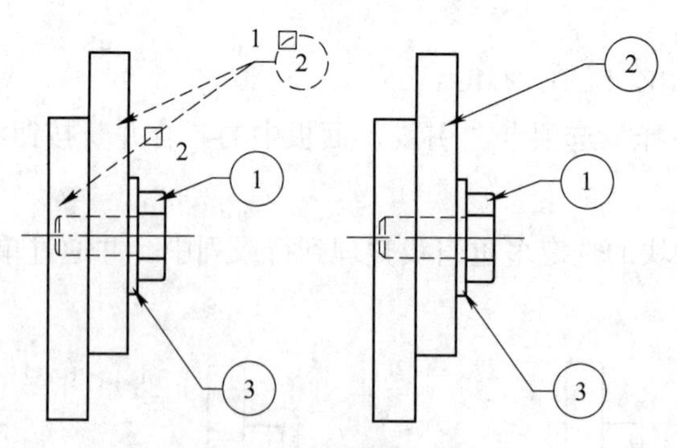

图 8-34 删除多重引线

8.6 尺寸标注案例

8.6.1 尺寸标注的步骤

（1）为尺寸标注新建一个专用的图层。

（2）为尺寸标注设置文字样式。

（3）根据图形对象尺寸外观或相关要求设置尺寸的标注样式。

（4）进行尺寸标注。

8.6.2 尺寸标注的操作过程

以图 8-35 为例：

（1）新建图层并命名为“标注”，将其设为当前图层。

（2）将文字样式设置为“Standard”，其中字体设置为“isocp. shx”。

（3）设置尺寸标注样式。

1）新建 User_N，用于一般尺寸标注。以默认样式 ISO-25 为基础样式，其他设置如下：

①“线”选项卡。基线间距：5；超出尺寸线：2；其他值默认。

②“符号和箭头”选项卡。箭头大小：3；其他值默认。

③“文字”选项卡。文字高度：3；其他值默认。

④“调整”选项卡。选中“调整”选项组的“箭头和文字”单选按钮和“优化”选项组的“手动放置文字”复选框。

2）新建 User_O，用于引出水平标注的尺寸。其与 User_N 不同的设置如下。

①“文字”选项卡。选择“文字对齐”选项组的“水平”项。

②“调整”选项卡。选中“文字位置”选项组的“尺寸线上方，带引线”项；选中“优化”选项组“在尺寸界线之间绘制尺寸线”复选框。

③“主单位”选项卡。在“前缀”输入框中输入“%%C”。

3）新建 User_ A，用于标注角度尺寸。其与 User_N 不同的设置如下。

①“文字”选项卡。选择“文字位置”选项组的“水平”项。

②“调整”选项卡。选中“文字位置”选项组的“垂直”下拉列表框中的“居中”项；选择“文字对齐”选项组的“水平”项。

4）标注尺寸。

① 将 User_ N 设为当前样式。

利用 DIMLINEAR（线性）命令标注尺寸 6、22. 8。

利用 DIMALIGNED（对齐）命令标注尺寸 48。

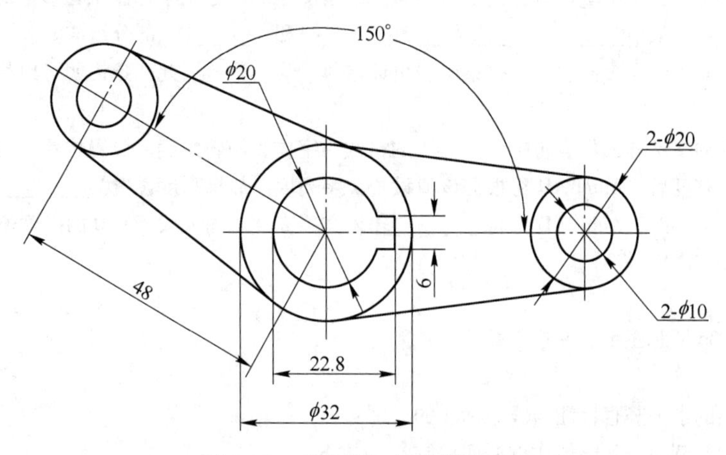

图 8-35 “曲柄”尺寸标注示例

② 将 User_O 设为当前样式。

利用 DIMLINEAR（线性）命令标注尺寸 ϕ32。

利用 DIMDIAMETER（直径）命令标注尺寸 ϕ10、ϕ20。

③ 将 User_A 设为当前样式，利用 DIMANGULAR 命令标注尺寸 150°。

④ 进行标注文字的修改。

执行“TEXTEDIT 命令”，选择标注“ϕ10”（或者直接双击标注“ϕ10”），进入编辑模式（多行文字编辑），在“ϕ10”前输入“2-”，单击确认即可。此时标注修改为“2-ϕ10”。“2-ϕ20”的修改同上，这里不再赘述。

习　题

8-1　选择题

1. 新建一个标注样式，此标注样式的基准标注样式为（　　）。

A　ISO-25　　B　当前标注样式

C　命名最靠前的标注样式　　D　应用最多的标注样式

2. 不能设置尺寸界线的（　　）。

A　超出尺寸线值　　B　起点偏移量

C　固定长度的尺寸界线长度值　　D　起点标记符号

3. 若想要将图形中的所有标注变为原来形状大小的两倍，应调整（　　）。

A　文字高度　　B　测量单位比例

C　全局比例　　D　换算比例

4. 所有尺寸标注共用一条尺寸界线的是（　　）。

A　引线标注　　B　基线标注

C　连续标注　　D　对齐标注

5. 将图和已标注的尺寸同时放大 2 倍，其结果是（　　）。

A　原尺寸不变　　B　尺寸值不变，字高是原尺寸 2 倍

C　尺寸箭头是原尺寸的 2 倍　　D　尺寸值是原尺寸的 2 倍

8-2　填空题

1. ________是工程图中不可缺少的一项内容，工程图中的尺寸用来标注工程形体的大小。一个完整的尺寸标注一般由________、________、________和________ 4 部分组成。

2. ________对象包含多条引线，每条引线可以包含________，因此一条说明可以指向图形中的多个对象。

3. 尺寸线中的文本样式内容包括________的格式、字体、倾斜角度、放置位置、对齐方式等。指定________高度后，AutoCAD 将根据该值设置文字高度。如果高度设置为________，此后每次用该样式输入文字时，AutoCAD 都将________输入文字高度。输入大于 0.0 的高度值则为改样式设置固定的文字高度。

8-3　练习题

绘制如图 8-36 所示图形，并进行标注。

8-4　思考题

1. 对齐标注的水平竖直标注与线性标注的区别。

2. 标注时的比例因子和整体比例如何控制？

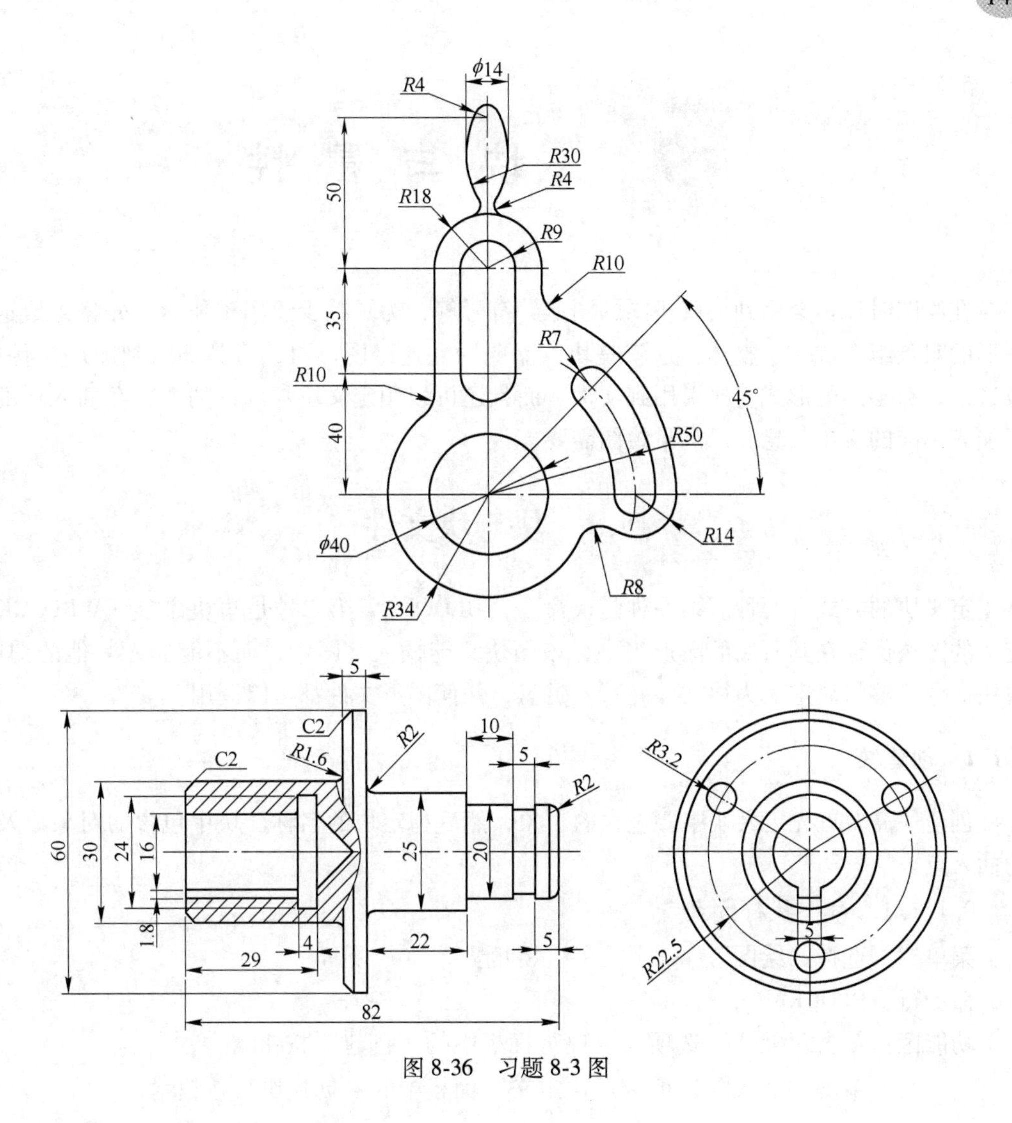
ϕ14
R4
R30
R4
50
R18
R9
R10
35
R7
R10
45°
40
R50
ϕ40
R14
R8
R34
5
C2
R2
10
R1.6
5
C2
R2
60
30
24
16
25
20
R3.2
1.8
29
4
22
5
5
R22.5
82

图 8-36　习题 8-3 图

9 块与属性

在绘图时经常会用到一些相同的图形、符号等，为了减少绘图工作量，先将组成这些图形的对象组合成一个整体，这就是块，需要用到这组图形时，将其插入到图形文件中，或者以外部参照的形式直接引用到文件。而且还可以用定义块与属性的方式在插入块的同时加入不同的文本信息，以满足绘图需要。

9.1 块与块文件

定义块的方式有两种。第一种是块命令（BLOCK），第二种是写块命令（WBLOCK）。定义的图块保存在其所属的图形当中，该图块只能插入该图中，而不能插入其他的图中；写块命令能够将块定义为块文件并写入磁盘，任何图形文件都可以调用。

9.1.1 创建块

创建块需要首先定义块中要包含的对象，然后指定块的名称、块中包含的对象以及块的插入点。

9.1.1.1 命令执行方式

菜单栏：选择“绘图”→“块”→“创建”。

命令行：BLOCK/B。

功能区：单击“默认”选项卡“块”面板中的“创建”按钮。

单击“插入”选项卡“块定义”面板中的“创建块”按钮。

9.1.1.2 操作步骤

调用创建块命令后，将弹出“块定义”对话框，如图9-1所示。其中各选项含义说明如下。

（1）“名称（N）”下拉列表框：输入或选择需要定义的块名称。

（2）“基点”选项组：该选项用于指定插入的基点。创建的基点将作为以后插入块时的基准点，同时也是块被插入时旋转和缩放的基准点。可以直接输入基点的坐标值，系统默认值为（0，0，0）；也可以单击“拾取点（K）”按钮，用鼠标在绘图区拾取块的特征点作为插入点。

（3）“对象”选项组：选择包括在块中的图形对象。单击“选择对象”按钮或“快速选择”按钮可以在绘图空间中选择对象。选择的对象有3种处理模式，分别为“保留”（创建块后选择的对象将作为简单对象保留下来），“转换为块”（所选择的对象会自动转换为块，在绘图空间中保留下来）和“删除”，（创建块后，所选实体将自动删除）。

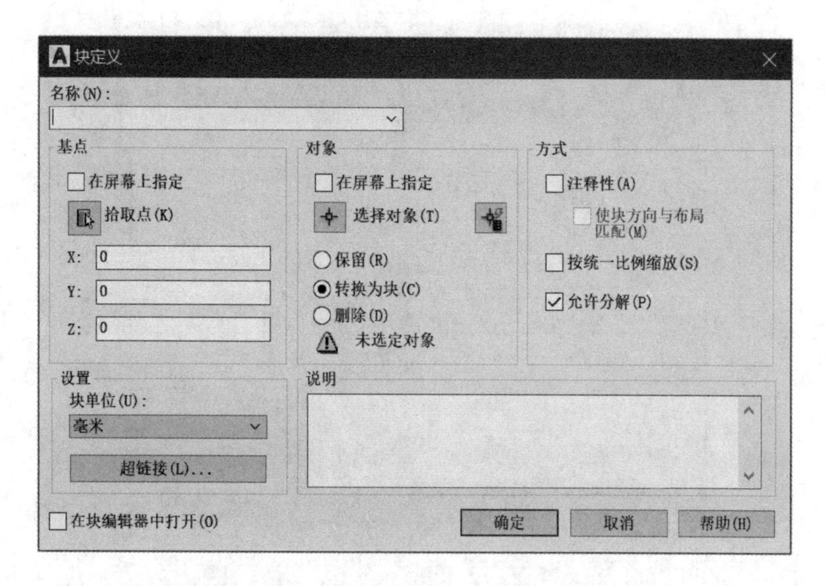

图 9-1　“块定义”对话框

（4）“方式”选项组：该选项组用于设置组成块的对象的显示方式，包括“按统一比例缩放（S）”复选框（如果勾选了该选项，将阻止对该图块进行不同坐标比例缩放的操作）和“允许分解（P）”复选框（指定块是否可以被分解）。

（5）“设置”选项组：该选项组用于设置块的单位，或插入超链接。

9.1.2　定义块文件

9.1.2.1　命令执行方式

命令行：WBLOCK/WB。

功能区：单击“插入”选项卡“块定义”面板中的“写块”按钮。

9.1.2.2　操作步骤

调用写块命令后，系统将弹出“写块”对话框，如图 9-2 所示。各选项含义说明如下。

（1）“源”选项组：确定要保存为图形文件的块或图形对象。如果选中“块（B）”单选按钮，单击右侧的下三角按钮，在下拉列表框中选择一个块，则将其保存为图形文件。如果选中“整个图形（E）”单选按钮，则把当前的整个图形保存为图形文件。如果选中“对象（O）”单选按钮，则把不属于块的图形对象保存为图形文件。对象的选取通过“对象”选项组完成。

（2）“基点”选项组：用于指定块的基点。与第 9.1.1 节创建块中的基点操作相同。

（3）“对象”选项组：用于选择所需的图形对象。与第 9.1.1 节中创建块中的对象操作相同。

（4）“目标”选项组：用于指定图形文件的名字、保存路径和插入单位。

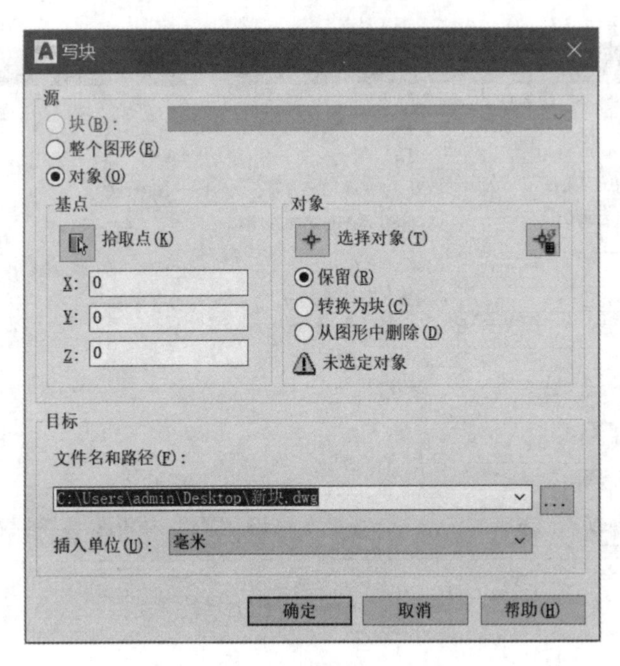

图 9-2 “写块”对话框

9.2 插入图块

在用 AutoCAD 绘图的过程中，用户可根据需要随时把已经定义好的图块或图形文件插入当前图形的任意位置，在插入的同时还可以改变图块的大小、旋转一定角度或把图块分解等。

9.2.1 命令执行方式

菜单栏：选择“插入”→“块”。

命令行：INSERT/I。

功能区：单击“默认”选项卡“块”面板中的“插入”按钮。

9.2.2 操作步骤

调用命令后，系统将弹出“插入块”对话框，如图 9-3 所示。

(1)“名称（N）”：指定要插入块的名称，或指定要作为块插入的文件名称。

(2)“浏览（B）”：打开“选择图形文件”对话框（标准文件选择对话框），从中可选择要插入的块或图形文件。

(3)“路径”：指定块的路径。

(4)“使用地理数据进行定位（G）”：插入将地理数据用作参照的图形。指定当前图形和附着的图形是否包含地理数据。此选项仅在这两个图形均包含地理数据时才可用。

(5)“插入点”：指定块的插入点。

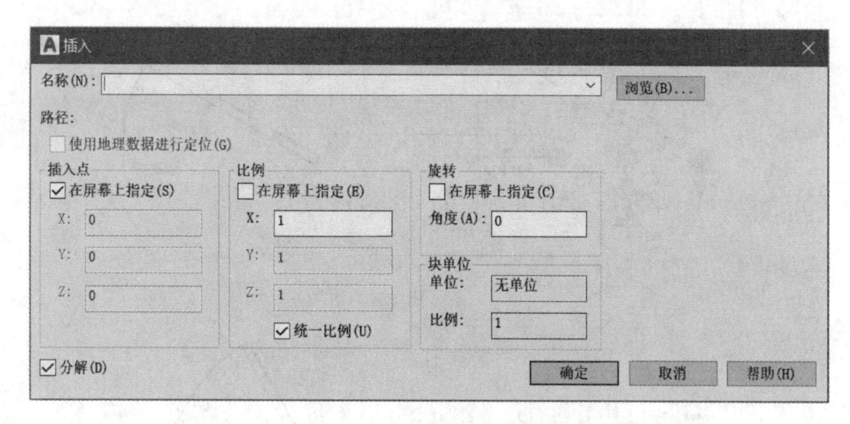

图 9-3　“插入块”对话框

(6)“在屏幕上指定（S)”：用定点设备指定块的插入点。

(7) 输入坐标：可以为块的插入点手动输入 X、Y 和 Z 坐标值。

(8)“比例”：指定插入块的缩放比例。如果指定负的 X、Y 和 Z 缩放比例因子，则插入块的镜像图像。

(9)“在屏幕上指定（E)”：用定点设备指定块的比例。

(10)“输入比例系数”：可以为块手动输入比例因子。

(11)“旋转”：在当前 UCS 中指定插入块的旋转角度。

(12)“块单位”：显示有关块单位的信息。

(13)“分解（D)”：分解块并插入该块的各个部分。选定“分解”时，只可以指定统一比例因子。

图 9-4 显示了将标高符号插入到穹顶展览馆立面图中的效果。

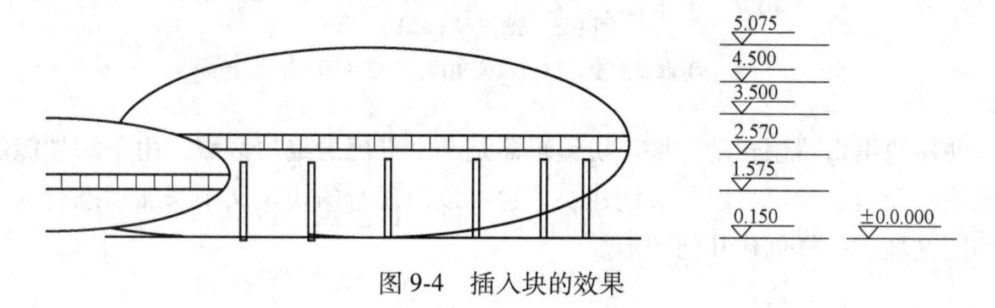

图 9-4　插入块的效果

9.3　动　态　块

当插入的图块有所不同时，需要定义不同的块，或者需要将图块分解重新进行编辑。AutoCAD 2019 中功能强大的动态图块功能使用户在操作时可以轻松地更改图形中的动态块参照，通过自定义夹点或自定义特性来操作动态块参照中的几何图形，这使得用户可以根据需要调整块，而不用分解重新编辑现有的块。

例如，用户可以创建一个可改变大小、角度和对齐方式的门挡，而无需创建多种不同大小的内部门挡，如图 9-5 所示。

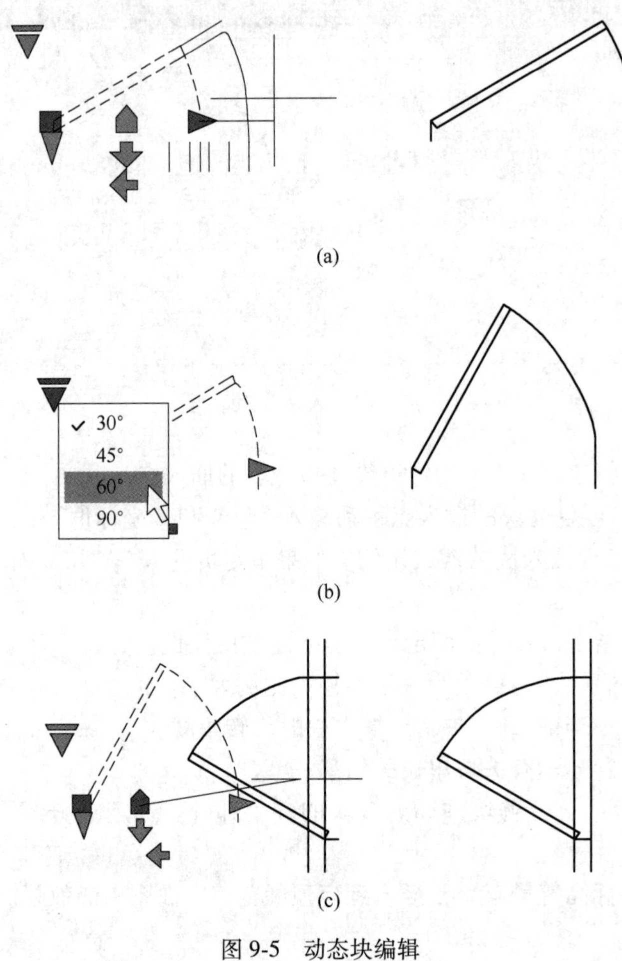

图 9-5 动态块编辑
（a）改变大小；（b）改变角度；（c）对齐块

可以使用块编辑器创建动态块。块编辑器是一个专门的编写区域，用于添加能够使块成为动态块的元素。用户可以从头创建块，也可以向现有的块定义中添加动态行为，还可以像在绘图区域中一样创建几何图形。

9.3.1 命令执行方式

菜单栏：选择“工具”→“块编辑器”。

命令行：BEDIT/BE。

功能区：单击“插入”选项卡“块”面板中的“块编辑器”按钮。

快捷菜单：选中需要编辑的块，单击右键打开快捷菜单，选择“块编辑器”。

9.3.2 操作步骤

执行上述命令后，系统打开“编辑块定义”对话框，如图 9-6 所示，在此对话框中可以输入或选择块的名称。

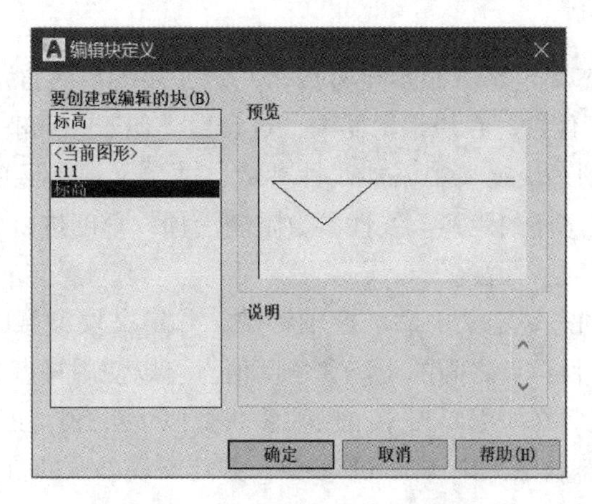

图 9-6 “编辑块定义”对话框

选择已经创建好的块“标高”，单击“确定”按钮后，系统打开“块编写”选项板和“块编辑器”选项卡，进入动态块状态，如图 9-7 所示。

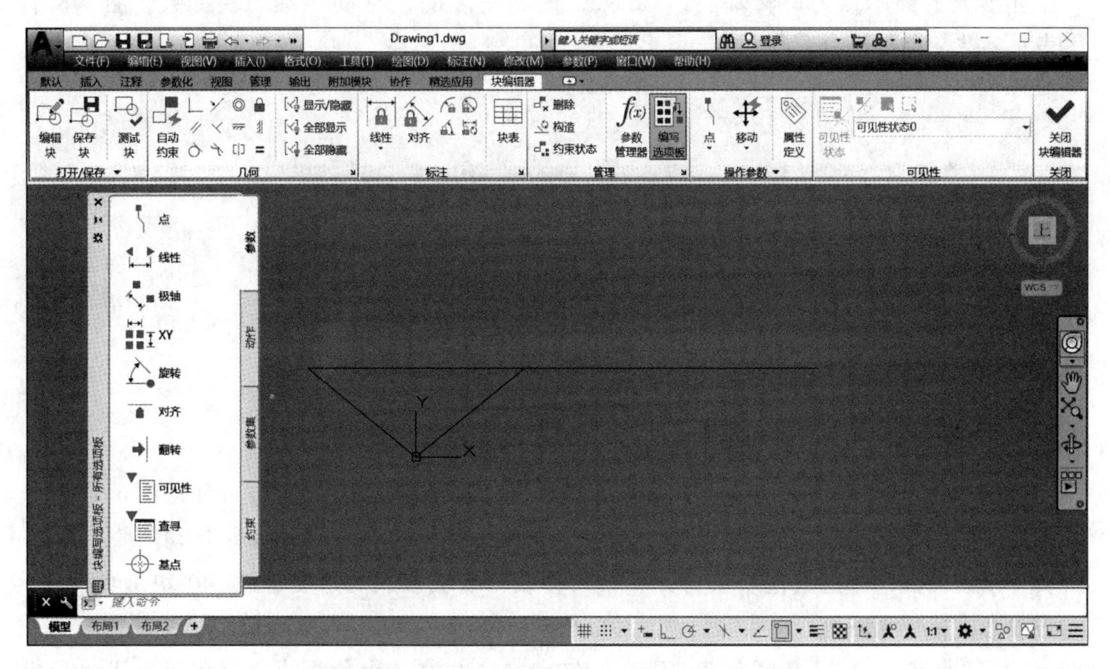

图 9-7 “块编写”选项版和“块编辑器”选项卡

“块编写选项板”包含“参数”“动作”“参数集”和“约束”4 个选项表，功能区面板显示了“块编辑器”工具栏，包括“打开/保存”“几何”“标注”“管理”“操作参数”和“可见性”等面板。以下对“块编写选项板”中的内容进行简要说明。

9.3.2.1 “参数”选项卡

提供用于向块编辑器中的动态块定义中添加参数的工具。参数用于指定几何图形在块参照中的位置、距离和角度。将参数添加到动态块定义中时，该参数将定义块的一个或多个自定义特性。

（1）“点”：向动态块定义中添加点参数，并定义块参照的自定义 X 和 Y 特性。点参数定义图形中的 X 和 Y 位置。在块编辑器中，点参数类似于一个坐标标注。

（2）“线性”：向动态块定义中添加线性参数，并定义块参照的自定义距离特性。线性参数显示两个目标点之间的距离。线性参数限制沿预设角度进行的夹点移动。在块编辑器中，线性参数类似于对齐标注。

（3）“极轴”：向动态块定义中添加极轴参数，并定义块参照的自定义距离和角度特性。极轴参数显示两个目标点之间的距离和角度值。可以使用夹点和“特性”选项板来共同更改距离值和角度值。在块编辑器中，极轴参数类似于对齐标注。

（4）“XY”：向动态块定义中添加 XY 参数，并定义块参照的自定义水平距离和垂直距离特性。XY 参数显示距参数基点的 X 距离和 Y 距离。在块编辑器中，XY 参数显示为一对标注（水平标注和垂直标注）。这一对标注共享一个公共基点。

（5）“旋转”：向动态块定义中添加旋转参数，并定义块参照的自定义角度特性。旋转参数用于定义角度。在块编辑器中，旋转参数显示为一个圆。如图 9-8 所示显示定义了以三角形最下面的点为旋转基点，默认 30°旋转角度的“标高”动态块参数。图 9-8 中 ! 表示参数与动作没有关联。

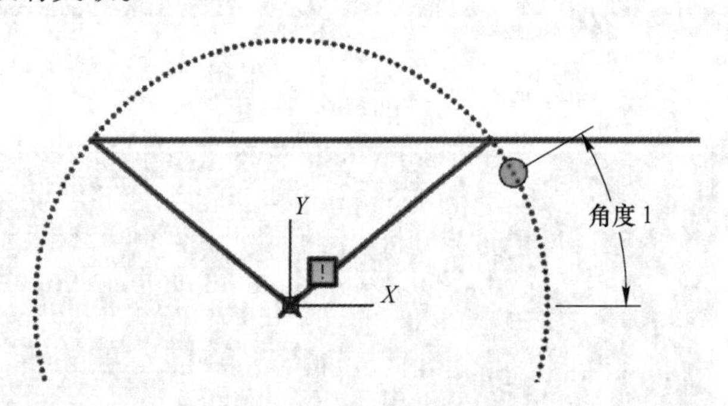

图 9-8　定义动态块参数

（6）“对齐”：向动态块定义中添加对齐参数。对齐参数定义 XY 位置和角度。对齐参数总是应用于整个块，并且无需与任何动作相关联。对齐参数允许块参照自动围绕一个点旋转，以便与图形中的其他对象对齐。对齐参数影响块参照的角度特性。在块编辑器中，对齐参数类似于对齐线。

（7）“翻转”：向动态块定义中添加翻转参数，并定义块参照的自定义翻转特性。翻转参数用于翻转对象。在块编辑器中，翻转参数显示为投影线。可以围绕这条投影线翻转对象。翻转参数将显示一个值，该值显示块参照是否已被翻转。

（8）“可见性”：向动态块定义中添加可见性参数，并定义块参照的自定义可见性特性。通过可见性参数，用户可以创建可见性状态并控制块中对象的可见性。可见性参数总是应用于整个块，并且无需与任何动作相关联。在图形中单击夹点可以显示块参照中所有可见性状态的列表。在块编辑器中，可见性参数显示为带有关联夹点的文字。

（9）“查寻”：向动态块定义中添加查寻参数，并定义块参照的自定义查寻特性。查寻参数用于定义自定义特性，用户可以指定或设定该特性，以便从定义的列表或表格中计算出某个值。该参数可以与单个查寻夹点相关联。在块参照中单击该夹点可以显示可用值的列表。在块编辑器中，查寻参数显示为文字。

（10）“基点”：向动态块定义中添加基点参数。基点参数用于定义动态块参照相对于块中的几何图形的基点。基点参数无法与任何动作相关联，但可以属于某个动作的选择集。在块编辑器中，基点参数显示为带有十字光标的圆。

9.3.2.2　“动作”选项卡

提供用于向块编辑器中的动态块定义中添加动作的工具。动作定义了在图形中操作块参照的自定义特性时，动态块参照的几何图形如何移动或变化。应将动作与参数相关联。

（1）“移动”：在用户将移动动作与点参数、线性参数、极轴参数或 *XY* 参数相关联时，将该动作添加到动态块定义中。移动动作类似于 MOVE 命令。在动态块参照中，移动动作将使对象移动指定的距离和角度。

（2）“缩放”：在用户将比例缩放动作与线性参数、极轴参数或 *XY* 参数相关联时，将该动作添加到动态块定义中。缩放动作类似于 SCALE 命令。在动态块参照中，当通过移动夹点或使用“特性”选项板编辑关联的参数时，比例缩放动作将使其选择集发生缩放。

（3）“拉伸”：在用户将拉伸动作与点参数、线性参数、极轴参数或 *XY* 参数相关联时，将该动作添加到动态块定义中。拉伸动作将使对象在指定的位置移动和拉伸指定的距离。

（4）“极轴拉伸”：在用户将极轴拉伸动作与极轴参数相关联时，将该动作添加到动态块定义中。当通过夹点或“特性”选项板更改关联的极轴参数上的关键点时，极轴拉伸动作将使对象旋转、移动和拉伸指定的角度和距离。

（5）“旋转”：在用户将旋转动作与旋转参数相关联时，将该动作添加到动态块定义中。旋转动作类似于 ROTATE 命令。在动态块参照中，当通过夹点或“特性”选项板编辑相关联的参数时，旋转动作将使其相关联的对象进行旋转。如图 9-9 所示显示了旋转动作与参数相关联，图形右下有旋转动作按钮。

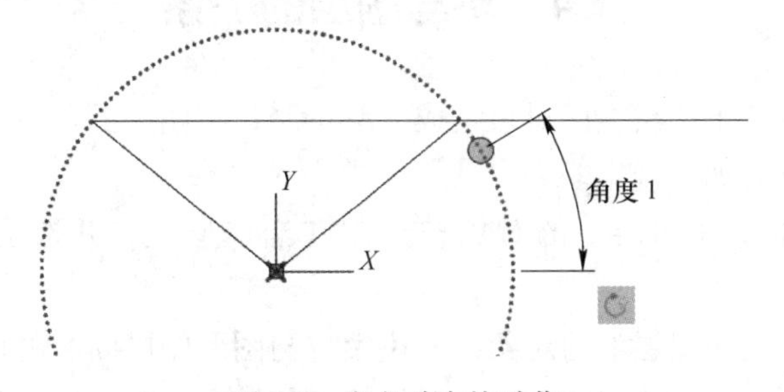

图 9-9　定义动态块动作

（6）“翻转”：在用户将翻转动作与翻转参数相关联时，将该动作添加到动态块定义中。使用翻转动作可以围绕指定的轴（称为投影线）翻转动态块参照。

（7）“阵列”：在用户将阵列动作与线性参数、极轴参数或 *XY* 参数相关联时，将该动作添加到动态块定义中。通过夹点或“特性”选项板编辑关联的参数时，阵列动作将复制关联的对象并按矩形的方式进行阵列。

（8）“查寻”：向动态块定义中添加查寻动作。向动态块定义中添加查寻动作并将其与查寻参数相关联后，创建查寻表。可以使用查寻表将自定义特性和值指定给动态块。

9.3.2.3　“参数集”选项卡

提供用于在块编辑器中向动态块定义中添加一个参数和至少一个动作的工具。将参数集添加到动态块中时，动作将自动与参数相关联。将参数集添加到动态块中后，双击黄色警告图标（或使用“BACTIONSET”命令），然后按照命令提示将该动作与几何图形选择集相关联。

（1）“点移动”：系统会自动添加与该点参数相关联的移动动作。

（2）“线性移动”：系统会自动添加与该线性参数的端点相关联的移动动作。

（3）“可见性集”：向动态块定义中添加可见性参数并允许定义可见性状态。无需添加与可见性参数相关联的动作。

（4）“查寻集”：系统会自动添加与该查寻参数相关联的查寻动作。

9.3.2.4　“约束”选项卡

应用对象之间或对象上的点之间的几何关系或使其永久保持。将几何约束应用于某一对对象时，选择对象的顺序以及选择每个对象的点可能会影响对象彼此间的放置方式。

（1）“重合”：约束两个点使其重合，或者约束一个点使其位于曲线（或曲线的延长线）上。

（2）“垂直”：使选定的直线位于彼此垂直的位置。

（3）“平行”：使选定的直线彼此平行。

（4）“相切”：将两条曲线约束为保持彼此相切或其延长线保持彼此相切。

（5）“水平”：使直线或点对位于与当前坐标系 X 轴平行的位置。

（6）其他约束与上述各项类似，因此不再赘述。

9.4　块与图层的关系

块可以由绘制在若干图层上的对象组成，AutoCAD 将图层的信息保留在块中。插入这样的块时，AutoCAD 有如下规定。

（1）块插入后位于 0 图层上的对象被绘制在当前层上，并按当前层的颜色与线型绘出。

（2）对于块中的其他图层上的对象，若块中有与图形图层同名的层，块中该层上的对象仍绘制在图中的同名上，并按图中该图层的颜色与线型绘制。块中其他图层上的对象仍在原来的层上绘出，并给当前图形增加相应的图层。

（3）如果插入的块由多个位于不同图层上的对象组成，那么冻结某一对象所在的图层后，此图层属于块上的对象就会变得不可见；当冻结插入块的当前层时，不管块中各对象处于哪一图层，整个块均变得不可见。

(4) 线型设置“By Block”，即线型为随块方式，此时作图的线型为“Continuous”。在该线型设置下绘制的对象做成块后，块成员的线型将与块插入时的当前层保持一致，但前提是在插入块时的线型为“By Layer”形式。

(5) 颜色设置为“By Block”方式后，绘图的颜色为白色，当把在该颜色设置下绘制的对象做成块后，块成员的颜色将随着块的插入而与当前层的颜色一致，但前提是在插入块时当前层的颜色应设置成“By Layer”形式。

9.5 图块的属性

在具体设计工作中，有时需要有一些块带有附加信息，如把一个椅子的图形定义为图块后，还可以把椅子的号码、材料、质量、价格以及说明等文本信息一并加入图块中。图块的这些非图形信息叫作图块的属性，它是图块的一个组成部分，与图形对象一起构成一个整体。

9.5.1 定义图块属性

9.5.1.1 命令执行方式

菜单栏：选择“绘图”→“块”→“定义属性”。

命令行：ATTDEF/ATT。

功能区：单击“插入”选项卡“块”面板中的“定义属性”按钮。

9.5.1.2 操作步骤

执行上述命令后，系统打开“属性定义”对话框，如图 9-10 所示。

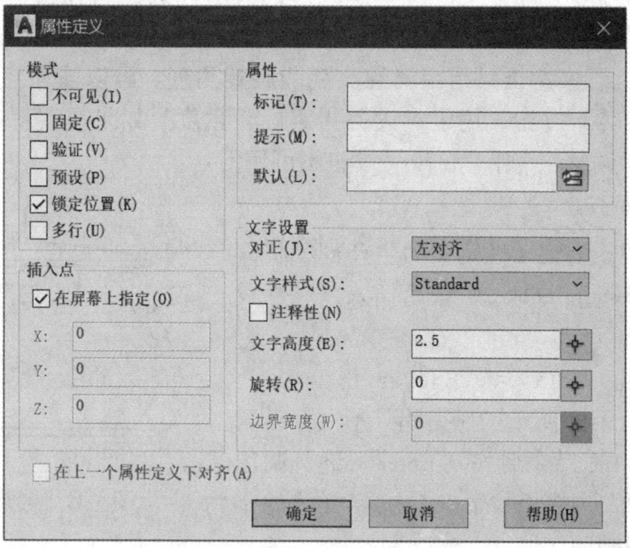

图 9-10 “属性定义”对话框

以下为“属性定义”对话框中各选项含义。

(1)“模式”选项组。

1)“不可见(I)”复选框：在插入块参照时，属性是不可见的。

2)“固定(C)”复选框：每次插入该块时，都会使用该属性值。

3)“验证(V)”复选框：在插入块时要验证该属性值。

4)“预设(P)”复选框：在定义属性时指定的属性值将被作为默认值。

5)“锁定位置(K)”复选框：用于固定插入快的位置。

6)“多行(U)”复选框：使用多行文字来标注块的属性值。

(2)“属性”选项组。

1)“标记(T)”文本框：标识图形中每次出现的属性。可以使用任何字符组合(空格除外)输入属性标记，字母不分大小写。

2)“提示(M)”文本框：指定在插入包含该属性定义的块时显示的提示。如果不输入提示，系统会自动将属性标记用作提示。如果在“模式”选项组中选择“固定”模式，“提示”文本框将不可用。

3)“默认(L)”文本框：指定默认属性值。

(3)“插入点”选项组。

勾选“在屏幕上指定”复选框，则在屏幕上用十字光标指定插入点。取消勾选“在屏幕上指定”复选框，可以输入属性插入点的X、Y、Z坐标。

(4)“文字设置”选项组。

1)“对正(J)”下拉列表框：指定属性文字的对正方式。

2)“文字样式(S)”下拉列表框：指定属性文字的预定义样式。

3)“文字高度(E)”文本框：指定属性文字的高度。可以输入文字的高度值，或单击输入框右侧的“文字高度”按钮，用定点设备指定高度。此高度为从原点到指定位置的测量值。如果选择有固定高度(任何非0值)的文字样式，或者在“对正”下拉列表框中选择“对齐”，则“文字高度”按钮不可用。

4)“旋转(R)”文本框：指定属性文字的旋转角度。可以输入旋转角度值，或单击输入框右侧的“旋转”按钮，用定点设备指定旋转角度。如果在“对正”下拉列表框中选择“对齐”或“调整”，则“旋转”按钮不可用。

9.5.1.3 实例

将图9-11中的压力锅属性定义为生产商，将其定义为压力锅“pressure-cooker”块后插入，属性设置为“SUPOR”。

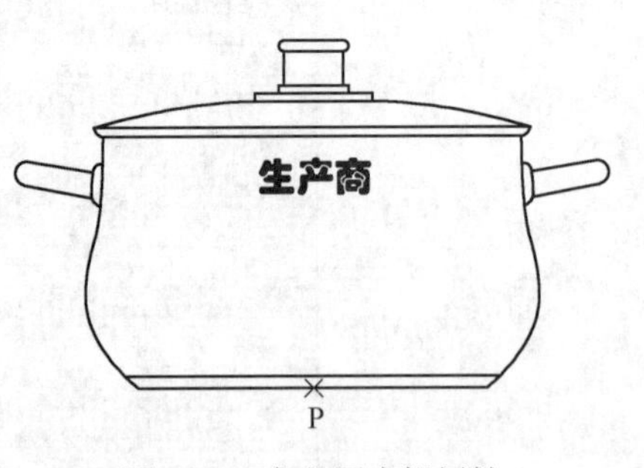

图9-11 定义压力锅属性

操作步骤如下。

(1) 绘制如图9-11所示的压力锅外形图。

(2) 输入STYLE命令后按“Enter”键，调用“文字样式”对话框，将“Standard”文字样式的字体修改为“华文琥珀”。

(3) 输入ATTDE命令后按“Enter”键，调用“属性定义”对话框，对话框参数设置如图 9-12 所示。选择“在屏幕上指定”复选框，在绘图区拾取属性插入点。

（4）完成属性定义后，单击“确定”按钮，在图形上单击选择属性为插入点，得到如图 9-12 所示属性。

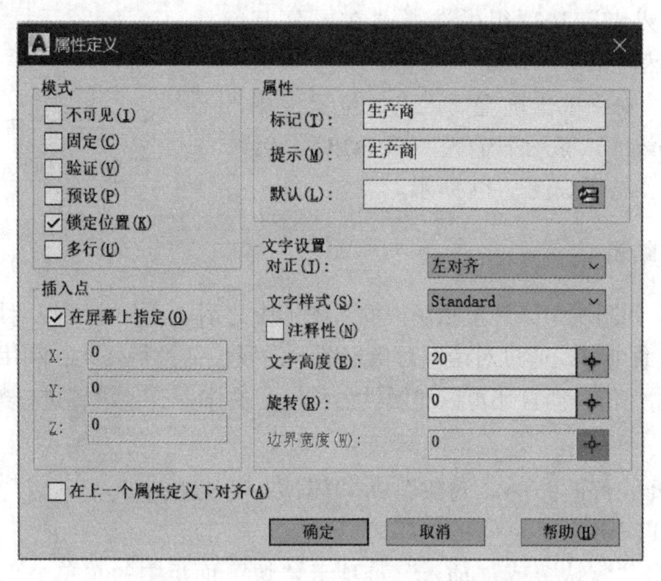

图 9-12　“属性定义”对话框的参数设置

（5）输入 BLOCK 命令后按“Enter”键，调用“定义块”对话框，输入块名“pressure-cooker”，拾取图形底部中心点 P 为基点，选择创建块的对象，包括图形及属性。

（6）设置完毕后，单击“确定”按钮，屏幕出现“编辑属性”对话框，如图 9-13 所示，此时可以改变属性值，如不改变，输入生产商即可完成创建块。

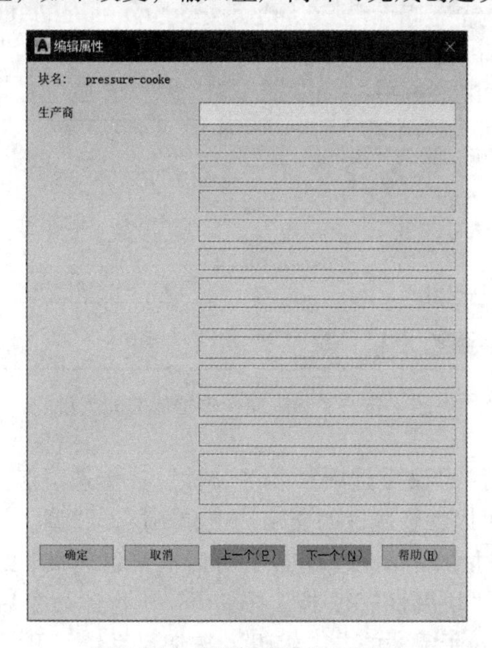

图 9-13　“编辑属性”对话框

（7）在命令行提示下输入 INSERT 命令后按“Enter”键，打开“插入”对话框，选取块“pressure-cooker”。

（8）在“插入点”选项组中选择“在屏幕上指定”复选框，然后单击“确定”按钮。

（9）在绘图窗口中单击确定插入点的位置，并在命令行的“生产商”提示下输入“SUPOR”，然后按“Enter”键，结果如图 9-14 所示。

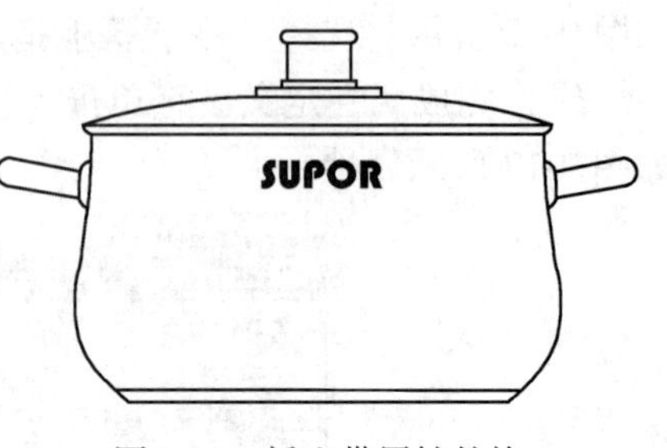

图 9-14　插入带属性的块

9.5.2　图块属性编辑

当属性被定义到图块中，甚至图块被插入图形中之后，用户还可以对属性进行编辑。利用“EATTEDIT”命令可以通过对话框对指定图块的属性值进行修改；利用“EATTEDIT”命令不仅可以修改属性值，而且还可以对属性的位置、文本等其他设置进行编辑。

9.5.2.1　执行方式

菜单栏：选择“修改”→“对象”→“属性”→“单个”。

命令行：EATTEDIT。

功能区：单击“默认”或“插入”选项卡“块”面板中的“单个”按钮。

快捷方式：双击块的属性。

9.5.2.2　操作步骤

执行上述命令并选定块参照后，系统将弹出“增强属性编辑器”对话框，如图 9-15 所示。

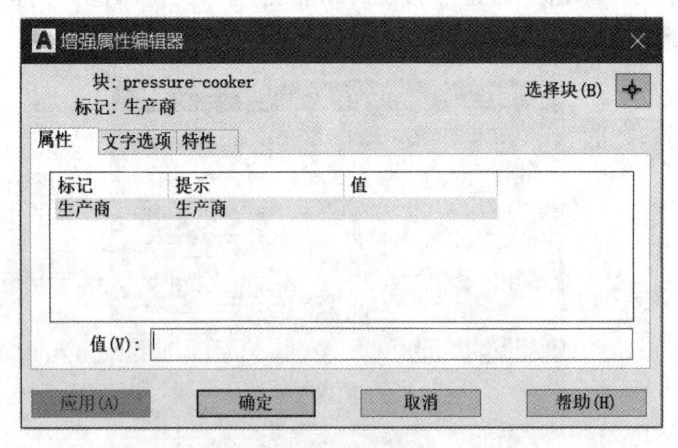

图 9-15　“增强属性编辑器”对话框

该对话框包括“属性”“文字选项”和“特性”三个选项卡。因此，利用该对话框不仅可以编辑属性值，还可以编辑属性的文字选项和图层、线型、颜色等特性值。

另外用户还可以通过“块属性管理器”对话框来编辑属性，方法是：单击“默认”选项卡“块”面板中的“块属性管理器”按钮。执行此命令后，系统打开“块属性管理器”对话框，如图 9-16 所示。单击“编辑”按钮，系统打开“编辑属性”对话框，用户可以进行编辑属性，如图 9-17 所示。

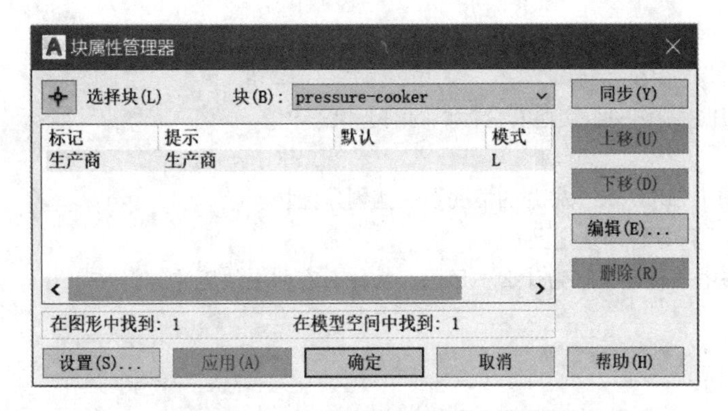

图 9-16　“块属性管理器”对话框

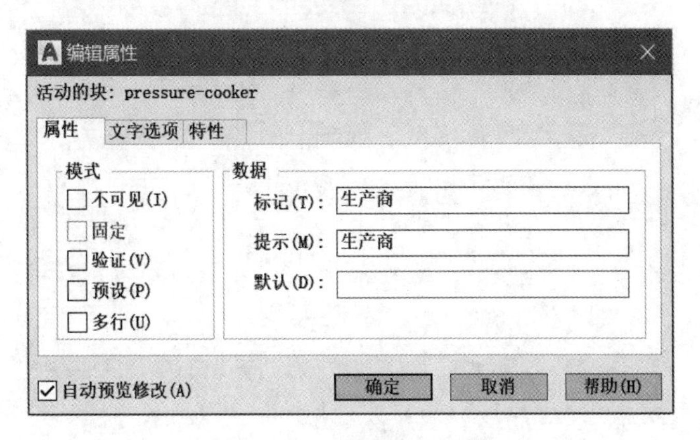

图 9-17　“编辑属性”对话框

习　题

9-1　选择题

1. 使用“块”的优点包括（　　）。

   A　节约绘图时间　　B　方便修改　　C　节约存储空间　　D　以上都是

2. 对外部块的描述不正确的是（　　）。

   A　用“Wblock”命令建立外部块

   B　外部块的文件扩展名为 dwg

   C　外部块用“Insert”命令可以插入到当前图形文件中

   D　外部块只能插入到当前文件

3. 下面哪一项不能用“块属性管理器”进行修改（　　）。

   A　属性值的可见性　　B　默认属性值

   C　单一的块参照属性值　　D　属性图层

9-2　填空题

1. 图块是一组图形实体的总称，分为________和________两种。

2. 写块的快捷命令是________。

3. 定义块的操作包括指定________中的图形以及将该块插入在图形中________时需要的基准参考点。后者在 AutoCAD 中简称为“________”。该点的作用是在插入块时，确定块在图形中的位置。若不指定此点，AutoCAD 将把当前坐标系统________作为插入基点。

9-3 练习题

在网上搜索图片，制作一组交通安全标识的动态块。

9-4 思考题

1. 如何在不调用“BLOCK”命令的情况下快速创建图块？
2. 如何对图块进行分解和重定义？
3. CAD 属性快中的属性文字为什么不显示？为什么有些图块无法编辑？

10 三维建模基础

三维图形不仅具有较强的真实感，而且可以从任意角度对图形进行观察，目前三维CAD的使用已逐渐成为主流。相对于二维XY平面视图，三维视图多了一个维度，不仅有XY平面，还有ZX平面和YZ平面。因此，可以通过三维空间和视觉样式的切换从不同角度观察图形。AutoCAD提供了强大的三维图形功能，其创建的实体模型还可以查询对象的体积、质心等参数。要使用AutoCAD的三维功能，最好将工作空间更改为“三维建模”或“三维基础”。

10.1 三维几何模型分类

在AutoCAD中，用户可以创建3种类型的三维模型，即线框模型、表面模型及实体模型。每种模型都有各自的创建和编辑方法，以及不同的显示效果。以下对三种模型的特点进行简单的介绍。

10.1.1 线框模型

线框模型是一种轮廓模型，如图10-1（a）所示，主要描述三维对象的三维直线和曲线轮廓。在AutoCAD中，可以通过在三维空间绘制点、线、曲线的方式得到线框模型。要注意的是，线框模型虽然具有三维的显示效果，但实际上由线构成，没有面和体的特征，既不能对其进行面积、体积、重心、转动质量和惯性矩形等计算，也不能进行着色、渲染等操作。

10.1.2 曲面模型

曲面模型是由厚度为零的表面拼接组合而成的三维模型效果，只有表面而没有内部填充。AutoCAD的表面模型分为曲面模型和网格模型，曲面模型是连续曲率的单一表面，而网格模型是用许多多边形网格来拟合曲面，如图10-1（b）所示。曲面模型适合于构造不规则的曲面模型，如模具、发动机叶片、汽车等复杂零件的表面。对于网格模型，多边形越密，曲面的光滑程度就越高。此外，由于表面模型更具有面的特征，因此可以对它进行计算面积、隐藏、着色、渲染等操作。

10.1.3 实体模型

实体模型具有实物的全部特征，具有体积、重心等特性，可以对它进行隐藏、剖切、装配干涉检查等操作，还可以对具有基本形状的实体进行并、交、差布尔运算，以构造复杂的实体模型，如图10-1（c）所示。

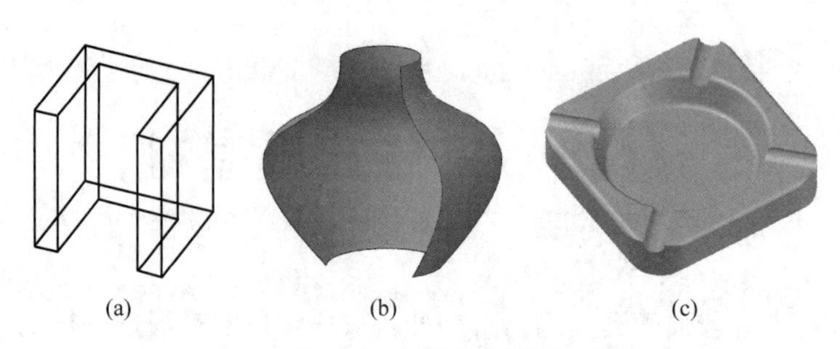

图 10-1 三维几何模型

(a) 线框模型；(b) 曲面模型；(c) 实体模型

10.2 三维坐标系

10.2.1 三维坐标系的形式

在三维建模中，AutoCAD 的坐标形式包括 3 种：笛卡尔坐标、柱坐标和球坐标，见表 10-1。

表 10-1 三维坐标系及其格式

坐标系	三维笛卡尔坐标	柱坐标	球坐标
定义方式	用 X、Y、Z 坐标来定义空间点的位置	通过空间点在 XY 平面的投影到坐标原点的距离，投影点与原点连线和 X 轴的夹角，以及 Z 坐标来定义空间点的位置	由空间点到坐标原点的距离、空间点在 XY 平面上的投影与坐标原点连线和 X 轴夹角、空间点与坐标原点的连线和 XY 平面的夹角 3 个参数来定义空间点的位置
格式	绝对坐标：X，Y，Z 相对坐标：@ X，Y，Z	绝对坐标：投影长度<夹角大小<，Z 坐标 相对坐标：@ 投影长度<夹角大小<，Z 坐标	绝对坐标：距离<与 X 轴正向的夹角<与 XY 平面所成的角度 相对坐标：@ 距离<与 X 轴正向的夹角<与 XY 平面所成的角度
示例	绝对坐标：12，23，17 相对坐标：@ 12，23，17	绝对坐标：10<60，8 相对坐标：@ 10<60，8	绝对坐标：10<45<30 相对坐标：@ 10<45<30

10.2.2 创建用户坐标系

AutoCAD 2019 除了支持系统默认的世界坐标系（WCS）外，还支持用户自己创建坐标系，即用户坐标系（UCS）。UCS 是可用于坐标输入、更改绘图平面的一种可移动的坐标系统，通过定义用户坐标系可以更改原点的位置、XY 平面及 Z 轴的方向。用户可以根据需要创建无限多的 UCS。

10.2.2.1 命令执行方式

菜单栏：选择“工具”→“新建 UCS”→选择一种创建方式。

命令行：UCS。

功能区：单击“常用”选项卡“坐标”面板中的相关创建按钮（注：该操作基于

“三维建模”或“三维基础”工作空间，后续不在说明）。

10.2.2.2 操作步骤

命令：UCS↙

当前 UCS 名称：*世界*

指定 UCS 的原点或［面(F)/命名(NA)/对象(OB)/上一个(P)/视图(V)/世界(W)/X/Y/Z/Z 轴(ZA)］<世界>：

UCS 创建方式如图 10-2 所示，各选项的含义如下。

（1）“指定 UCS 的原点（N）”：使用一点、两点或三点定义一个新的 UCS。如果指定单个点，当前 UCS 的原点将会移动而不会更改 X、Y 和 Z 轴的方向。

（2）“面（F）”：将 UCS 与三维实体的选定面对齐。要选择一个面，可在此面的边界内或面的边上单击，被选中的面将高亮显示，UCS 的 X 轴将与找到的第一个面上的最近的边对齐，坐标原点为最靠近的顶点。根据系统提示和“动态输入”菜单还可以控制新 UCS 的原点位置和坐标方向。

（3）“命名（NA）”：按名称保存并恢复经常使用的 UCS，也可以按名称删除不再使用的 UCS 并检索命名过的 UCS。

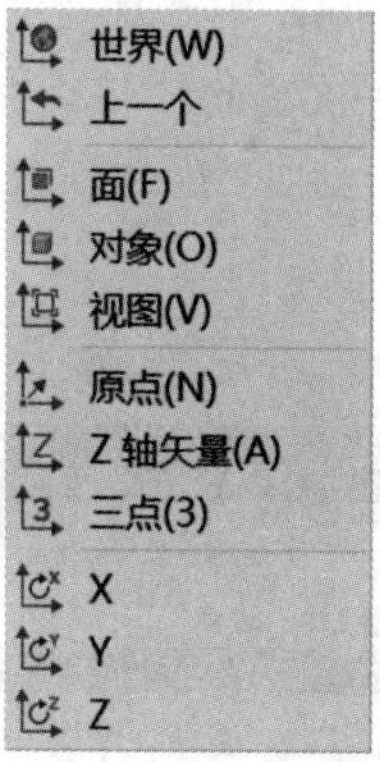

世界(W)
上一个
面(F)
对象(O)
视图(V)
原点(N)
Z 轴矢量(A)
三点(3)
X
Y
Z

图 10-2 UCS 创建方式

（4）“对象（OB）”：根据选定的三维对象定义新的坐标系。该选项不能用于三维多段线、三维网格和构造线。

对于大多数对象，新 UCS 的原点位于离选定对象最近的顶点处，并且 *X* 轴与一条边对齐或相切。对于平面对象，UCS 的 *XY* 平面与该对象所在的平面对齐。对于复杂对象，将重新定位原点，但是轴的当前方向保持不变。

（1）“上一个（P）”：恢复上一个 UCS。AutoCAD 2019 可以保存创建的最后 10 个坐标系。重复“上一个”选项可以逐步返回到以前的一个 UCS。

（2）“视图（V）”：以垂直于观察方向（平行于屏幕）的平面为 XY 平面，建立新的 UCS，原点保持不变。

（3）“世界（W）”：将当前坐标系设置为世界坐标系。世界坐标系是所有用户坐标系的基准，不能被重新定义。它也是 UCS 命令的默认选项。

（4）“X/Y/Z 选项”：绕指定轴旋转当前 UCS。

（5）“Z 轴（ZA）”：定义 Z 轴正向来确定 UCS。

10.2.3 命名用户坐标系

用户可以使用“命名 UCS”对话框进行 UCS 管理和设置。

10.2.3.1 命令执行方式

菜单栏：选择“工具”→“命名 UCS”。

命令行：UCSMAN/UC。

功能区：单击“常用”选项卡“坐标”面板中的“UCS，命名 UCS”按钮。

10.2.3.2 操作步骤

执行上述方式，打开 UCS 管理器。该对话框有 3 个选项卡：命名 UCS、正交 UCS 和设置。

A 命名 UCS 选项卡

如图 10-3 所示，“命名 UCS”选项卡列出了系统中目前已有的坐标系。选中一个坐标系并单击“置为当前”按钮，可以把它设置为当前坐标系。单击“详细信息”按钮可以查看该坐标系的详细信息。

B “正交 UCS”选项卡

如图 10-4 所示，该选项卡列出了预设的正交 UCS，正交的基准面用来定义新 UCS 的 XY 平面，选中一个预设的 UCS，单击“置为当前”按钮，可将其设置为当前的 UCS，也可以单击“详细信息”按钮查看详细信息，还可以从相对于下拉列表框中选择新建 UCS 的参照坐标系。

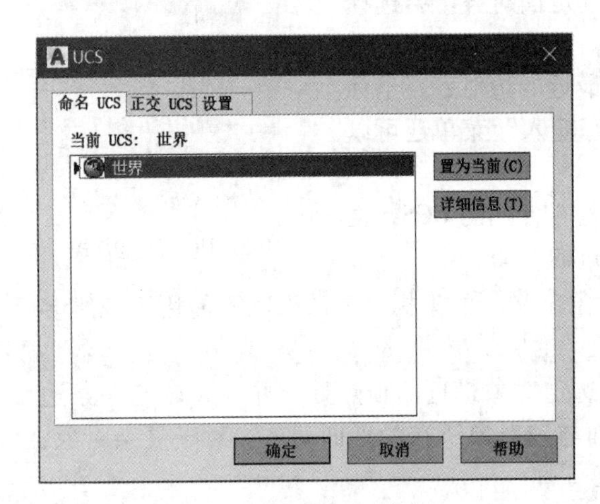

图 10-3 “命名 UCS”选项卡

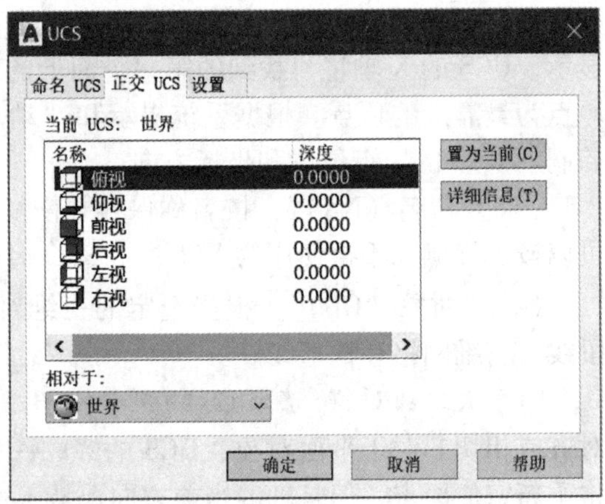

图 10-4 “正交 UCS”选项卡

C “设置”选项卡

该选项卡由“UCS 图标设置”和“UCS 设置”选项组成，如图 10-5 所示。

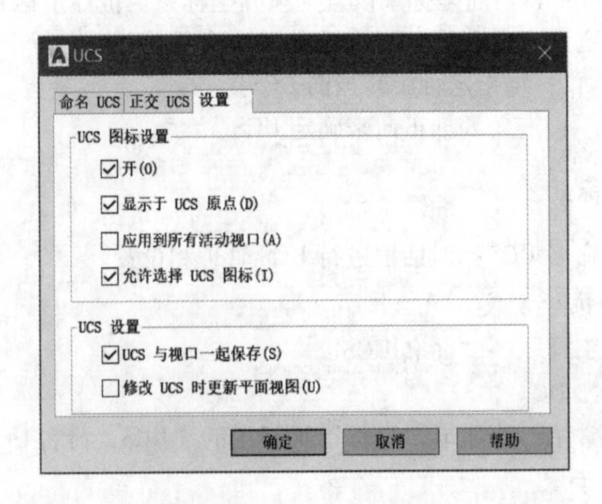

图 10-5 “设置”选项卡

（1）“UCS 图标设置”选项组。

1）“开（O）”复选框：控制是否在屏幕上显示 UCS 图标。

2）“显示于 UCS 原点（D）”复选框：控制 UCS 图标是否显示在坐标原点上。

3）“应用到所有活动视口（A）”复选框：控制是否把当前 UCS 图标的设置应用到所有活动视口。

（2）“UCS 设置”选项组。

1）“UCS 与视口一起保存（S）”复选框：控制是否把当前的 UCS 设置与视口一起保存。

2）“修改 UCS 时更新平面视图（U）”复选框：控制当 UCS 改变时，是否恢复平面视图。

10.3　三维显示与观察

AutoCAD 2019 具有强大的显示功能，利用三维观察和导航工具，可以在图形中导航、为指定视图设置相机、创建预览动画及录制路径动画，可以对三维模型进行动态观察、漫游和飞行等操作。

10.3.1　视图管理器

10.3.1.1　命令执行方式

命令行：VIEW。

功能区：单击“可视化”选项卡“命名视图”面板中的“视图管理器”按钮。

10.3.1.2　操作步骤

执行上述操作后，系统调出“视图管理器”对话框，如图 10-6 所示。用户从中可以选择要显示的视图，单击“置为当前”按钮把它设置为当前视图。执行该操作也可以单击“视图”中“三维视图”菜单或单击“视图”工具栏上的相应按钮来完成。

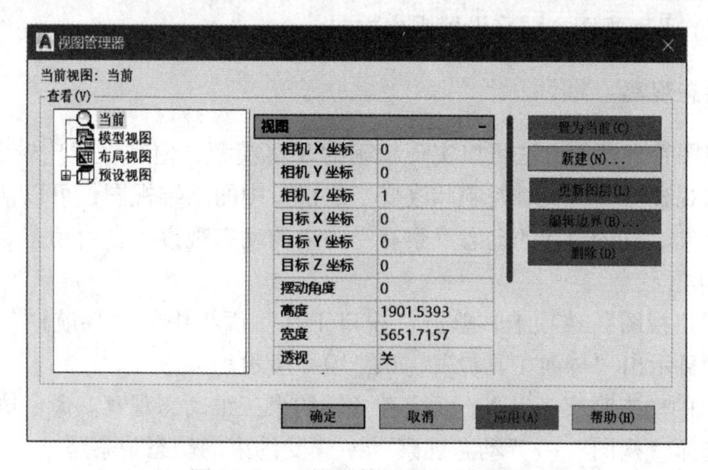

图 10-6　“视图管理器”对话框

三维视图可分为标准正交视图和等轴测视图。标准正交视图：俯视、仰视、主视、左视、右视和后视；等轴测视图：SW（西南）等轴测、SE（东南）等轴测、NE（东北）等轴测和NW（西北）等轴测。

通过视图管理器，用户可以根据需要新建视图或删除选定的视图，更新与选定的视图一起保存的图层信息，使其与当前模型空间和图纸空间中的图层可见性匹配，以及显示命名视图的边界。

10.3.2 视点预设

视点表示用户观察图形和模型的方向。默认的视点坐标是（0，0，1）。用户可以通过视点预置来改变视点坐标。“视点预设”对话框使用两个参数定义视点：一是视点与坐标原点的连线在XY平面上投影与X轴的夹角，另一个是连线与XY平面的夹角。

10.3.2.1 命令执行方式

命令行：DDVPOINT或VPOINT/VP。

10.3.2.2 操作步骤

执行上述命令后，弹出“视点预设”对话框，如图10-7所示。对话框中的左侧图形代表视点与坐标原点连线在XY平面投影与X轴正向的夹角，右侧图形代表连线与XY平面的夹角。

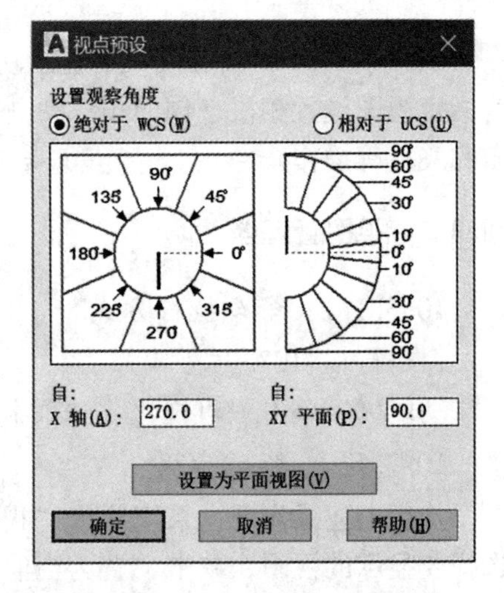

图10-7 “视点预设”对话框

（1）“绝对于WCS(W)”单选按钮：表示视点参照世界坐标系定义。

（2）“相对于UCS(U)”单选按钮：表示视点参照用户坐标系定义。

（3）“自X轴(A)”文本框：设置与X轴的夹角。

（4）“自XY平面(P)”文本框：设置与XY平面的夹角。

（5）“设置为平面视图(V)”按钮：以能观察到参照坐标系的XY平面视图方向来设置观察方向。

10.3.3 三维动态观察

虽然利用视图管理器等方法可以实现精确的观察模型，但其设置比较繁琐。AutoCAD提供的三维动态观察器可以实时控制和改变当前视口中的三维视图，可以任意方向或查询模型中的任意对象。AutoCAD的动态观察有受约束的动态观察、自由动态观察和连续动态观察三种方式。

选择功能区“视图”选项卡，单击“视口工具”面板中的“导航栏”按钮，可以在绘图区域的右侧显示出“导航工具栏”，如图10-8所示。

（1）受约束的动态观察：沿XY面或者Z轴约束三维动态观察。命令执行方式如下。

菜单栏：选择“视图”→“动态观察”→“受约束的动态观察”。

命令行：3DORBIT/3DO或ORBIT。

工具栏：单击“三维导航”工具栏中的“受约束的动态观察”按钮。

执行以上操作后，三维动态观察器显示一个弧线球，在屏幕上移动光标即可旋转观察三维模型。

（2）自由动态观察：允许用户以任意方向进行动态观察。命令执行方式如下。

菜单栏：选择“视图”→“动态观察”→“自由动态观察”。

命令行：3DFORBIT。

工具栏：单击“三维导航”工具栏中的“自由动态观察”按钮。

执行以上操作后，三维动态观察器显示一个绿色的大圆（导航球），且被4个小圆分成4个区域，移动光标在绿色大圆内外和移动到大圆上下、左右的小圆内时，分别对应不同的旋转方式，可实现不同的三维观察方式，如图10-9所示。

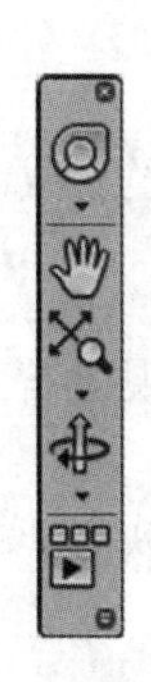

图10-8　导航工具栏

图10-9　三维动态观察器

（3）连续动态观察：允许沿任意方向进行连续动态观察。命令执行方式如下。

菜单栏：选择“视图”→“动态观察”→“连续动态观察”。

命令行：3DCORBIT。

工具栏：单击“三维导航”工具栏中的“连续动态观察”按钮。

执行以上操作后，在绘图窗口按住鼠标左键并任意拖动，放开鼠标后，模型沿拖动方向继续旋转运动。鼠标运动的速度决定了模型的旋转速度。

10.3.4　ViewCube

ViewCube是用户在二维模型空间或三维视觉样式中处理图形时显示的导航工具，如图10-10所示，它是AutoCAD 2009版本后的新增功能。通过ViewCube，用户可以在标准视图和等轴测视图间切换。显示ViewCube时，它将显示在模型上绘图区域中的一个角上，且处于非活动状态。ViewCube工具将在视图更改时提供有关模型当前视点的直观反映。当光标放置在ViewCube工具上时，它将变为活动状态。用户可以拖动或单击ViewCube、切换至可用预设视图、滚动当前视图或更改为模型的主视图，操作起来非常灵活方便。

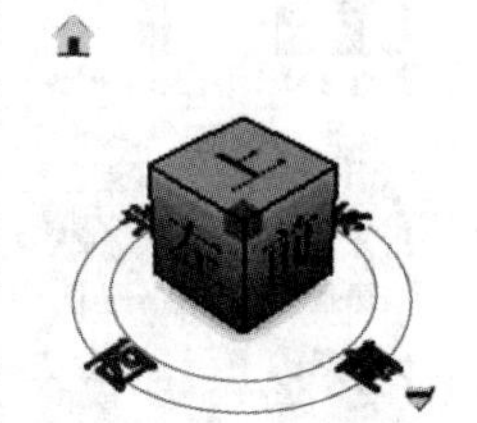

图10-10　ViewCube

ViewCube以不活动状态或活动状态显示。当处于非活动状态时，默认情况下会显示为部分透明，使其不遮挡模型的视图。当处于活动状态时，它是不透明的，可能会遮挡模型当前视图中的对象视图。

除了可以控制 ViewCube 在处于非活动状态时的不透明度级别，还可以控制 ViewCube 的大小、位置、UCS 菜单的显示、默认方向和指南针显示。其中，指南针显示在 ViewCube 下方，用于指示为模型定义的北向。可以单击指南针上的基本方向字母以旋转模型，也可以单击并拖动指南针环以交互方式围绕轴心点旋转模型。

10.4　视觉样式

视觉样式用于观察三维实体模型在不同视觉下的显示效果。视觉样式是一组自定义设置，用来控制当前视口中三维实体和曲面的边、着色、背景和阴影等的显示。在 AutoCAD 2019 中，系统提供了 10 种视觉样式。

10.4.1　执行方式

菜单栏：选择“视图”→“视觉样式”→选择一种视觉样式（见图 10-11）。

命令行：VISUALSTYLES。

功能区：单击“可视化”选项卡的“视觉样式”面板中“视觉样式”下拉按钮，然后选择一种视觉样式。

单击“常用”选项卡“视图”面板的“视觉样式”下拉按钮，然后选择一种视觉样式。

10.4.2　操作步骤

在执行 VISUALSTYLES 命令后，系统将弹出“视觉样式管理器”面板，如图 10-12 所示。该面板用来修改和设置视觉样式，并将其应用到当前视图。

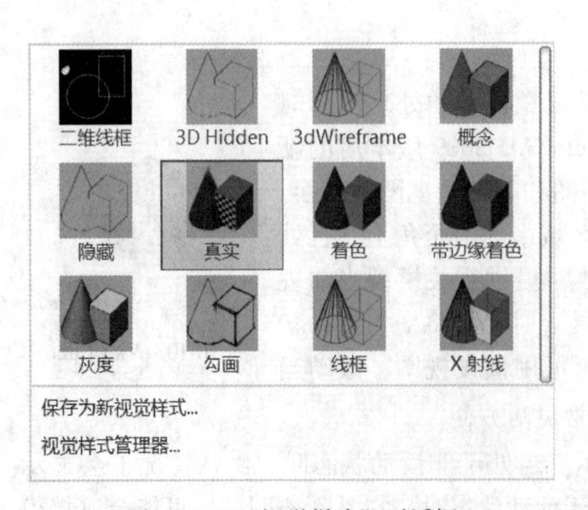

图 10-11　“视觉样式”对话框

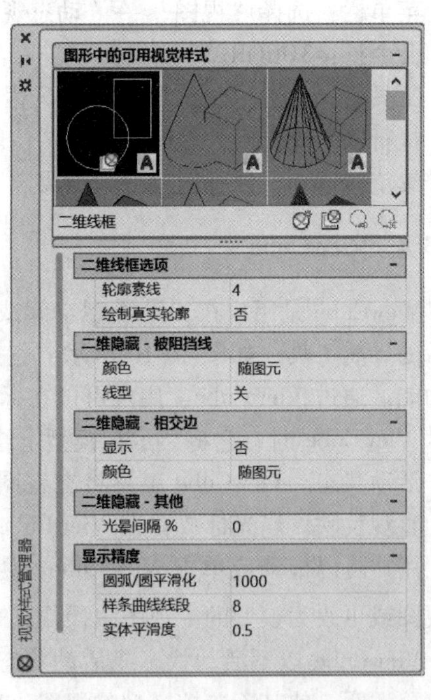

图 10-12　“视觉样式管理器”面板

“视觉样式管理器”包含图形中可用的视觉样式的样例图像面板和以下特性面板。

(1)“面设置”：控制面在视口中的外观。“亮显强度”按钮：将“亮显强度”的值从正值更改为负值，反之亦然。“不透明度”按钮：将“不透明度”的值从正值更改为负值，反之亦然。面样式：定义面和实体填充以及渐变图案填充上的着色。光源质量：设置为三维实体的面和当前视口中的曲面插入颜色的方法。颜色：控制面上颜色的显示。不透明度：控制面在视口中的不透明度或透明度。

(2)“环境设置”：控制阴影和背景。阴影：控制阴影的显示。在“图形性能”对话框中，单击“硬件加速”按钮。背景：控制背景是否显示在视口中。

(3)“边设置”：控制如何显示边。显示：将边显示设定为“镶嵌面边”“素线”或“无”；颜色：设定边的颜色。

(4)“边修改器”：控制应用到所有边模式(“无”除外)的设置。线延伸：将线延伸至超过其交点，以达到手绘的效果。该按钮可以打开和关闭外伸效果。突出效果打开时，可以更改设置；“抖动”按钮和设置：使线显示出经过勾画的特征；折痕角：设定面内的镶嵌面边不显示的角度，以达到平滑的效果。VSEDGES 系统变量设置为显示镶嵌边时该选项可用；光晕间隔 %：指定一个对象被另一个对象遮挡处要显示的间隔大小。选择概念视觉样式或三维隐藏视觉样式或者基于二者的视觉样式时，该选项可用。如果光晕间隔值大于 0(零)，将不显示轮廓边。

(5)“轮廓边”：控制应用到轮廓边的设置。轮廓边不显示在线框或透明对象上。显示：控制轮廓边的显示；宽度：指定轮廓边显示的宽度。

(6)“光源设置”：控制与光源相关的效果。曝光控制：控制亮显在无材质的面上的大小；阴影显示：控制视口中阴影的显示。关闭阴影以增强性能。

10.4.3 视觉样式的说明

各视觉样式含义以及显示效果见表 10-2。

表 10-2 视觉样式及其示例

视觉样式	说明	示例
二维线框	二维线框视觉样式是通过直线和曲线表示对象边界的显示方法。光栅图像、OLE 对象、线型和线宽均可见	
线框	仅使用直线和曲线显示三维对象，不显示二维实体对象的绘制顺序设置和填充。与二维线框视觉样式的情况一样，更改视图方向时，线框视觉样式不会导致重新生成视图。节省运算时间	
隐藏(消隐)	隐藏样式是用三维线框表示的对象，可将不可见的线条隐藏起来	

续表 10-2

视觉样式	说　明	示　例
真实	真实样式会将对象边缘平滑化，显示已附着到对象的材质	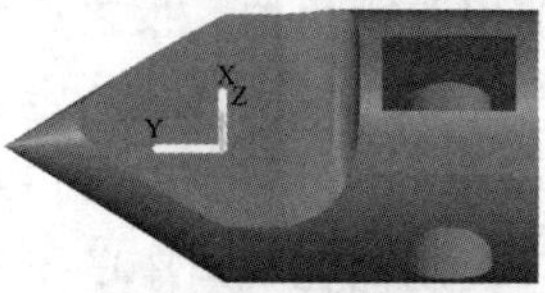
概念	概念样式是使用平滑着色和古式面样式显示对象的方法，它是一种冷色和暖色之间的过渡，而不是从深色到浅色的过渡。虽然效果缺乏真实感，但是可以更加方便地查看模型的细节	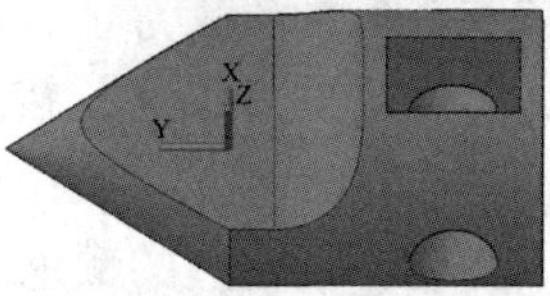
着色	使用平滑着色显示对象	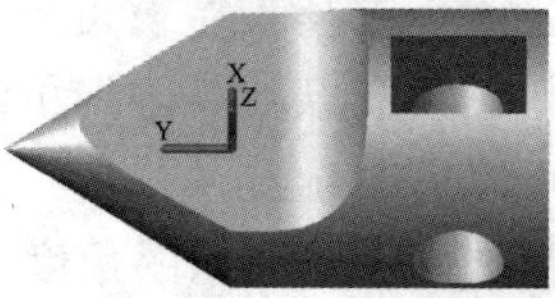
带边缘着色	使用平滑着色和可见边显示对象	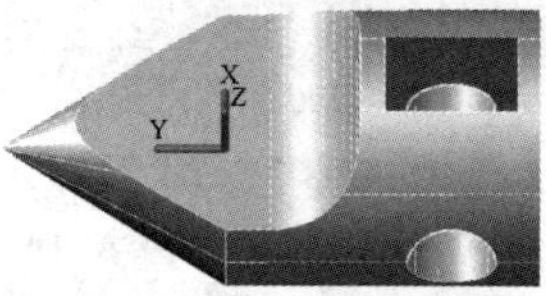
灰度	使用平滑着色和单色灰度显示对象	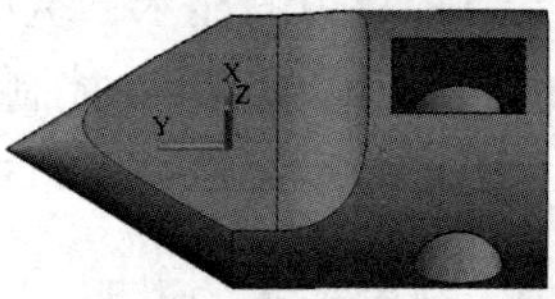
勾画	使用线延伸和抖动边修改器显示手绘效果的对象	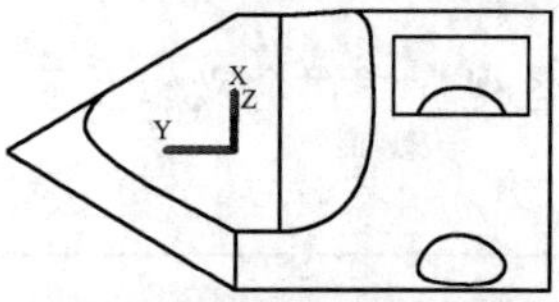
X 射线	以局部透明度显示对象	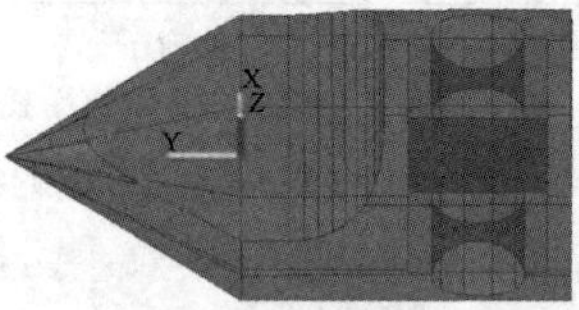

10.5　多视口管理

视口用来显示模型的不同区域。使用模型空间可以将绘图区域拆分成一个或多个相邻的矩形视口，称为模型空间视图。在大型或复杂的图形中，显示不同的视口可以缩短在单一视口中缩放或平移的时间。例如使用一个视口显示图形的整体形态，而另一个视口放大一个区域进行编辑。在模型空间中创建多视口，目的是为了方便观察和绘制图形。

在 AutoCAD 2019 模型空间上创建的视口会充满整个绘图区域并且相互之间不重叠。

在一个视口中作出修改后，其他视口也会立即更新。在 AutoCAD 2019 中文版图纸空间（布局空间）中创建多视口，目的是便于进行图纸的合理布局，用户可以对任何一个视口进行复制、移动等操作，方便用户从不同的角度观察同一个三维实体对象。

10.5.1　多视口设置

10.5.1.1　执行方式

菜单栏：选择“视图”→“视口”→直接选择一个、两个、三个或者四个视口创建方式。

命令行：VPORTS。

功能区：单击“可视化”选项卡“模型视口”面板中的“视口配置”下拉列表，选择一种视口配置方式，如图 10-13 所示。

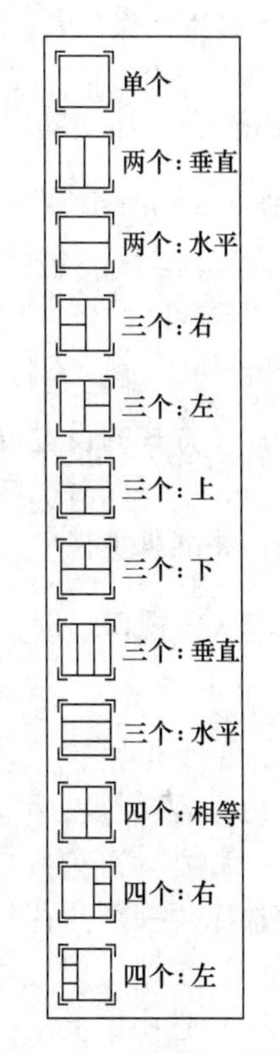

图 10-13　标准视口配置

10.5.1.2　操作步骤

在命令行输入 VPORTS 执行后，打开如图 10-14 所示的“视口”对话框，包括“新建视口”和“命名视口”两个选项卡。

（1）“新建视口”选项卡显示标准视口配置列表和配置平铺视口。

1）“新名称（N）”文本框：命名新建视口的名称。

2）“标准视口（V）”列表：列出可用的标准视口配置，同图 10-13 所示。

3）“预览”窗口：预览选定视口的图像，以及在配置中被分配到每个独立视口缺省视图。

4）“应用于（A）”：表示将平铺的视口配置应用到整个显示窗口或当前视口。

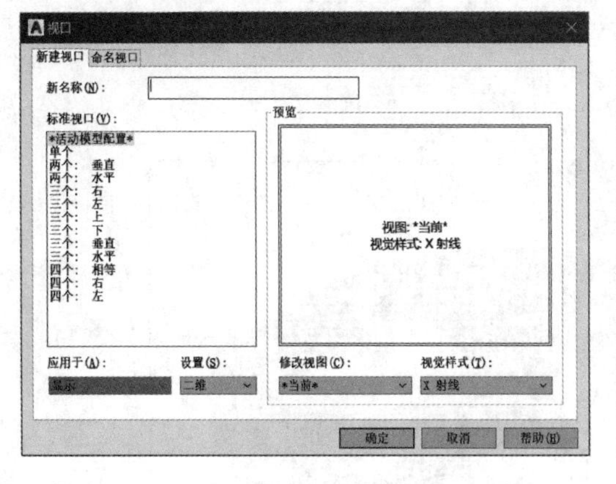

(a)

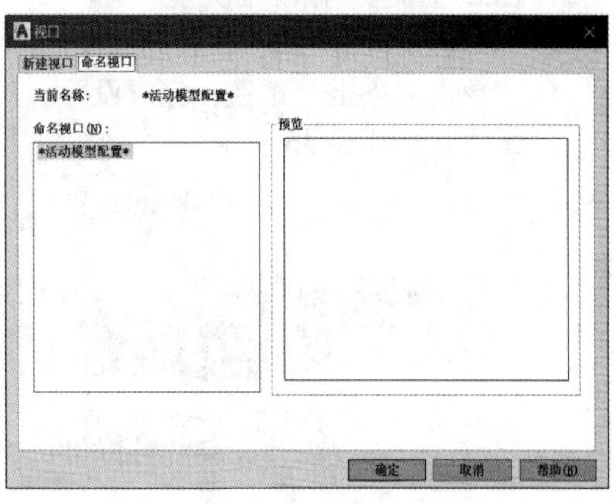

(b)

图 10-14　“视口”对话框
（a）“新建视口”选项卡；（b）“命名视口”选项卡

5）“设置（S）”：用来指定使用二维或三维显示。

6）“修改视图（C）”：可以从下面列表中已有的视口配置中选择一个来代替当前选定的视口配置。

7）“视觉样式（T）”：选择一种视觉样式来显该视口中的模型。

（2）“命名视口”选项卡显示图形中所有以保存的视口配置。

“当前名称”：显示当前视口配置的名称。

除了采用对话框进行多视口的设置外，还可以在模型空间的命令行中输入“VPORTS”，使用命令的方式设置多视口。

命令：VPORTS↙

输入选项[保存(S)/恢复(R)/删除(D)/合并(J)/单一(SI)/？/2/3/4/切换(T)/模式(MO)] <3>：输入选项或↙

输入配置选项［水平(H)/垂直(V)/上(A)/下(B)/左(L)/右(R)］<右>：输入配置选项或↙

命令方式的设置效果与对话框中的设置基本一致，这里不再一一赘述。除了进行视口的拆分，还可以对视口进行合并（J），即将两个相邻的视口合并为一个较大的视口，得到的视口将继承主视口的视图。

10.5.2　多视口示例

见表10-2中的“顶针”示例模型，将其设置为前视、俯视和西南等轴测三个视口进行显示，操作如下。

（1）在命令行中输入“VPORTS”并按“Enter”键，打开“视口”对话框。

（2）在“新建视口”选项卡中输入新名称“DZ-3”，在“标准视口（V）”下的选项框中选择“三个：右”。

（3）更改“设置（S）”为“三维”。

（4）选中左上角视口，在“修改视图（C）”下拉列表中选择“前视”；选中左下角视口，在“修改视图（C）”下拉列表中选择“俯视”；选右侧视口，在“修改视图（C）”下拉列表中选择“西南等轴测”。

（5）“视觉样式”（T）下拉列表中选择“着色”。

（6）单击“确定”按钮，完成设置。

设置效果如图10-15所示。

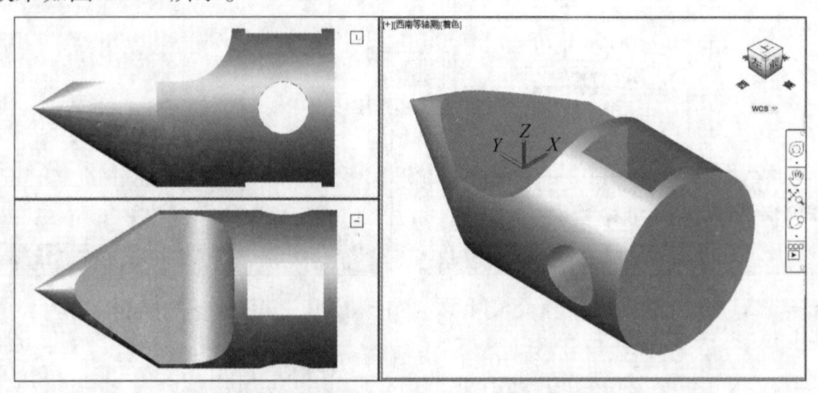

图10-15　设置多视口效果

习　题

10-1　选择题

1. 在一个视图中，最多一次可以创建（　　）个视口。

A　1　　B　2　　C　3　　D　4

2. 在 AutoCAD 2019 中，系统提供了（　　）种视觉样式。

A　8　　B　9　　C　10　　D　11

10-2　填空题

1. 在 AutoCAD 中，用户可以创建________模型、________模型、________模型。

2. 在三维建模中，AutoCAD 的坐标形式包括________、________、________ 3 种。

10-3　练习题

1. 设置绘图区为 4 个视区，并分别显示三维对象的主视图、俯视图、左视图和西南轴测图。

2. 熟悉并掌握用户坐标系（UCS）的新建和定制。

10-4　思考题

为何在三维绘图对各种视图进行切换时会出现坐标系变动的情况。

11 三维建模

AutoCAD 2019 在提供强大的 2D 设计工具的同时，也提供了实用的 3D 建模功能。既可以使用长方体、圆柱体、球体、棱锥体等基本命令实现简单几何体的建模，也可以通过对二维图形进行拉伸、旋转、扫描等操作实现基于特征的建模。而通过对已经生成的三维实体模型进行交集、并集和差集的布尔运算则可以生成更复杂的三维模型。

11.1 三维实体建模

实体是能够完整表达对象几何形状和物体特性的空间模型。与线框和网格相比，实体的信息最完整也最容易构造和编辑。

11.1.1 多段体

可以将已有直线、二维多段线、圆或者圆弧转换为具有矩形截面的实体。当然也可以直接绘制多段体，绘制过程与绘制多段线类似。

11.1.1.1 命令执行方式

菜单栏：选择“绘图”→“建模”→“多段体”。

命令行：POLYSOLID。

功能区：单击“常用”选项卡“建模”面板的“多段体”按钮。

单击“实体”选项卡“图元”面板的“多段体”按钮。该命令执行方式在后续其他三维实体建模中不再重复说明。

11.1.1.2 操作步骤

```
命令:POLYSOLID↙
高度=80.0000,宽度=5.0000,对正=居中
指定起点或[对象(O)/高度(H)/宽度(W)/对正(J)]<对象>(指定多段线的起点)
指定下一个点或[圆弧(A)/放弃(U)]:(指定多段线的下一个点)
指定下一个点或[圆弧(A)/放弃(U)]:(指定多段线的下一个点)
指定下一个点或[圆弧(A)/闭合(C)/放弃(U)]:(继续指定多段线的下一个点或确认)
```

各选项含义如下。

(1)“指定起点”：直接绘制多段体时指定的第一点，继续单击下一点，则按默认的高度和宽度继续生产多段体。

(2)“对象（O）”：选择要转换为多段体的对象。

(3)“高度（H）”：指定多段体的高度，系统默认值为 80。

(4)“宽度（W）”：指定多段体的宽度，系统默认值为 5。

(5)“对正（J）”：将实体的高度和宽度设置为左对正、右对正或者居中。对正方式

由轮廓的第一条线段的起始方向决定。

执行上述操作后，绘制出如图 11-1（a）所示的多段体。图 11-1（b）所示的是以对象方式生产的多段体。

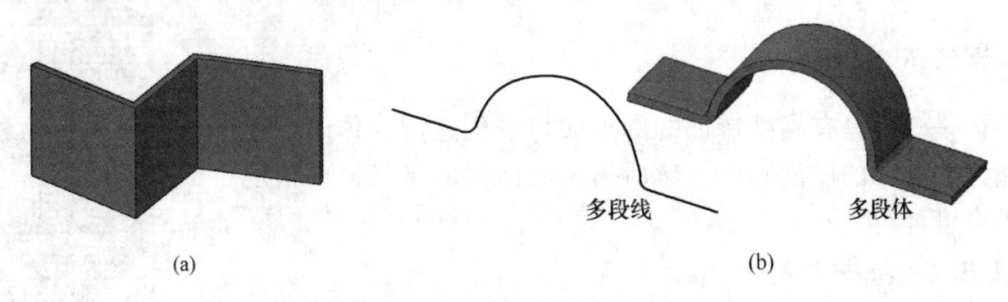

图 11-1　多段体建模
（a）直接绘制多段体；（b）以对象方式生成多段体

11.1.2　长方体

长方体作为最基本的几何图形，其应用非常广泛。在系统默认设置下，长方体的底面总是与当前坐标系的 XY 面平行。

11.1.2.1　执行方式

菜单栏：选择“绘图”→“建模”→“长方体”。

命令行：BOX。

功能区：单击“常用”选项卡“建模”面板的“长方体”按钮。

11.1.2.2　操作步骤

命令:BOX↙
指定第一个角点或[中心(C)]:(指定第一个角点)
指定其他角点或[立方体(C)/长度(L)]:(指定第二个角点)
指定高度或[两点(2P)]<0.0000>:(输入长方体高度)↙

执行上述操作后将绘制出一个长方体。其他选项含义如下。

A　中心（C）

命令:BOX↙
指定第一个角点或[中心(C)]: C↙
指定中心:(指定长方体的中心)
指定角点或[立方体(C)/长度(L)]:(指定一个角点)

注意：如果指定的角点与中心点的 Z 坐标值相同，则还需要指定长方体的高度。

B　立方体（C）

指定第一个角点后或者选择指定中心后，继续选择“立方体（C）”，则按指定的第二点或指定长度创建立方体。

C　长度（L）

指定第一个角点后或者选择指定中心后，继续选择“长度（L）”，系统提示：

指定长度 <30.0000>:30↙

指定宽度 <50.0000>:50↙

指定高度或［两点(2P)］<80.0000>:80↙

执行上述操作后，绘制得到如图 11-2 所示的长方体。

11.1.3 圆柱体

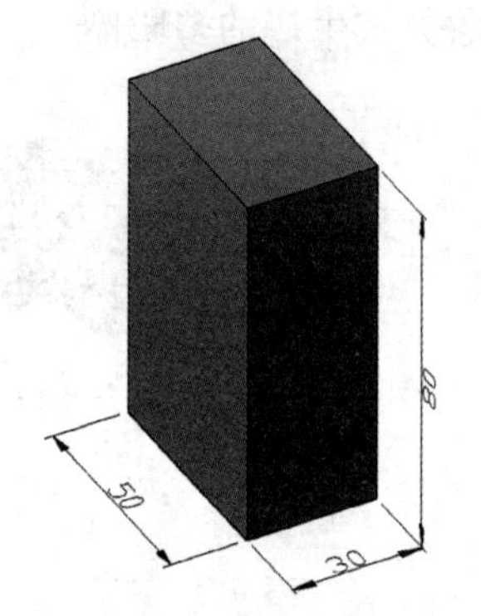

图 11-2 绘制长方体

圆柱体是一个具有高度特征的圆形实体。创建圆柱体时，首先需要指定圆柱体的底面圆心，然后指定底面圆的半径，再指定圆柱体的高度即可。

11.1.3.1 执行方式

菜单栏：选择“绘图”→“建模”→“圆柱体”。

命令行：CYLINDER/CYL。

功能区：单击“常用”选项卡“建模”面板的“圆柱体”按钮。

11.1.3.2 操作步骤

命令:CYLINDER↙

指定底面的中心点或［三点(3P)/两点(2P)/切点、切点、半径(T)/椭圆(E)］:

指定底面半径或［直径(D)］:

指定高度或［两点(2P)/轴端点(A)］<80.0000>:

其他选项的含义如下。

A 三点：通过指定三个点来定义圆柱体的底面圆尺寸

命令:CYLINDER↙

指定底面的中心点或［三点(3P)/两点(2P)/切点、切点、半径(T)/椭圆(E)］: 3P↙

指定第一点:(指定圆周上第 1 点)

指定第二点:(指定圆周上第 2 点)

指定第三点:(指定圆周上第 3 点)

指定高度或［两点(2P)/轴端点(A)］<100.0000>:(输入高度)↙

B 两点：通过指定两个点来定义圆柱体的底面直径

命令:CYLINDER↙

指定底面的中心点或［三点(3P)/两点(2P)/切点、切点、半径(T)/椭圆(E)］: 2P↙

指定直径的第一个端点:(指定第一点)

指定直径的第二个端点:(指定第二点)

指定高度或［两点(2P)/轴端点(A)］<100.0000>:(输入高度)↙

C 相切、相切、半径：定义具有指定半径，且与两个对象相切的圆柱体底面

命令:CYLINDER↙

指定底面的中心点或［三点(3P)/两点(2P)/切点、切点、半径(T)/椭圆(E)］:T↙

指定对象的第一个切点:(选择第一个对象上的点)

指定对象的第二个切点:(选择第二个对象上的点)

指定圆的半径 <34.5276>: 50(指定底面半径,直接按确定键使用默认值)↙

指定高度或[两点(2P)/轴端点(A)] <100.0000>:(输入高度)↙

D　椭圆：绘制底面为椭圆的圆柱体

命令:CYLINDER↙
指定底面的中心点或［三点(3P)/两点(2P)/切点、切点、半径(T)/椭圆(E)］:E↙
指定第一个轴的端点或［中心(C)］:(指定点第一个轴的一个端点)
指定第一个轴的其他端点:(指定点第一个轴的另一个端点)
指定第二个轴的端点:(指定点第二个轴的1个端点)
指定高度或［两点(2P)/轴端点(A)］<60>:(输入高度)↙

如图11-3所示是圆柱与椭圆柱实体的示意图。

11.1.4　球体

创建球体时首先需要指定球体的中心点，然后指定球体的半径。

11.1.4.1　执行方式

菜单栏：选择“绘图”→“建模”→“球体”。

命令行：SPHERE。

功能区：单击“常用”选项卡“建模”面板的“球体”按钮◯。

11.1.4.2　操作步骤

命令:SPHERE↙
指定中心点或［三点(3P)/两点(2P)/切点、切点、半径(T)］:(指定球体球心点)
指定半径或［直径(D)］<34.5276>:(输入半径)↙

此处也可以输入D回应，再输入直径值。结果如图11-4所示（左侧为二维线框模型）。

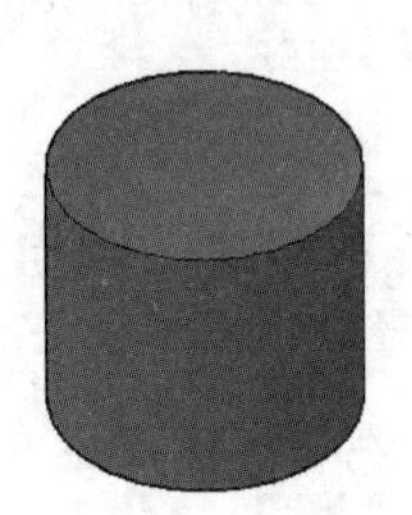
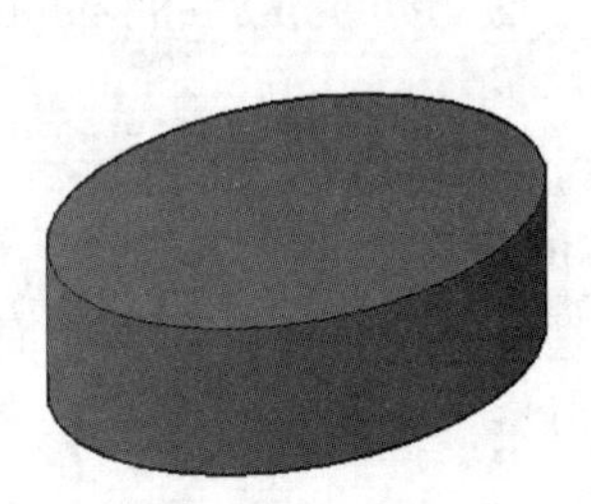

图11-3　圆柱与椭圆柱

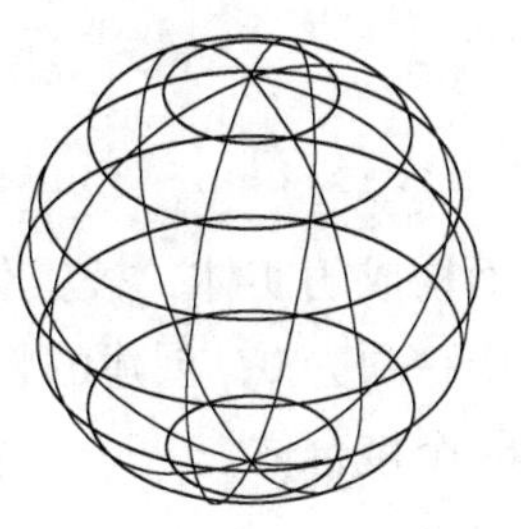

图11-4　球体

其他选项含义为。

（1）三点：通过在三维空间的任意位置指定3个点来定义球体的圆周。3个指定点也可以定义圆周平面。

（2）两点：通过在三维空间的任意位置指定两个点来定义球体的圆周。第一点的Z值定义圆周所在平面。

（3）相切、相切、半径：通过指定半径定义可与两个已知对象相切的球体。（注：最初默认半径未设置值，在绘制图形时半径默认值始终是先前输入的任意实体图元的半径值。）

11.1.5 圆锥体

创建一个圆锥体或椭圆锥体。

11.1.5.1 执行方式

菜单栏：选择“绘图”→“建模”→“圆锥体”。

命令行：CONE。

功能区：单击“常用”选项卡“建模”面板的“圆锥体”按钮。

11.1.5.2 操作步骤

命令:CONE↙

指定底面的中心点或［三点(3P)/两点(2P)/切点、切点、半径(T)/椭圆(E)］:(指定底面圆的中心点)

指定底面半径或［直径(D)］<43.0000>:(输入底面半径)↙

指定高度或［两点(2P)/轴端点(A)/顶面半径(T)］<28.0000>:(输入高度)↙

执行上述操作后，绘制出一个圆锥体。当顶面半径不为零时，输入 T（顶面半径），可以绘制一个圆台。如图 11-5 所示。其他各选项的含义同第 11.1.3 节绘制圆柱体的相关内容。

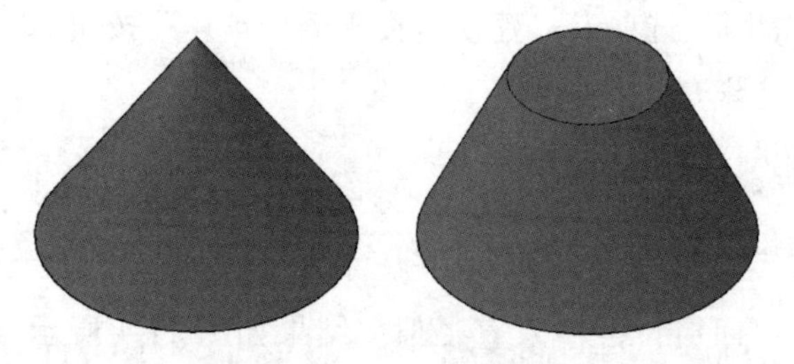

图 11-5 圆锥体和椭圆台

11.1.6 棱锥体

棱锥体是多个棱锥面构成的实体，棱锥体的侧面数至少为 3 个，最多为 32 个。如果底面半径或顶面半径其中一项为 0，创建的将是一个棱锥体；如果底面半径和顶面半径是两个不同的值，则创建一个棱台体。

11.1.6.1 执行方式

菜单栏：选择“绘图”→“建模”→“棱锥体”。

命令行：PYRAMID/PYR。

功能区：单击“常用”选项卡“建模”面板的“棱锥体”按钮。

11.1.6.2 操作步骤

命令:PYRAMID↙

4 个侧面 外切

指定底面的中心点或［边(E)/侧面(S)］:(指定底面中心)

指定底面半径或［内接(I)］<35.0000>:(指定底面半径)

指定高度或［两点(2P)/轴端点(A)/顶面半径(T)］<65.0000>:(输入高度)↙

执行上述操作后，绘制出如图 11-6 所示的圆锥体。

边、侧面和内接选项含义如下。

(1)“边 (E)”：指定棱锥体底面一条边的长度绘制棱锥面。在“指定底面的中心点［边(E)/侧面 (S) ］：”提示下，输入“E”并执行，系统提示：

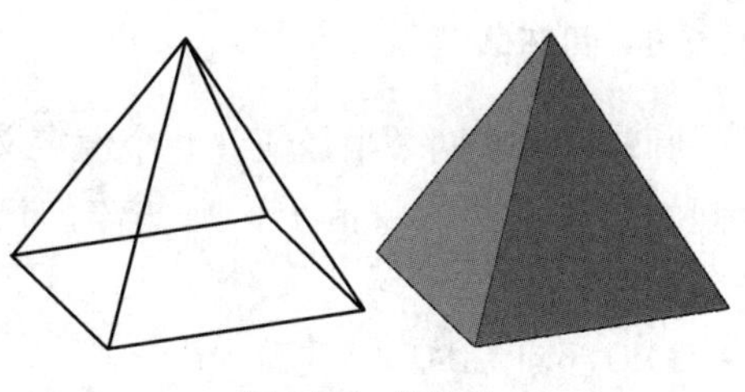

图 11-6 棱锥体

指定边的第一个端点：(指定底边的第一个端点)

指定边的第二个端点：(指定底边的第二个端点)

指定高度或［两点(2P)/轴端点(A)/顶面半径(T)］<10.0000>：(输入高度)↙

(2) “侧面 (S)”：指定棱锥面的侧面数。在“指定底面的中心点［边 (E)/侧面 (S) ］：”提示下，输入“S”并执行，系统提示：

输入侧面数 <4>：4 (输入侧面数值，可以输入 3~32 的数，默认值为 4) ↙

(3)“内接 (I)”：指定棱锥面底面内接于（在内部绘制）以底面半径值为半径的圆。在“指定底面半径或［内接 (I) ］：”提示下，输入“I”并执行，系统提示：

指定底面半径或［外切(C)］<24.0000>：(输入底面半径)↙

如果此时输入“C”，则棱锥面底面外切于“以底面半径值”为半径的圆。其他各选项的含义同本书第 11.1.5 圆锥体建模节的相关内容。

11.1.7 楔体

楔体是指底面为矩形或正方形，横截面为直角三角形的实体。楔体的建模方法与长方体相同，先指定底面参数，然后设置高度（楔体的高度与 Z 轴平行）。

11.1.7.1 执行方式

菜单栏：选择“绘图”→“建模”→“楔体”。

命令行：WEDGE/WE。

功能区：单击“常用”选项卡“建模”面板的“楔体”按钮。

11.1.7.2 操作步骤

楔体的创建方法与长方体比较类似，它相当于把长方体沿体对角线切取一半后得到的实体。具体创建方法可参照“BOX”命令的使用。楔体如图 11-7 所示。

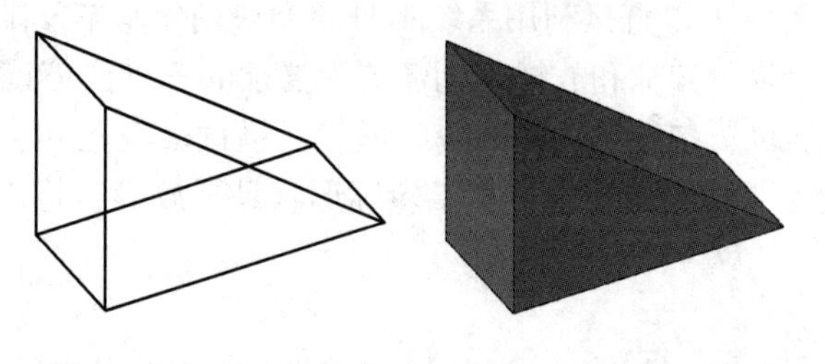

图 11-7 楔体

11.1.8 圆环体

圆环体具有两个半径值，一个值定义圆管，另一个值定义从圆环体的圆心到圆管圆心之间的距离。默认数值下，圆环体的创建将以 XY 平面为基准创建圆环，且被该平面平分。

11.1.8.1 执行方式

菜单栏：选择“绘图”→“建模”→“圆环体”。

命令行：TORUS/TOR。

功能区：单击“常用”选项卡“建模”面板的“圆环体”按钮。

11.1.8.2 操作步骤

命令：TORUS↙

指定中心点或［三点(3P)/两点(2P)/切点、切点、半径(T)］：(指定一点为圆环体中心)

指定半径或［直径(D)］<50.0000>：(输入圆环体半径)↙

指定圆管半径或［两点(2P)/直径(D)］：(输入圆管半径值)↙

各选项含义如前所示，如图 11-8 所示是圆环体的示例。

如果圆管半径小于圆环半径，则会绘出常见的环，如图 11-8（a）所示；当圆管半径大于圆环半径时，则圆环中心不再有空洞，如图 11-8（b）所示；当圆环半径为负值，圆管半径为正值，则实体为橄榄球状，如图 11-8（c）所示。

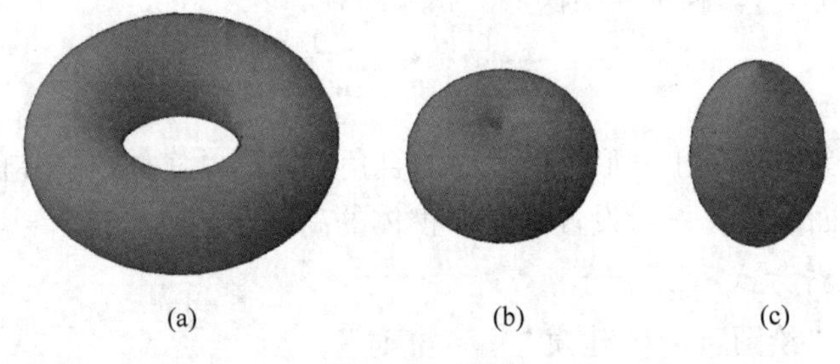

图 11-8 圆环

（a）圆管半径小于圆环半径；（b）圆管半径大于圆环半径；（c）圆环半径为负值

11.2 由二维图形创建三维图形

在 AutoCAD 中，不仅可以直接利用系统本身的模块创建基本三维图形，还可以利用对二维图形进行拉伸、旋转、扫掠和放样来创建更为复杂的三维实体或曲面模型。一般情况下，如果用于拉伸、旋转、扫掠和放样的轮廓形状（横截面）是闭合的，如闭合的二维多义（段）线或者面域等，将创建实体；如果轮廓形状是开放的，将创建曲面。

11.2.1 拉伸

拉伸生成模型较为常用的有两种方式：一种是按一定的高度将二维图形拉伸成三维图

形，这样生成的三维对象在高度形态上较为规则，通常不会有弯曲角度及弧度出现；另一种方式是按路径拉伸，这种拉伸方式可以将二维图形沿指定的路径生成三维对象，相对而言较为复杂且允许沿弧度路径进行拉伸。

11.2.1.1　执行方式

菜单栏：选择“绘图”→“建模”→“拉伸”。

命令行：EXTRUDE/EXT。

功能区：单击“常用”选项卡“建模”面板的“拉伸”按钮。

11.2.1.2　操作步骤

命令:EXTRUDE↙
当前线框密度： ISOLINES=8,闭合轮廓创建模式 = 实体
选择要拉伸的对象或[模式(MO)]：找到 1 个
选择要拉伸的对象或[模式(MO)]：
指定拉伸的高度或[方向(D)/路径(P)/倾斜角(T)/表达式(E)] <16.0000>：

可拉伸对象包括：直线、圆弧、椭圆弧、二维多段线、二维样条曲线、圆、椭圆、三维面、二维实体、宽线、面域、平面曲面和实体上的平面等。默认的拉伸方向为当前坐标的 Z 轴。正值为正向拉伸，负值为负向拉伸对象。如图 11-9 所示显示了拉伸生成三维模型的效果。

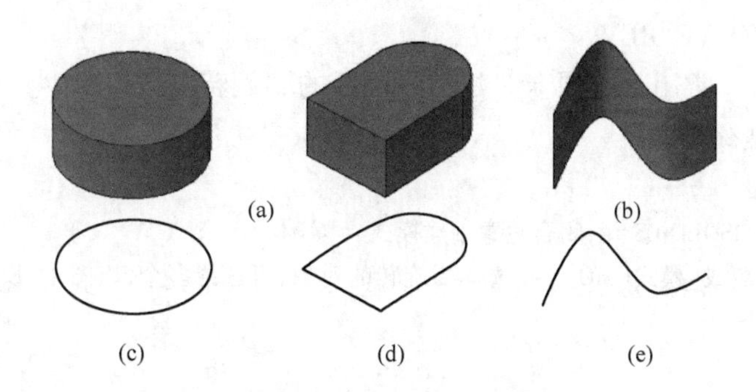

图 11-9　拉伸生成三维模型
（a）实体；（b）曲面；（c）圆；（d）闭合的二维多段线；（e）样条曲线

其他选项含义如下。

（1）“方向（D）”：通过指定的两点指定拉伸的长度和方向。

（2）“路径（P）”：指定路径拉伸。这个路径可以是直线、圆、圆弧、椭圆、椭圆弧、二维多段线、二维样条曲线、实体的边、曲面的边或螺旋等。注：路径不能与要拉伸的对象在同一个平面内，但路径要有一个端点在拉伸对象所在的平面上，如图 11-10 所示。

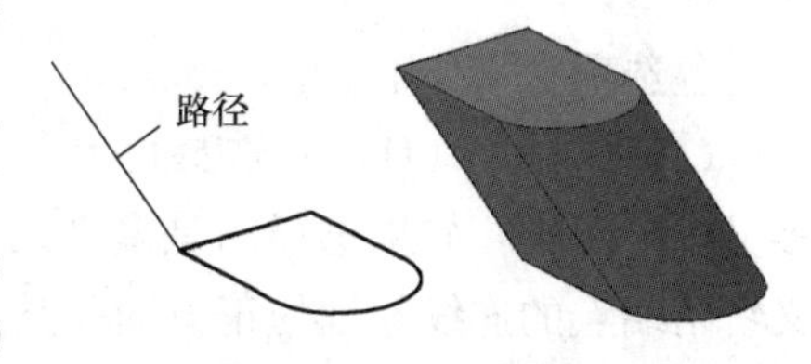

图 11-10　拉伸二维对象

（3）“倾斜角（T）”：指定拉伸的倾斜方向，倾斜角度必须为-90°~90°，效果如图 11-11 所示。正角度表示向内倾斜，负角度则表示向外倾斜。默认倾斜角度为 0°，如果倾

斜角度不合适，使得在没有到达指定高度之前有相交发生，则不能生成对象。对圆弧进行带有倾斜角的拉伸时，圆弧的半径会改变。此外，样条曲线的倾斜角只能为0°。

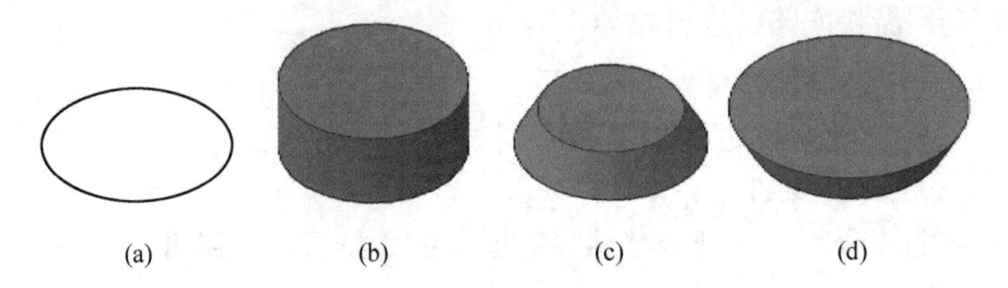

图 11-11　倾斜拉伸二维对象

（a）拉伸对象；（b）拉伸倾角0°；（c）拉伸倾角20°；（d）拉伸倾角-20°

（4）“表达式（E）”：通过输入公式或方程式以指定拉伸高度。

11.2.2　旋转

用于旋转的二维图形可以是多边形、圆、椭圆、封闭多边形、封闭多段线、封闭样条曲线、圆环以及封闭区域。旋转过程中可以控制旋转角度，即旋转生成的实体可以是闭合的，也可以是开放的。

11.2.2.1　执行方式

菜单栏：选择“绘图”→“建模”→“旋转”。

命令行：REVOLVE/REV。

功能区：单击“常用”选项卡“建模”面板的“旋转”按钮。

11.2.2.2　操作步骤

命令:REVOLVE↙

当前线框密度： ISOLINES=4,闭合轮廓创建模式 = 实体

选择要旋转的对象或[模式(MO)]:(选择要旋转的对象,可选择多个,以图 11-12 左侧的闭合二维多段线为例)

找到 1 个

指定轴起点或根据以下选项之一定义轴 [对象(O)/X/Y/Z] <对象>:(指定旋转轴的顶点)

指定轴端点:(指定旋转轴的底部端点)

指定旋转角度或 [起点角度(ST)/反转(R)/表达式(EX)] <360>: 360↙

执行上述操作后，得到如图 11-12 右侧所示的三维模型。

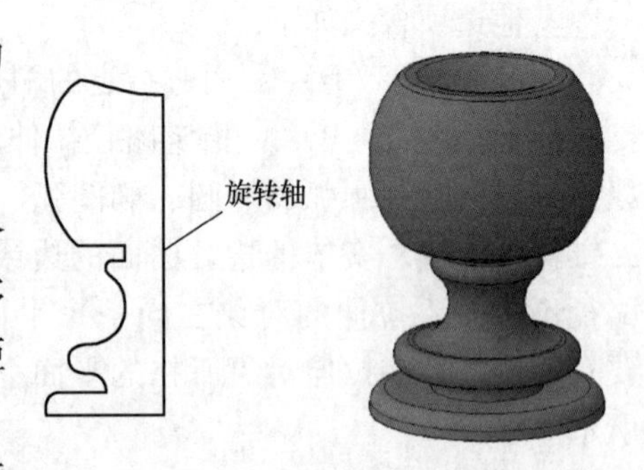

图 11-12　旋转生成三维模型

各选项含义如下。

（1）“对象（O）”：选择已有的直线或非闭合多义线定义轴。如果选择的是多义线，则轴向为多义线两端点的连线。轴的正方向是从这条直线上距选择点较近的端点指向较远的端点。

（2）“X”：使用当前UCS的X轴正向作为旋转轴的正方向。

（3）“Y”：使用当前 UCS 的 Y 轴正向作为旋转轴的正方向。

（4）“Z”：使用当前 UCS 的 Z 轴正向作为旋转轴的正方向。

（5）“起点角度（ST）”：可以指定从旋转对象所在平面开始的旋转偏移。

（6）“反转（R）”：更改旋转方向，类似于输入负角度值。

（7）“表达式（EX）”：通过输入公式或方程式以指定旋转角度。

注：旋转命令不能旋转包含在块中的对象，也不能旋转具有相交或自相交线段的对象。

11.2.3 扫掠

扫掠命令是指通过沿路径扫掠二维或三维曲线来创建三维实体或曲面。

11.2.3.1 执行方式

菜单栏：选择“绘图”→“建模”→“扫掠”。

命令行：SWEEP。

功能区：单击“常用”选项卡“建模”面板的“扫掠”按钮。

11.2.3.2 操作步骤

命令:SWEEP↙

当前线框密度： ISOLINES=4,闭合轮廓创建模式 = 实体

选择要扫掠的对象或[模式(MO)]：找到 1 个(如图 11-13 所示左侧的六边形二维多段线,单击选择该对象)↙

选择要扫掠的对象或[模式(MO)]：

选择扫掠路径或[对齐(A)/基点(B)/比例(S)/扭曲(T)]：(单击选择图 11-13 中的扫掠路径)

执行上述操作后，得到如图 11-13 右侧所示的三维模型。

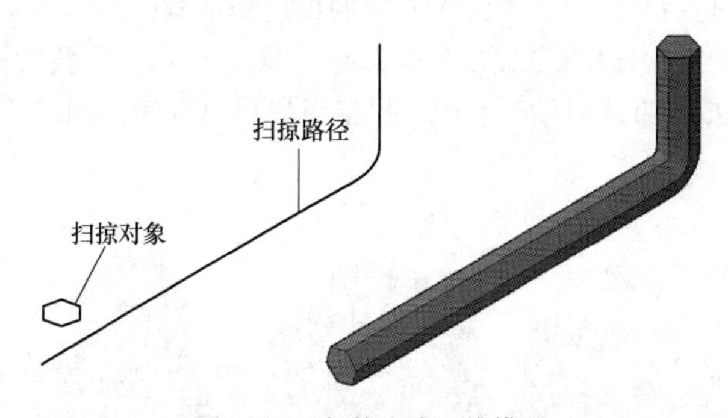

图 11-13 扫掠生成三维模型

各选项含义如下。

（1）“扫掠路径”：直接选择扫掠的路径，生成扫掠体。

（2）“对齐（A）”：指定是否对齐轮廓以使其作为扫掠路径切向的法向，默认为对齐。注意：如果轮廓曲线不垂直于（法线直线）路径曲线起点的切向，则轮廓曲线将自动对齐。出现对齐提示时输入“No”以避免该情况的发生。

（3）“基点（B）”：指定要扫掠对象的基点。如果指定的点不在选定对象所在的平面上，则该点将投影到该平面上。

（4）“比例（S）”：指定比例因子以进行扫掠操作。在“选择扫掠路径或［对齐(A)/基点(B)/比例(S)/扭曲(T)］:”提示下，输入“S”，系统将提示：

输入比例因子或［参照(R)］<1.0000>:

其中参照（R），指通过拾取点或输入值来根据参照的长度缩放选定的对象。

（5）“扭曲（T）”：设置正被扫掠的对象的扭曲程度。

11.2.4 放样

放样命令用于在横截面之间的空间内绘制实体或曲面。使用放样命令时，必须至少指定两个横截面。放样命令通常用于变截面实体的绘制。

11.2.4.1 执行方式

菜单栏：选择“绘图”→“建模”→“放样”。

命令行：LOFT。

功能区：单击“常用”选项卡“建模”面板的“扫掠”按钮。

11.2.4.2 操作步骤

命令:LOFT↙
当前线框密度： ISOLINES=4,闭合轮廓创建模式 = 实体
按放样次序选择横截面或［点(PO)/合并多条边(J)/模式(MO)］：找到 1 个
按放样次序选择横截面或［点(PO)/合并多条边(J)/模式(MO)］：找到 1 个,总计 2 个
按放样次序选择横截面或［点(PO)/合并多条边(J)/模式(MO)］：
输入选项［导向(G)/路径(P)/仅横截面(C)/设置(S)］<仅横截面>：C↙

如图 11-14 所示是一个绘制“天圆地方”的仅选择横截面放样的示例。画好平面图形后放样，根据上述操作步骤选取截面后按“Enter”键，单击左下角的箭头符号“▼”，弹出如图 11-15 所示的放样方式对话框，用户根据需要可以选择不同的放样方式，效果如图 11-14 所示。

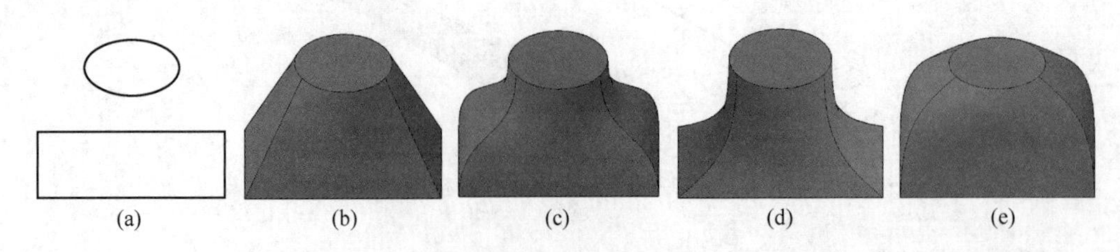

图 11-14 截面放样效果

（a）横截面；（b）平滑拟合；（c）与所有截面垂直；（d）与起点截面垂直；（e）与端点截面垂直

放样命令中各选项说明如下。

（1）“导向（G）”：选择控制实体或曲面延伸的导向曲线。导向曲线必须与每个横截

面相交，始于第一个横截面，止于最后一个横截面。可以为放样曲面或实体选择任意数量的导向曲线。如图 11-16 所示为使用导向选项放样的结果。

（2）“路径（P）”：所有横截面沿路径曲线放样，横截面中心一般经过路径曲线。路径曲线必须与所有横截面相交。如图 11-17 所示为使用路径选项放样的结果。

（3）“设置（S）”：执行放样操作，依次选取截面后“Enter”键，在“输入选项［导向(G)/路径(P)/仅横截面(C)/设置(S)］<仅横截面>：”提示下，输入“S”，系统弹出如图 11-18 所示的“放样设置”对话框，其中各选项的含义如下。

直纹
✓ 平滑拟合
与所有截面垂直
与起点截面垂直
与端点截面垂直
与起点和端点截面垂直
拔模斜度
闭合曲面或实体

图 11-15　放样方式对话框

1）“直纹（R）”：指定实体或曲面在横截面之间是直纹的（直的），并且在横截面处具有鲜明边界。

2）“平滑拟合（F）”：指定在横截面之间绘制平滑实体或曲面，并且在起点和终点横截面处具有鲜明边界。

3）“法向指向（N）”：控制实体或曲面在其通过横截面处的曲面法线，曲面法线与横截面的关系包括“与所有截面垂直”“与起点截面垂直”“与端点截面垂直”和“与起点和端点截面垂直”，如图 11-15 所示。

4）“拔模斜度（D）”：控制放样实体或曲面的第一个和最后一个横截面的拔模斜度和幅值。

5）“闭合曲面或实体（C）”：闭合和开放曲面或实体。使用该选项时，横截面应该形成圆环图案，以便放样曲面或实体可以形成闭合的圆管。

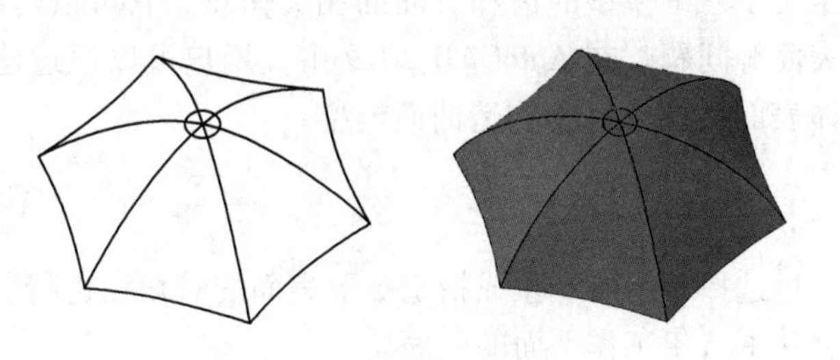

图 11-16　导向放样

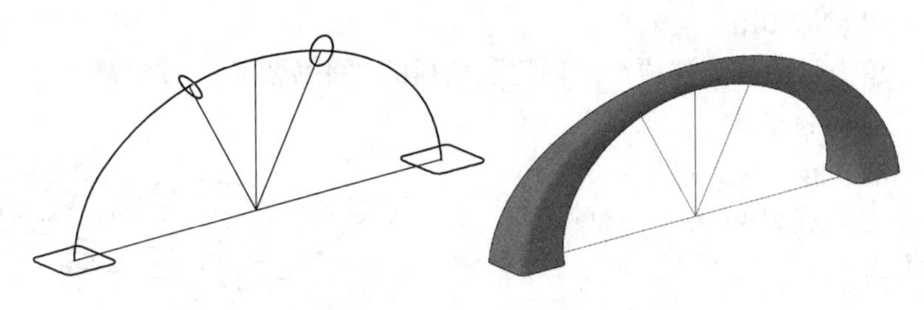

图 11-17　路径放样

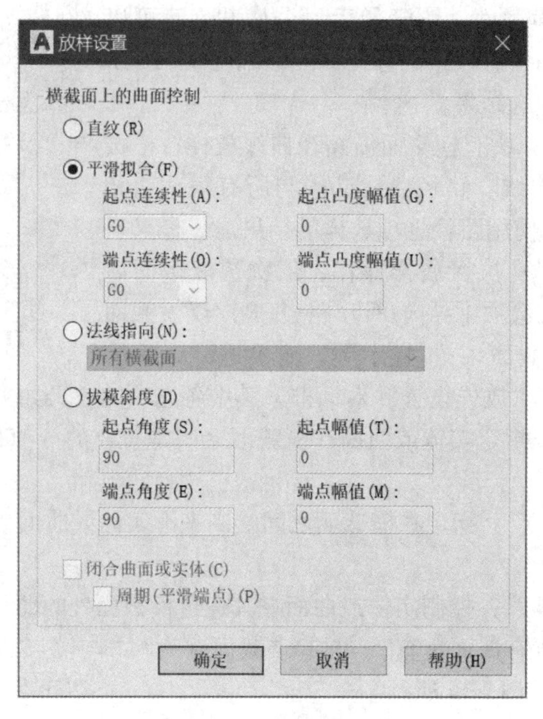

图 11-18 “放样设置”对话框

11.3 三维曲面建模

曲面模型主要定义了三维模型的边和表面的相关信息，它可以解决三维模型的消隐、着色、渲染和计算表面等问题。在 AutoCAD 2019 中，用户可以通过建立三维平面、曲面及标准三维基本形体表面（图元）来构造曲面模型。

11.3.1 平面曲面

平面曲面可以通过选择关闭的对象或指定矩形表面的对角点进行创建。通过命令指定曲面的角点时，将创建平行于工作平面的曲面。

11.3.1.1 执行方式

菜单栏：选择“绘图”→“建模”→“曲面”→“平面”。

命令行：PLANESURF。

功能区：单击“曲面”选项卡“创建”面板的“平面曲面”按钮。

11.3.1.2 操作步骤

命令：PLANESURF↙

指定第一个角点或［对象(O)］<对象>:

指定其他角点：

创建平面曲面模型的效果如图 11-19 所示。

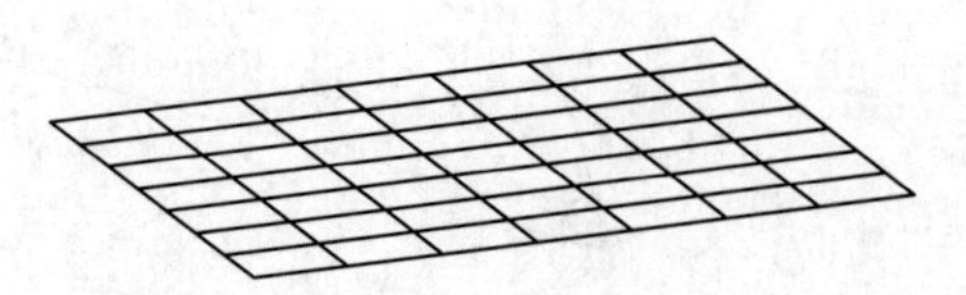

图 11-19 平面曲面模型

11.3.2 基本图元网格

11.3.2.1 执行方式

菜单栏：选择“绘图”→“建模”→“网格”→“图元”→选择一种图元建模方式。

命令行：MESH。

功能区：单击“网格”选项卡“图元”面板中相应的网格对象，如图 11-20 所示。

11.3.2.2 操作步骤

网格图元建模的操作方法与三维实体建模的操作基本一致，这里仅以网格圆柱体建模为例进行说明。

命令：MESH↙

当前平滑度设置为：0

输入选项［长方体(B)/圆锥体(C)/圆柱体(CY)/棱锥体(P)/球体(S)/楔体(W)/圆环体(T)/设置(SE)］<长方体>：CYLINDER↙

指定底面的中心点或［三点(3P)/两点(2P)/切点、切点、半径(T)/椭圆(E)］：(指定底面的中心点指定底面的中心点)

指定底面半径或［直径(D)］：(输入底面半径)↙

指定高度或［两点(2P)/轴端点(A)］<20.0000>：(输入高度)↙

创建的曲面模型如图 11-21 所示（左侧为线框视觉样式）。

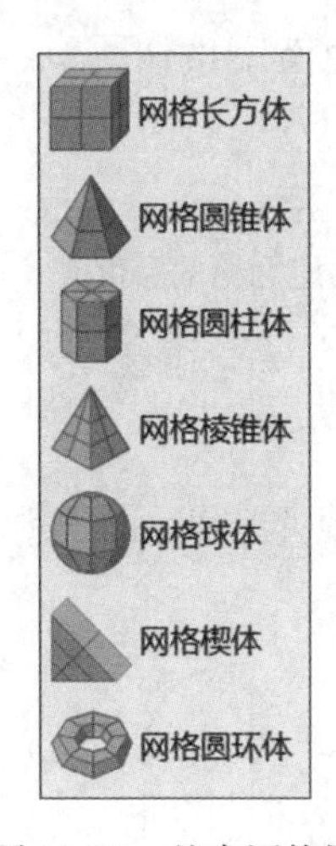

图 11-20 基本网格图

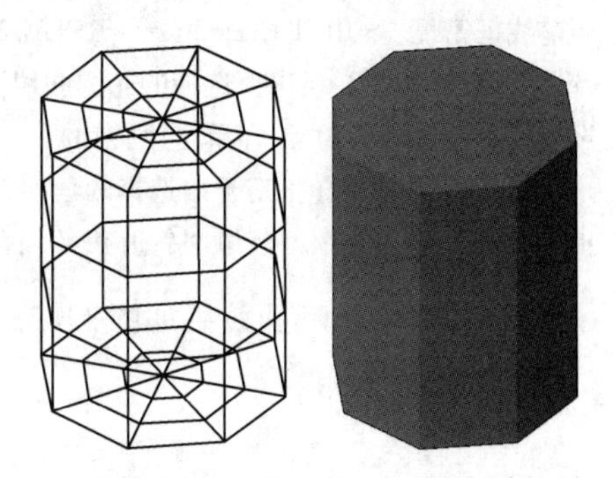

图 11-21 圆柱体曲面模型

11.3.3 三维面网格

11.3.3.1 执行方式

菜单栏：选择“绘图”→“建模”→“网格”→“三维面”。

命令行：3DFACE。

11.3.3.2 操作步骤

命令：3DFACE↙

指定第一点或［不可见(I)］:(指定第一点或输入I可使第一点与第二点连线不可见)
指定第二点或［不可见(I)］:(指定第二点或输入I可使第二个边不可见)
指定第三点或［不可见(I)］<退出>:(指定第三点或输入I或直接按“Enter”键退出)
指定第四点或［不可见(I)］<创建三侧面>:(指定第四点或输入I或退出创建三边面)
指定第三点或［不可见(I)］<退出>:(指定第三点)
指定第四点或［不可见(I)］<创建三侧面>:(指定第四点)
指定第三点或［不可见(I)］<退出>:(指定第三点)
……

AutoCAD 会一直提示用户输入第三点和第四点直到输入结束。其中第四点总是与上一个第三点相连，以形成连续的面。

“3DFACE” 命令可以创建所有边都不可见的三维面。这些面是虚幻面，并不显示在线框模型中，但在线框模型中会遮挡形体。三维面可以组成复杂的三维曲面。

11.3.4 旋转网格

旋转网格是绕指定的轴旋转对象创建的网格，旋转的对象可以是直线、圆弧、圆、二维多段线等曲线。

11.3.4.1 执行方式

菜单栏：选择“绘图”→“建模”→“网格”→“旋转网格”。

命令行：REVSURF。

功能区：单击“网格”选项卡“图元”面板的“旋转曲面”按钮。

11.3.4.2 操作步骤

命令:REVSURF↙
当前线框密度：SURFTAB1=36 SURFTAB2=36（两个系统变量决定网格的密度）
选择要旋转的对象：(选择选择的轮廓曲线)
选择定义旋转轴的对象：(单击旋转轴)
指定起点角度 <0>:(指定开始选择的角度或直接按“Enter”键)
指定夹角（+=逆时针,-=顺时针）<360>:(指定开始选择的角度或直接按“Enter”键)

创建旋转网格模型的效果如图 11-22 所示。

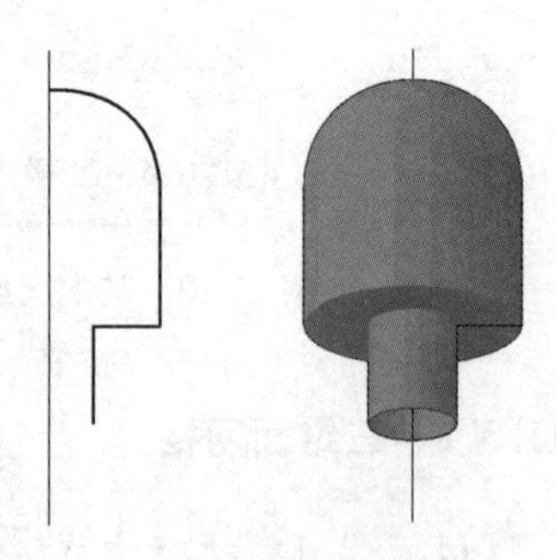
图 11-22 旋转网格

11.3.5 平移网格

平移网格是由一条轮廓曲线沿着一条指定方向的矢量直线拉伸而形成的曲面模型，网格密度由系统变量 SURFTAB1 决定。

11.3.5.1 执行方式

菜单栏：选择“绘图”→“建模”→“网格”→“平移网格”。

命令行：TABSURF。

功能区：单击“网格”选项卡“图元”面板的“平移曲面”按钮。

11.3.5.2　操作步骤

命令:TABSURF↙
当前线框密度：SURFTAB1=6
选择用作轮廓曲线的对象：(选择轮廓曲线)
选择用作方向矢量的对象：(选择方向矢量)

创建平移网格模型的效果如图 11-23 所示。

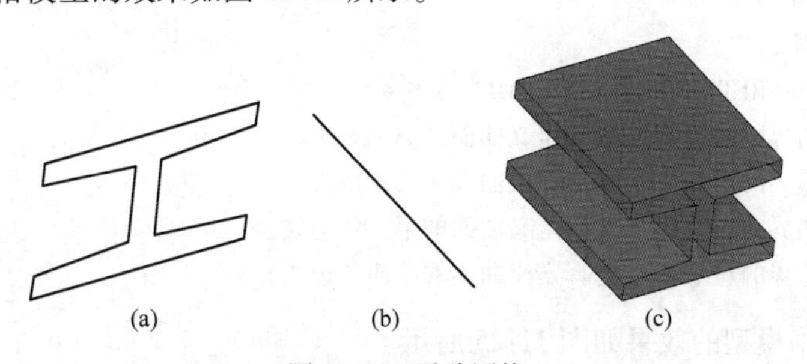

图 11-23　平移网格
(a) 轮廓曲线；(b) 方向矢量；(c) 平移曲面

11.3.6　直纹网格

直纹网格是由若干条直线连接两条曲线时，在曲线之间形成的曲面建模，构造直线的数量由系统变量 SURFTAB1 决定。

要创建直纹网格，首先要创建两个边界对象，这两个边界对象可以是直线、点、圆、圆弧、椭圆、椭圆弧、二维多段线、三维多段线或样条曲线。作为直纹网格“轨迹”的两个对象必须全部开放或者闭合。点对象可以与开放或者闭合对象一起使用。

11.3.6.1　执行方式

菜单栏：选择“绘图”→“建模”→“网格”→“直纹网格”。

命令行：RULESURF。

功能区：单击“网格”选项卡“图元”面板的“直纹曲面”按钮。

11.3.6.2　操作步骤

命令:RULESURF↙
当前线框密度：SURFTAB1=6
选择第一条定义曲线：(选择第一条边界曲线)
选择第二条定义曲线：(选择第二条边界曲线)

创建直纹网格模型的效果如图 11-24 所示。

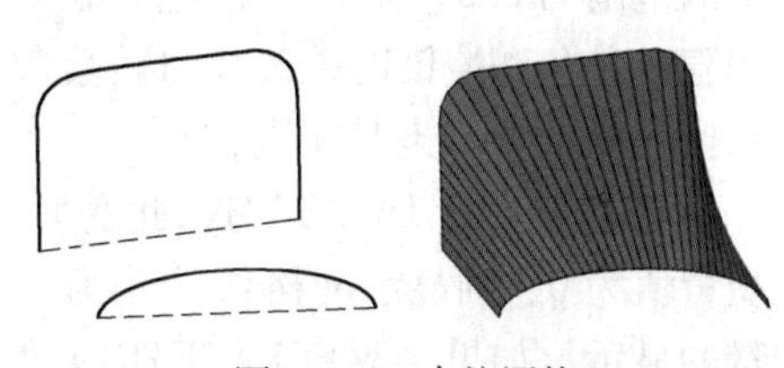

图 11-24　直纹网格

11.3.7　边界网格

边界网格是以平均分布于四个边界的顶点来建立三维多边形曲面模型。可将该命令应用到任何四个相邻接的边界。边界可以是线、弧、开放性的二维或三维多段线，但各边界必须两两接合，形成封闭、矩形的对象。网格的密度由系统变量 SURFTAB1 和 SURFTAB2 决定。

11.3.7.1 执行方式

菜单栏：选择“绘图”→“建模”→“网格”→“边界网格”。

命令行：EDGESURF。

功能区：单击“网格”选项卡“图元”面板的“边界曲面”按钮。

11.3.7.2 操作步骤

命令:EDGESURF↙

当前线框密度：SURFTAB1=6　SURFTAB2=6

选择用作曲面边界的对象 1：(选择定义曲面的第一条边线)

选择用作曲面边界的对象 2：(选择定义曲面的第二条边线)

选择用作曲面边界的对象 3：(选择定义曲面的第三条边线)

选择用作曲面边界的对象 4：(选择定义曲面的第四条边线)

创建边界网格模型的效果如图 11-25 所示。

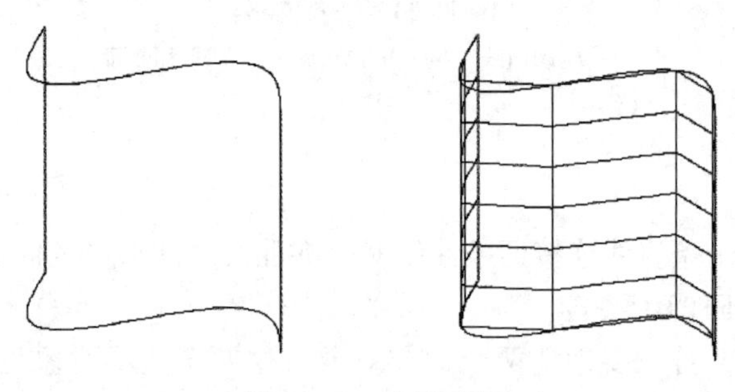

图 11-25　边界网格

11.4　控制实体显示的系统变量

影响实体显示的系统变量包括 3 个：ISOLINES、FACETRES 和 DISPSILH，以下分别对其进行介绍。

(1) 系统变量 ISOLINES：此变量用于设定实体表面网格线的数量。它指定实体对象上每个曲面上轮廓素线的数目，有效取值范围为 0~2047，默认值为 4。ISOLINES 值越大，曲面过渡越光滑，也就越有立体感，但显示速度降低。

(2) 系统变量 FACETRES：此变量用于设置实体消隐或渲染后的表面网格密度，此变量值的范围为 0.01~10.0，值越大表面网格越密，消隐或渲染后的表面越光滑。当用户进行消隐、着色和渲染时，改变量就会起作用。FACETRES 值越大，曲面表面会越光滑，但显示速度降低，渲染时间也越长。

(3) 系统变量 DISPSILH：此变量用于控制消隐时是否显示出实体表面的网格线，若此变量值为 0，则显示网格线；若为 1，则不显示网格线。该变量值还会影响 FACETRES 变量的显示。如果要改变 FACETRES 得到比较光滑的曲面效果，必须把 DISPSILH 的值设为 0。

除了在命令行输入上述 3 个变量命令进行修改外，还可以在“选项”对话框的“显示”选项中的“显示精度”选项框中进行更改，如图 11-26 所示。

（1）“渲染对象的平滑度”控制 FACETRES 变量。

（2）“每个曲面的轮廓素线”控制 ISOLINES 变量。

（3）“仅显示文字边框”控制 DISPSILH 变量。

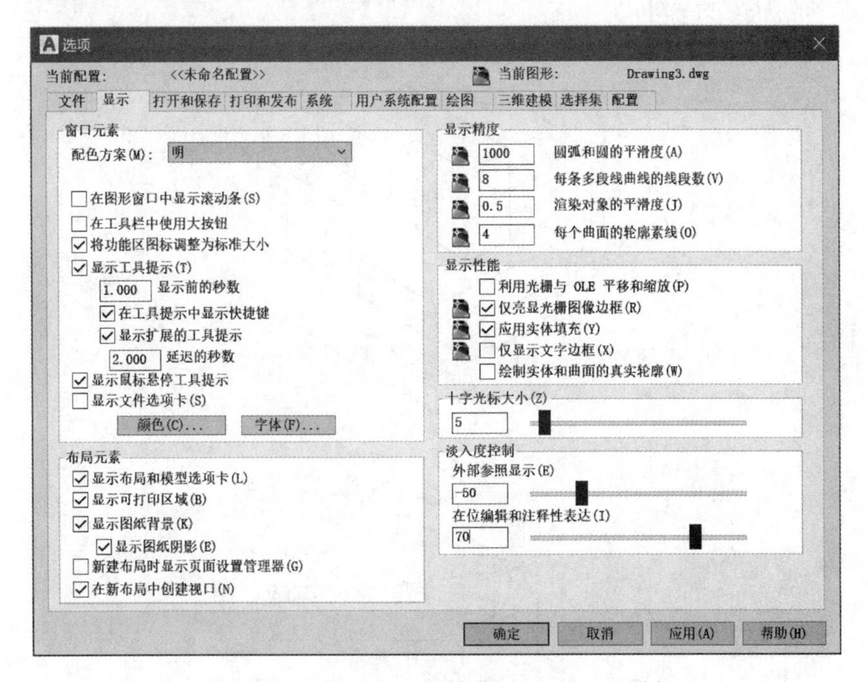

图 11-26　“选项”对话框的“显示”选项卡

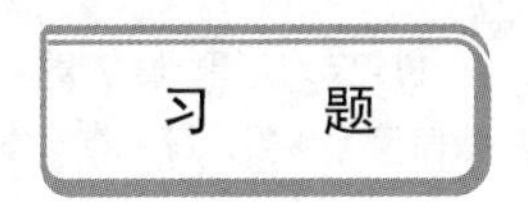

11-1　选择题

1. 以下关于三维建模的说法不正确的是（　　）。

A　默认情况下，长方体的底面总是与当前坐标系的 XY 平面平行

B　凌锥体的侧面数至少为 3 个

C　路径拉伸创建实体模型时，路径与拉伸对象不能在同一个平面内

D　具有相交或自相交的线段可以实现旋转命令建模

2. 三维曲面模型的网格密度由系统变量（　　）确定。

A　ISOLINES　　B　SURFTAB1

C　SURFTAB2　　D　FACETRES

11-2　填空题

1　采用二维图形创建三维图形的方法有________，________，________，________。

2　用于设置实体表面网格线数量的系统变量是________。

11-3　练习题

1. 绘制一个长 240，宽 150，高 60 的长方体。

2. 绘制一个底面直径 180，高 100 的圆柱体。

3. 绘制一个底面中心点坐标（100，120，150），半径 200，高度为 80 的圆锥体。

4. 绘制一个圆心为坐标原点，直径为 120 的球体。

5. 绘制一个底面边长为 100，高度为 120 的棱锥体。

6. 绘制一个底面角点 1(0，0，0)，角点 2(100，20，0)，高度为-100 的楔体。

7. 绘制一个中心点为（130，150，200），半径 180，圆管半径 15 的圆环体。

8. 绘制如图 11-27 所示图形。

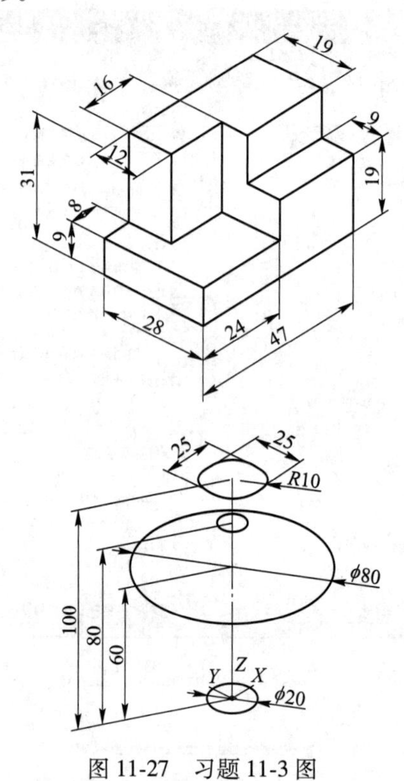

图 11-27　习题 11-3 图

（a）截面尺寸参数；（b）实体效果

12 三维模型编辑与操作

三维模型编辑就是对三维图形，包括线框模型、曲面模型和实体模型进行移动、阵列、镜像、旋转、对齐等，以及对模型的边、面等修改操作的过程。AutoCAD 2019 提供了强大的三维图形编辑功能，可以帮助用户合理地构造和组织图形。本章仅介绍三维实体的编辑与操作。

12.1 布尔运算

布尔运算就是对多个面域和三维实体进行并集、差集和交集运算，来生成一个新的实体。能够进行布尔运算也是实体模型区别于曲面模型的一个重要特征。

12.1.1 并集运算

并集运算可以在图形中选择两个或两个以上的三维实体，系统将自动删除实体相交的部分，并将不相交部分保留下来合并成一个新的组合体。

12.1.1.1 命令执行方式

菜单栏：选择“修改”→“实体编辑”→“并集”。

命令行：UNION/UNI。

功能区：单击“实体”选项卡“布尔值”面板的“并集”按钮。

12.1.1.2 操作步骤

命令：UNION↙

选择对象：选择要合并的对象，可选择多个(图 12-1(a)中的长方体和圆柱体)

选择对象：↙

执行上述操作后，得到如图 12-1（b）中的图形对象。

12.1.2 差集运算

从一组实体中减去另一组实体。

12.1.2.1 命令执行方式

菜单栏：选择“修改”→“实体编辑”→“差集”。

命令行：SUBTRACT/SU。

功能区：单击“实体”选项卡“布尔值”面板的“差集”按钮。

12.1.2.2 操作步骤

命令：SUBTRACT↙

选择要从中减去的实体、曲面和面域...

选择对象：找到 1 个（选择图 12-1（a）中的长方体后按“Enter”键）
选择对象：↙
选择要减去的实体、曲面和面域...
选择对象：找到 1 个（选择图 12-1（a）中的圆柱体）
选择对象：↙

执行上述操作后，得到如图 12-1（c）中的图形对象。

如果选择的被减对象数目多于 1 个，AutoCAD 2019 在进行 SUBTRACT 命令前会自动运行 UNION 命令先将他们合并。同样，AutoCAD 2019 也会对多个减去对象进行合并。选择时如果颠倒了选择的先后顺序会有不同的结果，即要减去的实体和实体相交的部分同时被减去。

12.1.3　交集运算

用两个或两个以上的实体的公共部分创建复合实体，并删除非重叠部分。

12.1.3.1　命令执行方式

菜单栏：选择“修改”→“实体编辑”→“交集”。

命令行：INTERSECT/IN。

功能区：单击“实体”选项卡“布尔值”面板的“交集”按钮。

12.1.3.2　操作步骤

命令：INTERSECT↙
选择对象：找到 1 个（选择图 12-1（a）中的长方体）
选择对象：找到 1 个，总计 2 个（选择图 12-1（a）中的圆柱体）
选择对象：↙

执行上述操作后，得到如图 12-1（d）中的图形对象。

参加交集运算的多个实体之间必须有公共部分。对于两两相交的图形，若无公共部分，则求交集会得到空集。下图所示为两个重叠的形体进行交集运算的结果。

实体对象进行了布尔运算后不再保留原来各对象，只能进行 UNDO 命令恢复运算前的实体形状。因此，用户可以在进行布尔运算之前把原实体复制或做成块保留起来。

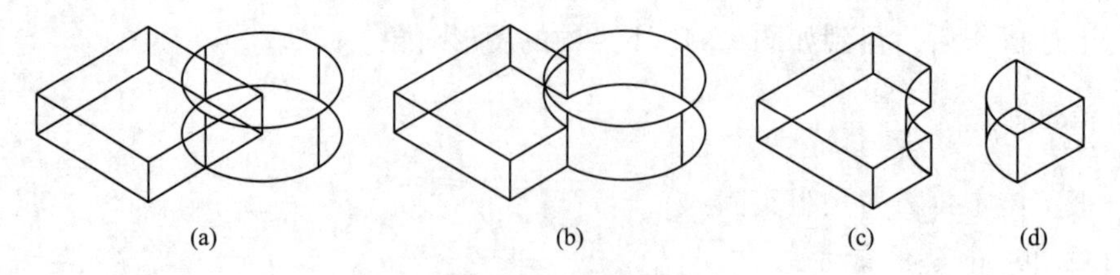

图 12-1　布尔运算
（a）原实体；（b）并集；（c）差集；（d）交集

12.2　三维实体编辑

三维实体编辑（SOLIDEDIT）命令的选项分为三类，分别是边、面和体。AutoCAD

2019 提供了功能强大的实体编辑命令 SOLIDEDIT，使用 SOLIDEDIT 命令可以对实体的边界、表面和实体进行编辑。

命令：SOLIDEDIT↙
实体编辑自动检查： SOLIDCHECK=1
输入实体编辑选项 [面(F)/边(E)/体(B)/放弃(U)/退出(X)] <退出>：*取消*

通过选择不同的编辑选项，执行进一步操作。以下分别进行介绍。

12.2.1 三维实体边编辑

三维实体边编辑包括圆角边、倒角边、复制边、着色边、压印边和提取边。

12.2.1.1 圆角边

利用圆角边功能可以为选定的三维实体对象的边进行圆角，圆角半径可由用户自行设定，但不允许超过圆角的最大半径值。

A 命令执行方式

菜单栏：选择“修改”→“实体编辑”→“圆角边”。

命令行：FILLETEDGE。

功能区：单击“实体”选项卡“实体编辑”面板的“圆角边”按钮。

B 操作步骤

命令：FILLETEDGE↙
半径 =1.0000
选择边或 [链(C)/环(L)/半径(R)]：(选择需要倒圆角的边)
选择边或 [链(C)/环(L)/半径(R)]：↙
已选定 1 个边用于圆角。
按 Enter 键接受圆角或 [半径(R)]：↙

执行上述操作后得到如图 12-2（b）所示的倒圆角边效果。各选项含义说明如下。

（1）“选择边”：指定同一实体上要进行圆角的一个或多个边。按 Enter 键后，可以拖动圆角夹点来指定半径，也可以使用“半径”选项。

（2）“链（C）”：指定多条边的边相切。

（3）“环（L）”：在实体的面上指定边的环。对于任何边，有两种可能的循环。选择循环边后，系统将提示您接受当前选择，或选择下一个循环。

（4）“半径（R）”：指定半径值。

12.2.1.2 倒角边

利用倒角边功能可以为选定的三维实体对象的边进行倒直角，倒角距离可由用户自行设定，但不允许超过可倒角的最大距离值。

A 命令执行方式

菜单栏：选择“修改”→“实体编辑”→“倒角边”。

命令行：CHAMFEREDGE。

功能区：单击“实体”选项卡“实体编辑”面板的“倒角边”按钮。

B 操作步骤

命令：CHAMFEREDGE↙ 距离 1 = 1.0000，距离 2 = 1.0000
选择一条边或［环（L）/距离（D）］：（选择需要倒角的边）
选择同一个面上的其他边或［环（L）/距离（D）］：↙
按"Enter"键接受倒角或［距离（D）］：↙

执行上述操作后得到如图 12-2（c）所示的倒角边效果。各选项说明如下。

（1）"选择边"：选择要建立倒角的一条实体边或曲面边。

（2）"距离（D）"：设定倒角边与选定边的距离。默认值为 1。

（3）"环（L）"：对一个面上的所有边建立倒角。对于任何边，有两种可能的循环。选择循环边后，系统将提示用户接受当前选择，或选择下一个循环。

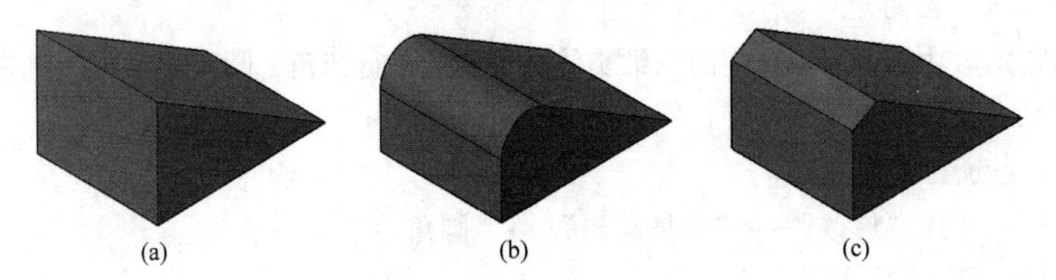

图 12-2 三维倒角效果图
（a）倒圆角前；（b）倒圆角后；（c）倒角边后

12.2.1.3 偏移边

偏移边命令可以偏移三维实体或曲面上平整面的边。其结果会产生闭合多段线或样条曲线，位于与选定的面或曲面相同的平面上，而且可以是原始边的内侧或外侧。

A 命令执行方式

菜单栏：选择"修改"→"实体编辑"→"偏移边"。

命令行：OFFSETEDGE。

功能区：单击"实体"选项卡"实体编辑"面板的"偏移边"按钮。

B 操作步骤

命令：OFFSETEDGE↙ 角点 = 锐化
选择面：（指定需要偏移边所在的平面）
指定通过点或［距离（D）/角点（C）］：（指定通过点）

执行上述操作后得到如图 12-3 所示的偏移边效果。各选项说明如下。

（1）"选择面"：在三维实体或曲面上指定一个平面。

（2）"距离（D）"：从选定面的边在指定距离处创建偏移对象。指定距离：输入偏移距离，或按"Enter"键接受当前距离。在要偏移的一侧指定点：指定点的位置以确定偏移距离是应用于面的内部边还

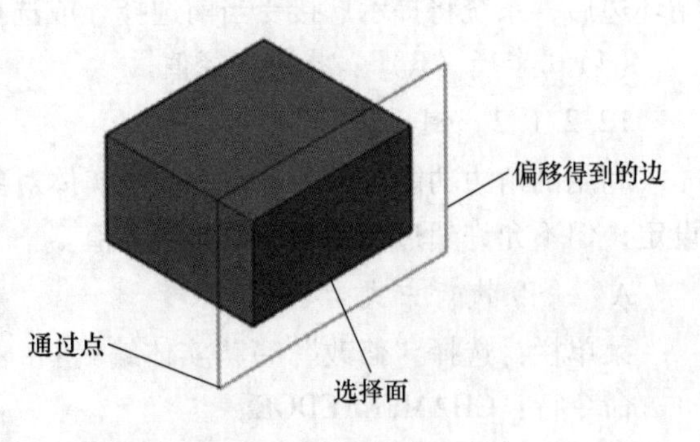

图 12-3 偏移边效果图

是外部边。

(3) “角点 (C)”：当在选定面的外部边上创建时，在偏移对象上指定角点类型。外部和内部角点创建不同的圆角，具体取决于角点是凹面还是凸面。锐化 (S)：在偏移线性线段之间创建尖角。圆滑化 (R)：使用等于偏移距离的半径在偏移线性线段之间创建圆角。生成圆弧的半径等于指定的偏移距离。

12.2.1.4 复制边

复制边功能可以对三维实体对象的各个边进行复制，所复制的边将被生成为直线、圆弧、圆、椭圆或样条曲线。

A 命令执行方式

菜单栏：选择“修改”→“实体编辑”→“复制边”。

功能区：单击“常用”选项卡“实体编辑”面板的“复制边”按钮。

也可以在命令行输入 SOLIDEDIT，执行后依次选择“边 (E)”和“复制 (C)”。

B 操作步骤

命令：SOLIDEDIT↙

实体编辑自动检查： SOLIDCHECK=1

输入实体编辑选项［面(F)/边(E)/体(B)/放弃(U)/退出(X)］<退出>：_edge

输入面编辑选项［拉伸(E)/移动(M)/旋转(R)/偏移(O)/倾斜(T)/删除(D)/复制(C)/颜色(L)/材质(A)/放弃(U)/退出(X)］<退出>：C↙

选择边或［放弃(U)/删除(R)］：(选择需要复制的边，可以选择多个，如图 12-4 所示)↙

指定基点或位移：(选择基点)

指定位移的第二点：(指定位移的第二点，即复制边放置位置)

执行上述操作后得到如图 12-4 所示的复制边效果。

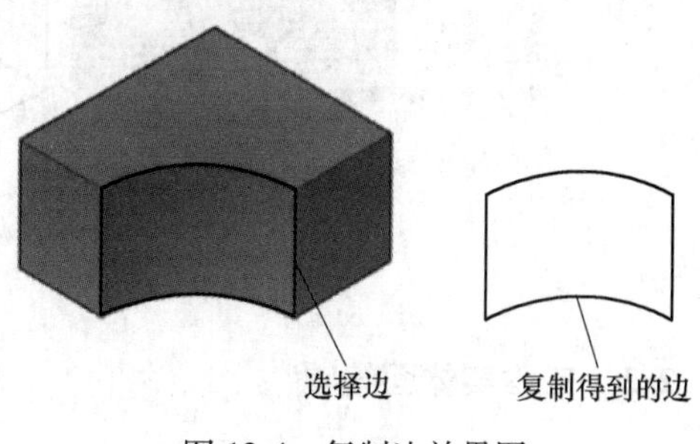

图 12-4 复制边效果图

12.2.1.5 着色边

该命令用于修改边的颜色。

A 命令执行方式

菜单栏：选择“修改”→“实体编辑”→“着色边”。

功能区：单击“常用”选项卡“实体编辑”面板的“着色边”按钮。

B 操作步骤

执行上述命令后，根据提示选择边之后按“Enter”键，调出调色板“选择颜色”对话框。用户按需要选择颜色后，单击“确定”按钮即可。

12.2.1.6 压印边

通过“压印边”命令可以压印三维实体或曲面上的二维几何图形，从而在平面上创建其他边。被压印的对象必须与选定对象的一个或多个面相交，才可以完成压印。

A 命令执行方式

菜单栏：选择“修改”→“实体编辑”→“压印边”。

命令行：IMPRINT。

功能区：单击“常用”选项卡“实体编辑”面板的“压印”按钮。

B 操作步骤

执行上述命令后，根据提示选择三维实体或曲面，继续选择要压印的对象，选择是否删除源对象后，按“Enter”键执行操作即可。

12.2.1.7 提取边

提取边命令可以从实体或曲面提取线框对象。通过提取边命令，可以提取所有边。具有线框的几何体有：三维实体、三维实体历史记录子对象、网格、面域、曲面、子对象（边和面）。

A 命令执行方式

菜单栏：选择“修改”→“实体编辑”→“提取边”。

命令行：XEDGES。

功能区：单击“常用”选项卡“实体编辑”面板的“提取边”按钮。

B 操作步骤

命令：XEDGES↙

选择对象：找到 1 个↙

执行上述操作后得到如图 12-5 所示的提取边效果（注：右图为删除原实体对象后得到的二维线框图像）。

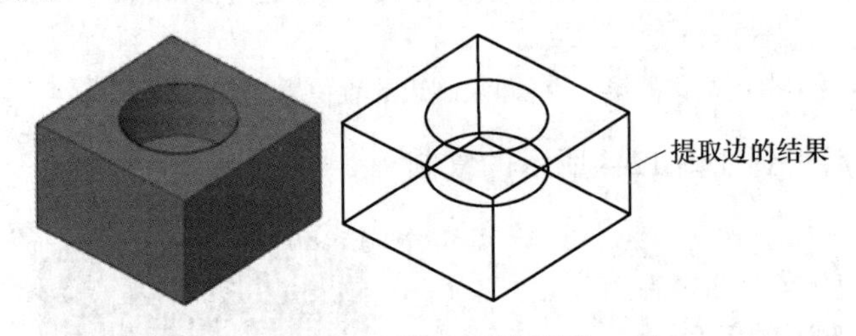

图 12-5 提取边效果图

12.2.2 三维实体面编辑

三维实体面编辑包括拉伸面、移动面、偏移面、删除面、旋转面、倾斜面、着色面和复制面。面的操作方法与边界的操作方法基本一致，本书着重介绍拉伸面、移动面、偏移面、旋转面和倾斜面。

12.2.2.1 拉伸面

指沿指定高度或路径拉伸实体表面，形成新的实体模型。

A 命令执行方式

菜单栏：选择“修改”→“实体编辑”→“拉伸面”。

功能区：单击“常用”选项卡“实体编辑”面板的“拉伸面”按钮。

B 操作步骤

命令：SOLIDEDIT↙

实体编辑自动检查：　SOLIDCHECK＝1

输入实体编辑选项［面(F)/边(E)/体(B)/放弃(U)/退出(X)］<退出>：F↙

输入面编辑选项

［拉伸(E)/移动(M)/旋转(R)/偏移(O)/倾斜(T)/删除(D)/复制(C)/颜色(L)/材质(A)/放弃(U)/退出(X)］<退出>：E↙

选择面或［放弃(U)/删除(R)］:找到一个面(单击选择拉伸的面)

选择面或［放弃(U)/删除(R)/全部(ALL)］:

指定拉伸高度或［路径(P)］：20↙

指定拉伸的倾斜角度 <0>:↙(默认倾斜角度为 0)

已开始实体校验。

已完成实体校验。

执行上述操作后得到如图 12-6 所示的拉伸面效果。

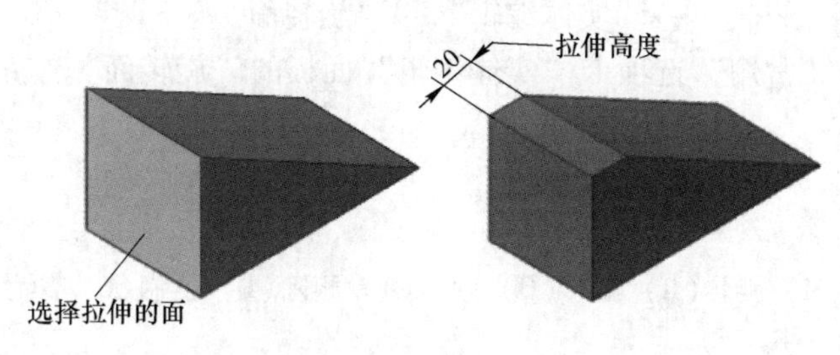

图 12-6　拉伸面效果图

12.2.2.2　移动面

指沿指定距离移动实体表面，形成新的实体模型。

A　命令执行方式

菜单栏：选择“修改”→“实体编辑”→“移动面”。

功能区：单击“常用”选项卡“实体编辑”面板的“移动面”按钮。

B　操作步骤

与拉伸面的操作类似，在选择面并执行后，系统提示“指定基点或位移:”，选择基点和指定位移第二点后完成移动面；或者直接输入位移值完成移动面。

12.2.2.3　偏移面

按指定的距离或通过指定的点均匀的偏移面。正值增大实体尺寸或体积，负值减小实体尺寸或体积。

A　命令执行方式

菜单栏：选择“修改”→“实体编辑”→“偏移面”。

功能区：单击“常用”选项卡“实体编辑”面板的“偏移面”按钮。

B　操作步骤

与拉伸面的操作类似，在选择面并执行后，系统提示“指定偏移距离:”，输入偏移距离并按“Enter”键，完成偏移面。偏移面的效果如图 12-7 所示。

12.2.2.4　旋转面

绕指定的轴旋转一个或多个面或实体的某些部分。当旋转孔时，如果轴或角度选取不

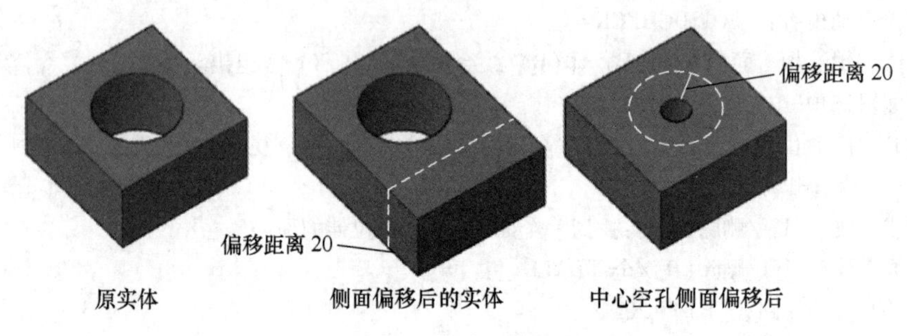

图 12-7　偏移面效果图

合理，会导致孔旋转出实体范围。

A　命令执行方式

菜单栏：选择“修改”→“实体编辑”→“旋转面”。

功能区：单击“常用”选项卡“实体编辑”面板的“旋转面”按钮。

B　操作步骤

……

输入面编辑选项

[拉伸(E)/移动(M)/旋转(R)/偏移(O)/倾斜(T)/删除(D)/复制(C)/颜色(L)/材质(A)/放弃(U)/退出(X)] <退出>:R↙

选择面或[放弃(U)/删除(R)]：找到一个面↙

选择面或[放弃(U)/删除(R)/全部(ALL)]：

指定轴点或[经过对象的轴(A)/视图(V)/x 轴(X)/y 轴(Y)/z 轴(Z)] <两点>：(指定旋转轴第一点)

在旋转轴上指定第二个点：(指定旋转轴上的第二点)

指定旋转角度或[参照(R)]：30↙

已开始实体校验。

已完成实体校验。

执行上述操作后，得到如图 12-8 所示的旋转面效果。

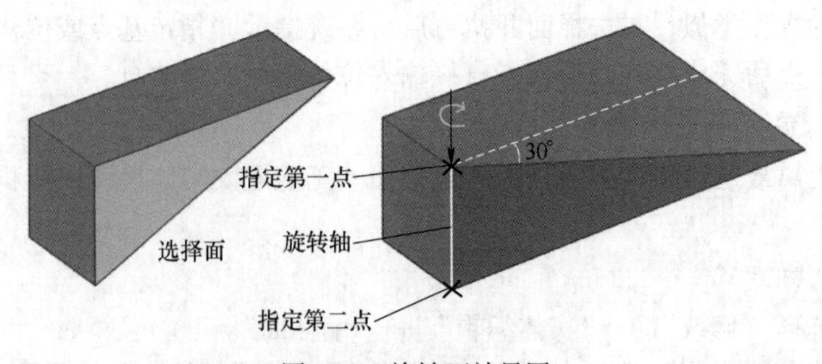

图 12-8　旋转面效果图

12.2.2.5　倾斜面

按角度倾斜面，角度的正方向由右手定则决定，大拇指指向为从基点指向第二个点。

A　执行方式

菜单栏：选择“修改”→“实体编辑”→“倾斜面”。

功能区：单击“常用”选项卡“实体编辑”面板的“倾斜面”按钮。

B 操作步骤

……

输入面编辑选项

[拉伸(E)/移动(M)/旋转(R)/偏移(O)/倾斜(T)/删除(D)/复制(C)/颜色(L)/材质(A)/放弃(U)/退出(X)] <退出>:T↙

选择面或[放弃(U)/删除(R)]：找到一个面↙

选择面或[放弃(U)/删除(R)/全部(ALL)]：

指定基点：

指定沿倾斜轴的另一个点：

指定倾斜角度：30↙

已开始实体校验。

已完成实体校验。

执行上述操作后，得到如图 12-9 所示的倾斜面效果。

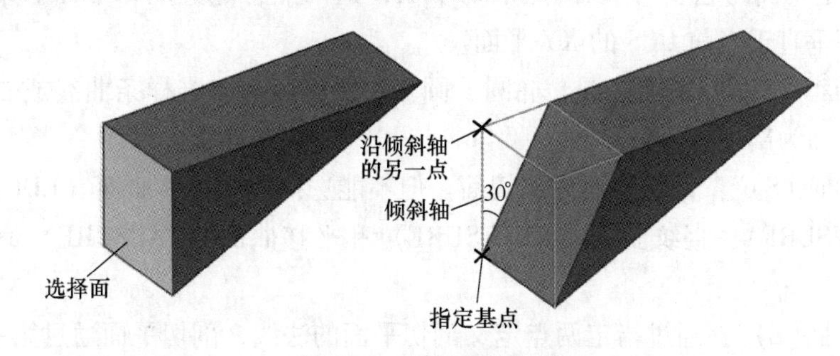

图 12-9 倾斜面效果图

12.2.3 三维实体体编辑

12.2.3.1 剖切

为了查找模型内部结构上的问题，经常要用“剖切”命令沿一个平面或曲面将实体剖切成两个部分。可以删除剖切实体的一部分，也可以将两者都保留。

A 命令执行方式

菜单栏：选择“修改”→“三维操作”→“剖切”。

命令行：SLICE/SL。

功能区：单击“实体”选项卡“实体编辑”面板的“剖切”按钮。

B 操作步骤如下。

命令:SLICE↙

选择要剖切的对象：找到 1 个↙

指定切面的起点或[平面对象(O)/曲面(S)/z 轴(Z)/视图(V)/xy(XY)/yz(YZ)/zx(ZX)/三点(3)] <三点>：↙

指定平面上的第一个点：(指定剖面的第一个点)

指定平面上的第二个点：(指定剖面的第二个点)

指定平面上的第三个点:（指定剖面的第三个点）
在所需的侧面上指定点或［保留两个侧面(B)］<保留两个侧面>:（单击需要保留一侧的实体）

执行上述操作后，得到如图 12-10 所示的剖切效果。

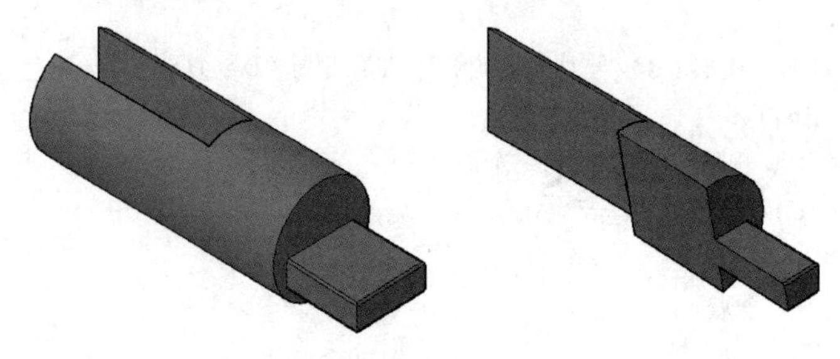

图 12-10　剖切效果图

各选项含义如下。

（1）“指定切面的起点”：以两点剖切平面，这两点将定义剖切平面的角度，剖切平面过这两点并垂直于当前 UCS 的 XY 平面。

（2）“平面对象（O）”：以圆、椭圆、圆弧、椭圆弧、二维样条曲线或二维多段线等对象所在的平面为剖切面。

（3）“曲面（S）”：设置曲面为剖切面。但不能选择使用边界曲面（EDGESURF）、旋转曲面（REVSURF）、直纹曲面（RULESURF）和平移曲面（TABSURF）命令创建的网格曲面。

（4）“Z 轴（Z）”：通过指定两点定义剖切平面的法线，剖切平面通过第一点。

（5）“视图（V）”：通过指定点与当前视图（屏幕）平面平行的平面作为剖切平面。

（6）“XY(XY)/YZ(YZ)/ZX(ZX)”：通过指定点并平行与当前 UCS 的 XY 平面或 YZ 平面或 ZX 平面。

（7）“三点（3）”：用三点确定的平面作为剖切平面。

12.2.3.2　加厚

“加厚”命令可以加厚曲面，从而把它转换成实体。该命令只能由平移、拉伸、扫掠、放样或者旋转命令创建的曲面通过加厚后转换成实体。

A　命令执行方式

菜单栏：选择“修改”→“三维操作”→“加厚”。

命令行：THICKEN。

功能区：单击“实体”选项卡“实体编辑”面板的“加厚”按钮。

B　操作步骤

命令:THICKEN↙
选择要加厚的曲面:（选择曲面）↙
指定厚度 <0.0000>: 5↙

执行上述操作后得到如图 12-11 的效果。

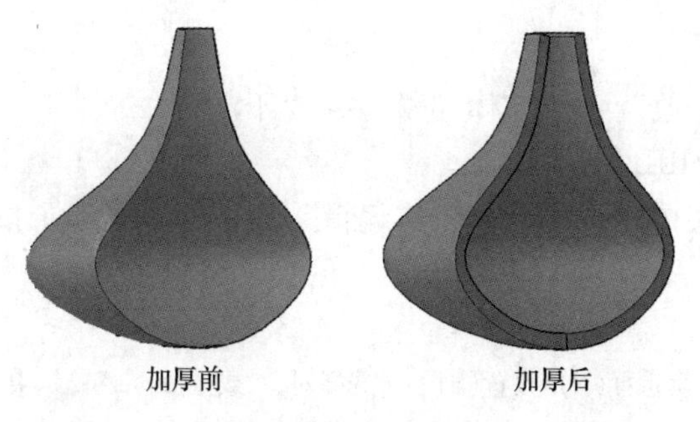

图 12-11　加厚效果图

12.2.3.3　抽壳

抽壳是三维 CAD 里面经常使用的命令。是指将实体保留厚度，然后内部抽空，最后得到壳体。该选项对一个特殊的三维实体只能执行一次。

A　命令执行方式

菜单栏：选择“修改”→“实体编辑”→“抽壳”。

功能区：单击“实体”选项卡“实体编辑”面板的“抽壳”按钮。

B　操作步骤

命令：SOLIDEDIT↙
实体编辑自动检查：　SOLIDCHECK=1
输入实体编辑选项 [面(F)/边(E)/体(B)/放弃(U)/退出(X)] <退出>:
输入体编辑选项
[压印(I)/分割实体(P)/抽壳(S)/清除(L)/检查(C)/放弃(U)/退出(X)] <退出>:S↙
选择三维实体：(选择需要抽壳的实体)
删除面或 [放弃(U)/添加(A)/全部(ALL)]：找到一个面，已删除 1 个。
删除面或 [放弃(U)/添加(A)/全部(ALL)]：↙
输入抽壳偏移距离：3↙
已开始实体校验。
已完成实体校验。

执行上述操作后得到如图 12-12 的抽壳效果。

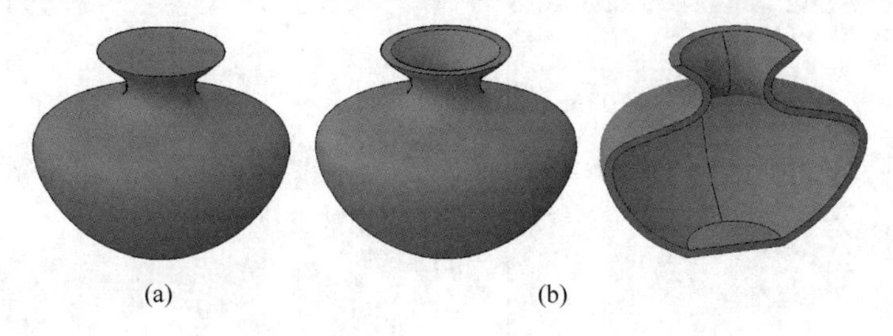

图 12-12　抽壳效果图
（a）抽壳前；（b）抽壳后（右图为剖切后的效果）

12.2.3.4　干涉检查

通过对比两组对象或一对一地检查所有实体来检查实体模型中的相交和重叠的部分，即干涉情况，并用两个实体的交集（干涉部分）生成一个新的实体。

A　命令执行方式

菜单栏：选择“修改”→“实体编辑”→“干涉”。

命令行：INTERFERE。

功能区：单击“实体”选项卡“实体编辑”面板的“干涉”按钮。

B　操作步骤

命令：INTERFERE↙

选择第一组对象或［嵌套选择(N)/设置(S)］：(选择对象，或按“Enter”键结束选择，或输入选项 N 或 S↙)

选择第二组对象或［嵌套选择(N)/检查第一组(K)］<检查>：(选择对象，或按“Enter”键结束选择，或输入选项 N 或 S↙，或直接按“Enter”键)

执行上述操作后，得到如图 12-13 所示的干涉检查效果。

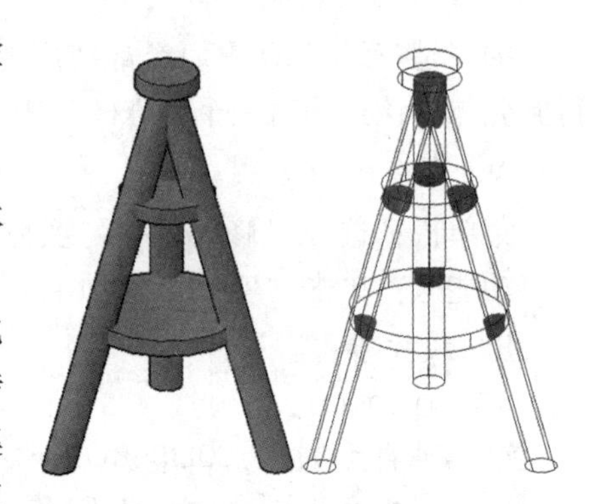

图 12-13　干涉检查

各选项含义说明如下。

(1) 干涉检查通过从两个或多个实体的公共体积创建临时组合三维实体，并亮显重叠的三维实体。

(2) 如果定义了单个选择集，干涉检查将对比集合中的全部实体。如果定义了两个选择集，干涉检查将对比第一个选择集中的实体与第二个选择集中的实体。如果在两个选择集中都包括了同一个三维实体，干涉检查将此三维实体视为第一个选择集中的一部分，而在第二个选择集中忽略它。

(3)“嵌套选择(N)”：使用户可以选择嵌套在块和外部参照中的单个实体对象。

(4)“设置(S)”：系统将显示“干涉设置”对话框，如图 12-14 所示。主要控制干涉对象的显示。

(5)“检查第一组(K)”：系统将显示“干涉检查”对话框，如图 12-15 所示。使用户可以在干涉对象之间循环并缩放干涉对象。也可以指定关闭对话框时是否删除干涉对象。

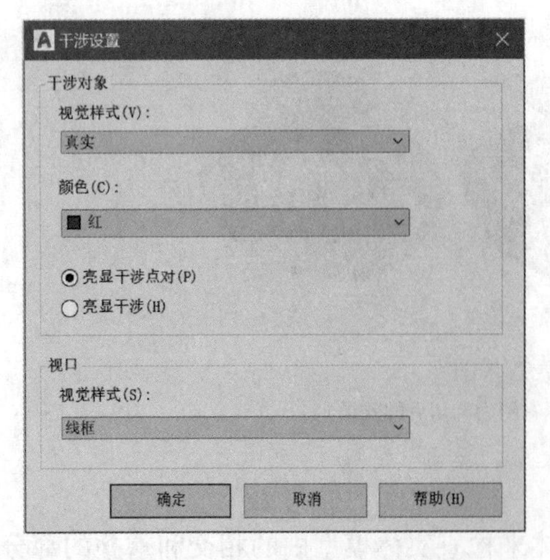

图 12-14　“干涉设置”对话框

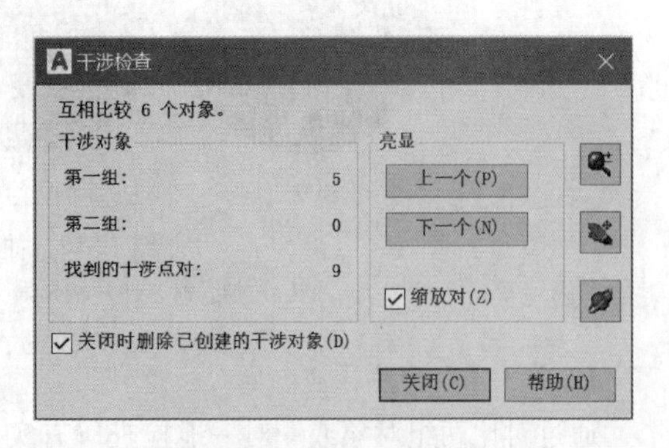

图 12-15　“干涉检查”对话框

12.3　三维图形的操作

在三维空间中编辑对象时，除了直接使用二维空间中的“移动”“镜像”和“阵列”等编辑命令外，AutoCAD 还提供了专门用于编辑三维图形的编辑命令，主要有三维移动（3DMOVE）、三维旋转（3DROTATE）、三维镜像（MIRROR3D）、三维阵列（3DARRAY）和三维对齐（3DALIGN）等命令。

12.3.1　三维移动

三维移动命令在三维视图中显示移动夹点工具，并沿着指定方向将对象移动指定距离。

12.3.1.1　命令执行方式

菜单栏：选择“修改”→“三维操作”→“三维移动”。

命令行：3DMOVE。

功能区：单击“常用”选项卡“修改”面板的“三维移动”按钮。

12.3.1.2　操作步骤

命令：3DMOVE↙

选择对象：（选择需要移动的对象，按“Enter”键结束选择）

指定基点或［位移(D)］<位移>：（指定基点或输入 D↙）

指定第二个点或 <使用第一个点作为位移>：（指定第二点或按“Enter”键结束）

相关选项说明如下。

（1）使用第一个点作为位移：把第一点作为相对 X、Y、Z 的位移。例如，如果将基点指定为 2，3，然后在下一个提示下按 Enter 键，则对象将从当前位置沿 X 方向移动 2 个单位，沿 Y 方向移动 3 个单位。

（2）输入 D：以坐标的形式输入所选对象沿当前坐标系的 X、Y 和 Z 移动的距离和方向。

12.3.2　三维旋转

三维旋转命令可以使指定对象绕预定义轴，按指定基点、角度旋转三维对象。

12.3.2.1　命令执行方式

菜单栏：选择“修改”→“三维操作”→“三维旋转”。

命令行：3DROTATE。

功能区：单击“常用”选项卡“修改”面板的“三维旋转”按钮。

12.3.2.2　操作步骤

命令：3DROTATE↙

UCS 当前的正角方向：　ANGDIR＝逆时针　ANGBASE＝0

选择对象：（选择需要移动的对象，按“Enter”键结束选择）

指定基点：（指定点）

拾取旋转轴:(在旋转夹点工具上单击轴控制柄确定旋转轴)
指定角的起点或键入角度:(指定点或输入角度↙)
指定角的端点:(指定点)

选择对象后会显示旋转夹点工具，如图 12-16 所示，其中有一个旋转中心和 3 个轴控制柄（红、黄、蓝分别表示绕 X、Y、Z 轴旋转）。选择旋转轴时，将光标悬停在夹点工具的轴控制柄上，直到光标变为黄色并显示矢量轴，单击选中该轴。

角度可以直接输入数值或者给出角的起点和端点，这两点与基点连线夹角为相对旋转角度。

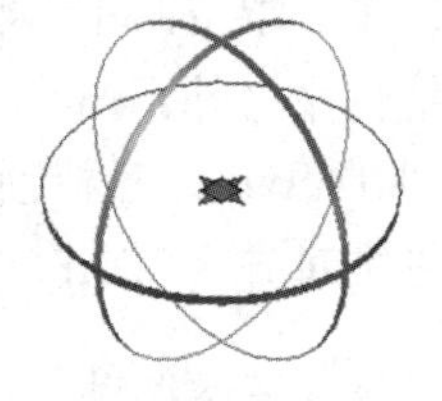
图 12-16　旋转夹点工具

12.3.3　三维镜像

三维镜像是将三维实体模型按照指定的平面进行对称复制，选择的镜像平面可以是对象的点，三点创建的面，也可以是坐标系的三个基准平面。

12.3.3.1　命令执行方式

菜单栏：选择“修改”→“三维操作”→“三维镜像”。

命令行：MIRROR3D。

功能区：单击“常用”选项卡“修改”面板的“三维镜像”按钮。

12.3.3.2　操作步骤

命令：MIRROR3D↙
选择对象:(选择需要镜像的对象,按“Enter”键结束选择)
指定镜像平面 (三点) 的第一个点或[对象(O)/最近的(L)/Z 轴(Z)/视图(V)/XY 平面(XY)/YZ 平面(YZ)/ZX 平面(ZX)/三点(3)] <三点>:输入确定镜像平面的选项,默认为三点方式↙
在镜像平面上指定第一点:(指定点 1)
在镜像平面上指定第二点:(指定点 2)
在镜像平面上指定第三点:(指定点 3)
是否删除源对象? [是(Y)/否(N)] <否>: 选择 Y 或直接按“Enter”键(默认否)

执行上述操作，得到如图 12-17 所示由 1、2、3 三点确定的平面镜像结果。

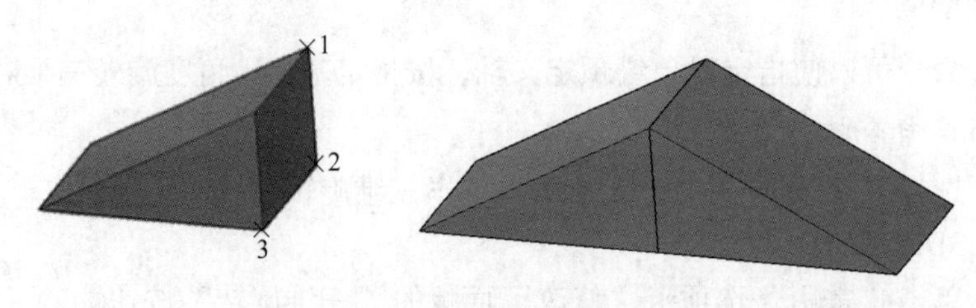

图 12-17　三维镜像结果

三维镜像命令与二维镜像命令类似，二维镜像指定镜像线，三维镜像指定镜像平面，镜像平面可以是空间上的任意平面。AutoCAD 提供了如下定义镜像平面的方式。

(1)“对象 (O)”：选择图形中现有的平面对象作为镜像平面，这些平面对象只能是圆、圆弧或二维多段线线段。

（2）“最近的（L）”：使用上一个三维镜像操作的镜像平面作为此次镜像操作的镜像平面。

（3）“Z 轴（Z）”：使用两点来定义平面法线从而定义镜像平面，镜像平面将通过第一个指定点。

（4）“视图（V）”：定义通过指定点与当前视图（屏幕）平行的平面作为镜像平面。

（5）“XY 平面(XY)/YZ 平面(YZ)/ZX 平面(ZX)”：定义通过指定点并与当前坐标系的 XY 平面（或 YZ 平面或 ZX 平面）平行的平面作为镜像平面。

（6）“三点（3）”：由指定的 3 点确定的平面作为镜像平面。

12.3.4 对齐

在二维和三维空间将选定的对象与其他对象对齐。

12.3.4.1 命令执行方式

菜单栏：选择“修改”→“三维操作”→“对齐”。

命令行：ALIGN。

功能区：单击“常用”选项卡“修改”面板的“对齐”按钮。

12.3.4.2 操作步骤

命令:ALIGN↙
选择对象:(选择对齐操作的源对象,按“Enter”键结束选择)
指定第一个源点:(在源对象上拾取第一个点)
指定第一个目标点:(在目标对象上拾取第一个点)
指定第二个源点:(在源对象上拾取第二个点)
指定第二个目标点:(在目标对象上拾取第二个点)
指定第三个源点或 <继续>:(拾取点或按“Enter”键结束)

如果继续指定第三个源点，则系统提示指定第三个目标点：拾取点，结束命令；如果按“Enter”键，则系统“是否基于对齐点缩放对象？［是(Y)/否(N)］<否>:”，如果选择 Y，将以第一、第二目标点之间的距离作为要缩放对象的参考长度。只有使用两点对齐对象时才能进行缩放。

对齐操作的第一个源点与第一个目标点组成第一组点对，是移动的依据；第二个源点与第二个目标点组成第一组点对，是旋转的依据，即将第一、第二源点间的连续旋转一定角度后与第一、第二目标点间的连续对齐。第三个源点与第三个目标点组成第三组点对，也是旋转的依据，如果指定了第三组点对，则允许再次旋转对象，使第二源点与第三源点间的连续与目标对象上的第二目标点与第三目标点间的连续对齐。

对齐操作的结果如图 12-18 所示。

12.3.5 三维对齐

在二维和三维空间将选定的对象与其他对象对齐。

12.3.5.1 命令执行方式

菜单栏：选择“修改”→“三维操作”→“三维对齐”。

命令行：3DALIGN。

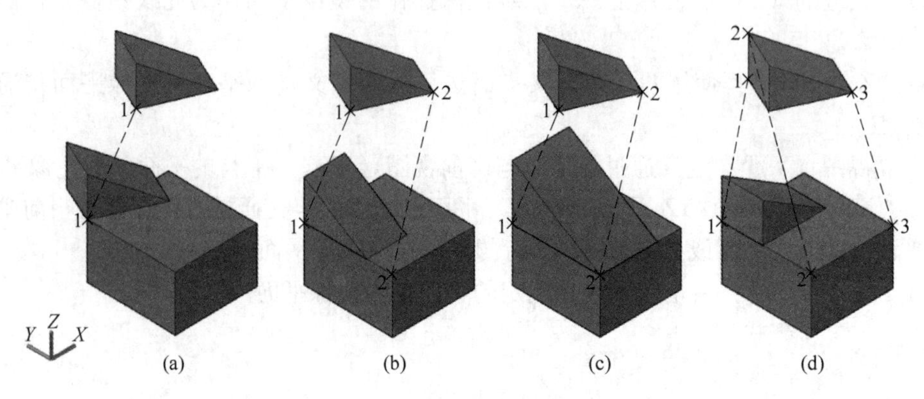

图 12-18 对齐操作
（a）一点对齐；（b）两点对齐（不缩放）；（c）两点对齐（缩放）；（d）三点对齐

功能区：单击“常用”选项卡“修改”面板的“三维对齐”按钮。

12.3.5.2 操作步骤

命令：3DALIGN↙
选择对象：(选择对齐操作的源对象，按“Enter”键结束选择)
指定源平面和方向 ...
指定基点或［复制(C)］：(指定点或输入 C 以创建副本)
指定第二个点或［继续(C)］<C>：(指定对象的 X 轴上的点，或按“Enter”键)
指定第三个点或［继续(C)］<C>：(指定对象的正 XY 平面上的点，或按“Enter”键)
指定目标平面和方向 ...
指定第一个目标点：(指定目标基点)
指定第二个目标点或［退出(X)］<X>：(指定目标的 X 轴上的点，或按“Enter”键)
指定第三个目标点或［退出(X)］<X>：(指定目标的正 XY 平面上的点，或按“Enter”键)

执行上述操作后，得到如图 12-19 所示的三维对齐效果。

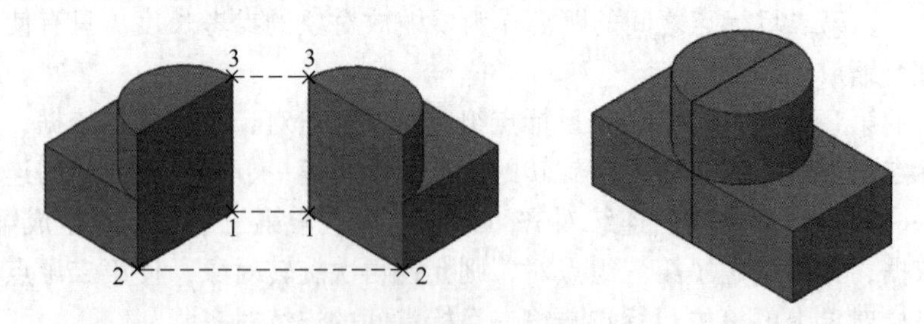

图 12-19 三维对齐操作

各选项含义说明如下。

（1）源对象的基点将被移动到目标的基点。

（2）第二个源点在平行于当前 UCS 的 XY 平面的平面内指定源的新 X 轴方向。如果直接按 Enter 键而没有指定第二个点，将假设 X 轴和 Y 轴平行于当前 UCS 的 X 和 Y 轴。

（3）第三个源点将完全指定源对象的 X 轴和 Y 轴的方向，这两个方向将与目标平面对齐。

（4）第二个目标点在平行于当前 UCS 的 XY 平面的平面内指定目标的新 X 轴方向。

如果直接按 Enter 键而没有指定第二个点，将假设目标的 X 轴和 Y 轴平行于当前 UCS 的 X 轴和 Y 轴。

（5）第三个目标点将完全指定目标平面的 X 轴和 Y 轴的方向。

12.3.6 三维阵列

二维阵列命令（ARRAY）可以操作三维对象，在 AutoCAD 2019 中，可调用三维空间阵列在三维空间复制对象。

12.3.6.1 执行方式

菜单栏：选择“修改”→“三维操作”→“三维阵列”。

命令行：3DARRAY/3A。

12.3.6.2 操作步骤

命令：3DARRAY↙
正在初始化... 已加载 3DARRAY。
选择对象:选择需要阵列的对象
输入阵列类型［矩形(R)/环形(P)］<矩形>:

（1）若直接按 Enter 键，系统将默认执行矩形阵列，提示如下。

输入行数（---）<1>：定义阵列行数,如 3↙
输入列数（|||）<1>：定义阵列列数,如 4↙
输入层数（...）<1>：默认为 1↙
指定行间距（---）:输入行间距↙
指定列间距（|||）：输入列间距↙
指定层间距（...）：

执行上述操作，得到如图 12-20 所示的三维矩形阵列效果。

（2）若输入 P，执行环形阵列，则系统提示。

输入阵列中的项目数目：(定义复制数量)
指定要填充的角度（+=逆时针，-=顺时针）<360>：(定义圆周角度)
旋转阵列对象？［是(Y)/否(N)］<Y>:
指定阵列的中心点:(指定点,定义阵列中心)
指定旋转轴上的第二点:(指定点,与中心点定义旋转对象的旋转轴)

三维环形阵列操作的结果如图 12-21 所示。

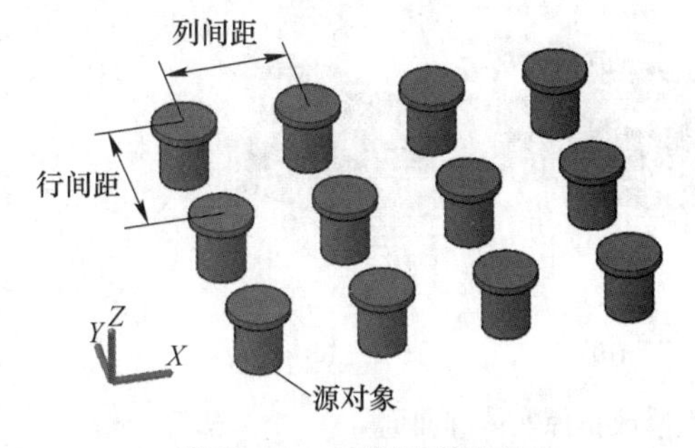

图 12-20 三维矩形阵列

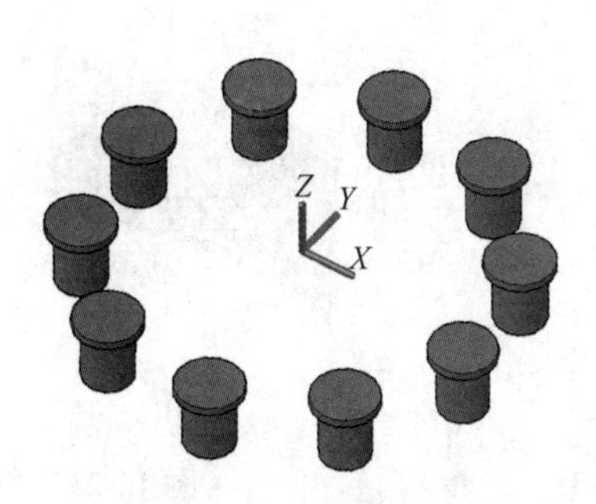

图 12-21 三维环形阵列

12.4　利用夹点编辑三维对象

使用夹点编辑可以修改大多数的三维实体，基本的三维实体（长方体、圆柱、球、圆锥等）、拉伸体、旋转体、放样体以及经过布尔运算形成的复杂三维实体都能通过夹点编辑来修改。

（1）图元实体形状和多段体。

可以拖动夹点以更改图元实体和多段体的形状和大小。例如，可以更改圆锥体的高度和底面半径，而不丢失圆锥体的整体形状。拖动顶面半径夹点可以将圆锥体变换为具有平顶面的圆台，如图 12-22 所示。

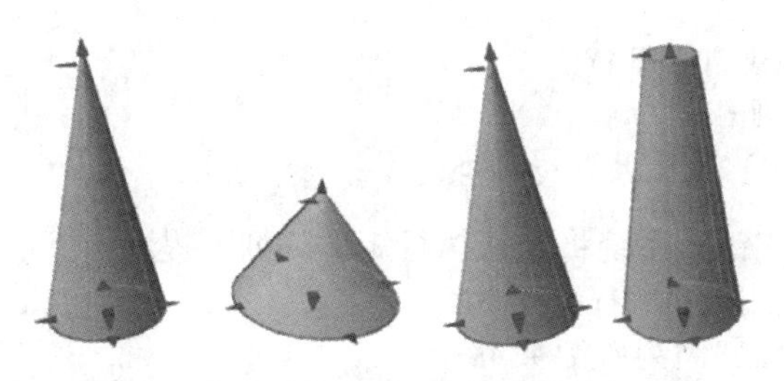

图 12-22　利用夹点修改形状和大小

（2）拉伸实体和曲面。

通过拉伸二维对象创建三维实体和曲面。选定拉伸实体和曲面时，将在其轮廓上显示夹点。轮廓是指用于定义拉伸实体或曲面形状的原始轮廓。拖动轮廓夹点可以修改对象的整体形状。

如果拉伸是沿扫掠路径创建的，则可以使用夹点来操作该路径。如果路径未使用，则可以使用拉伸实体或曲面顶部的夹点来修改对象的高度。

（3）扫掠实体和曲面。

扫掠实体和曲面将在扫掠截面轮廓以及扫掠路径上显示夹点。可以拖动这些夹点以修改实体或曲面，如图 12-23 所示。

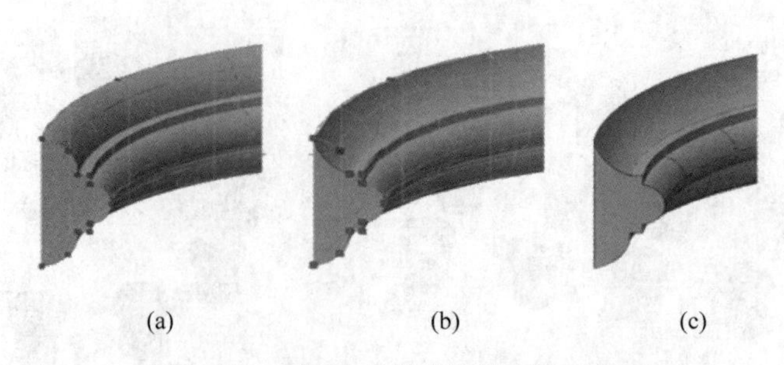

(a)　(b)　(c)

图 12-23　利用夹点修改扫掠实体和曲面

（a）扫掠多段线；（b）拉伸多段线顶点以更改轮廓；（c）修改轮廓后的扫掠多段线

（4）放样实体和曲面。

根据放样实体和曲面的创建方式，实体或曲面在其定义的直线或曲线上显示夹点：拖动定义的任意直线或曲面上的夹点可以修改形状（见图 12-24）。如果沿路径放样对象，则只能编辑第一个和最后一个横截面之间的路径部分（注：用户不能使用夹点来修改使用导向曲线创建的放样实体或曲面）。

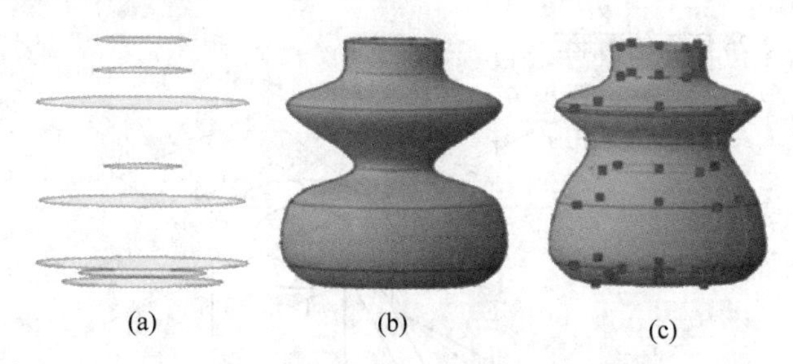

图 12-24　利用夹点修改放样实体和曲面

（a）横截面；（b）放样实体；（c）修改过横截面的放样实体

（5）旋转实体和曲面。

旋转实体和曲面在位于其起点上的旋转轮廓上显示夹点。可以使用这些夹点来修改曲面的实体轮廓（见图 12-25）。

在旋转轴的端点处也将显示夹点。通过将夹点拖动到其他位置，可以重新定位旋转轴。

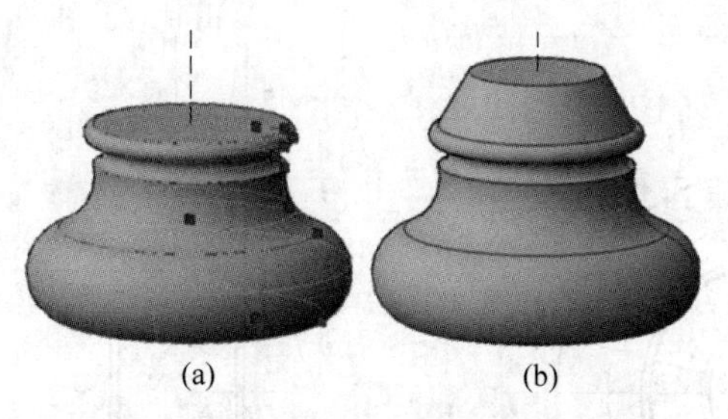

图 12-25　利用夹点修改旋转实体和曲面

（a）旋转曲面；（b）修改轮廓后的旋转曲面

12-1　选择题

1. 以下操作不属于布尔运算的是（　　）。

A　交集　　B　差集　　C　补集　　D　并集

2. 三维绘图中，关于 REVOLVE（旋转）生成图像的命令，不正确的是（　　）。

A　可以对面域进行旋转　　B　可以旋转特定的角度

C　旋转对象可以跨越旋转轴两侧　　D　按照所选择轴的方向进行旋转

3. 以下关于“三维镜像”和“二维镜像”命令表述正确的是（　　）。

A　“三维镜像”只能镜像三维实体模型

B　“二维镜像”只能镜像二维对象

C　“三维镜像”命令定义镜像面，“二维镜像”命令定义镜像线

D　可以通用，没什么区别

4. 线框（网格）模型不能做（　　）操作。

A　移动　　B　旋转　　C　布尔运算　　D　渲染

12-2　练习题

按要求绘制如图 12-26 所示的图形。

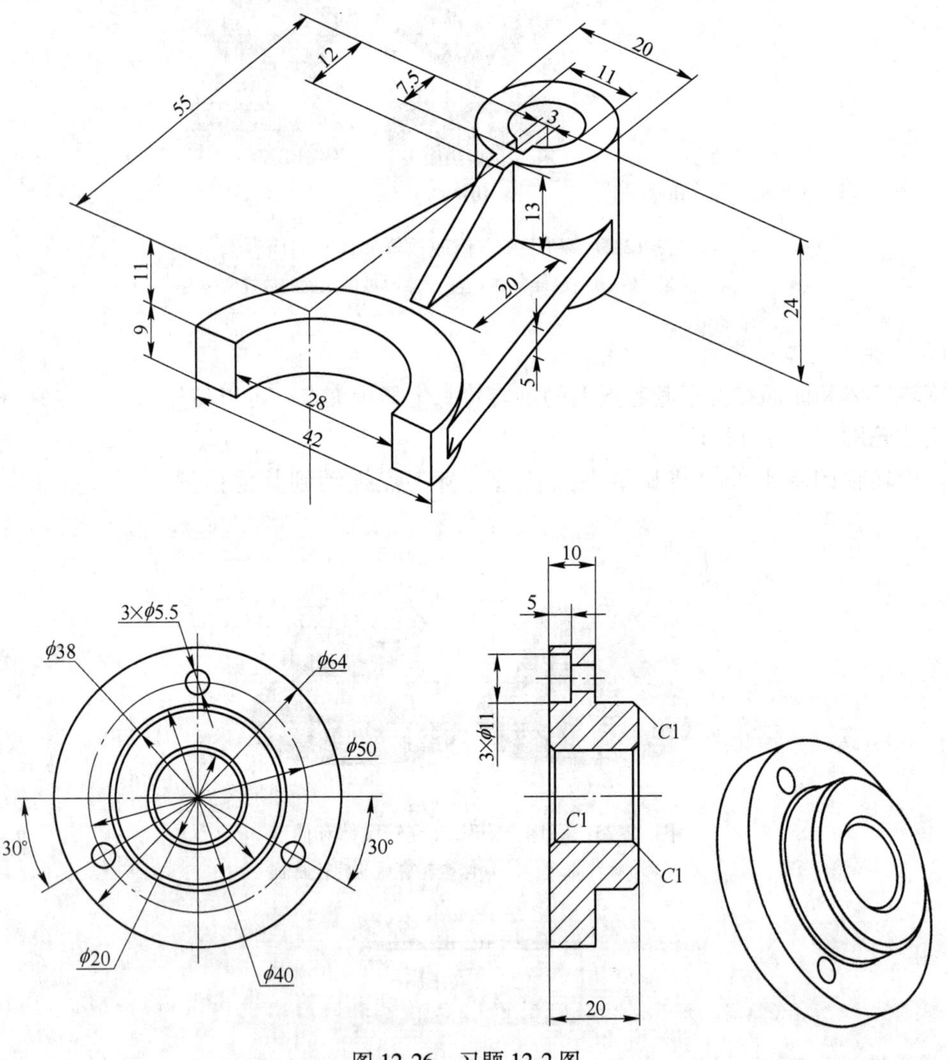

图 12-26　习题 12-2 图

12-3　思考题

哪些二维命令可以在三维里使用，并且与相应的三维命令有什么异同之处。

13 输出与打印图形

用户在完成图形设计与绘制后，可以利用数据输出把图形保存为特定的文件类型，或者通过打印机、绘图仪将图形输出到图纸上。

13.1 图形输出

（1）命令执行方式。

菜单栏：单击应用程序图标A→“输出”→选择需要输出的图形格式，如图 13-1（a）所示。

命令行：EXPORT/EXP。

功能区：单击“输出”选项卡“输出为 DWF/PDF”面板相应选项进行输出设置，如图 13-1（b）所示。

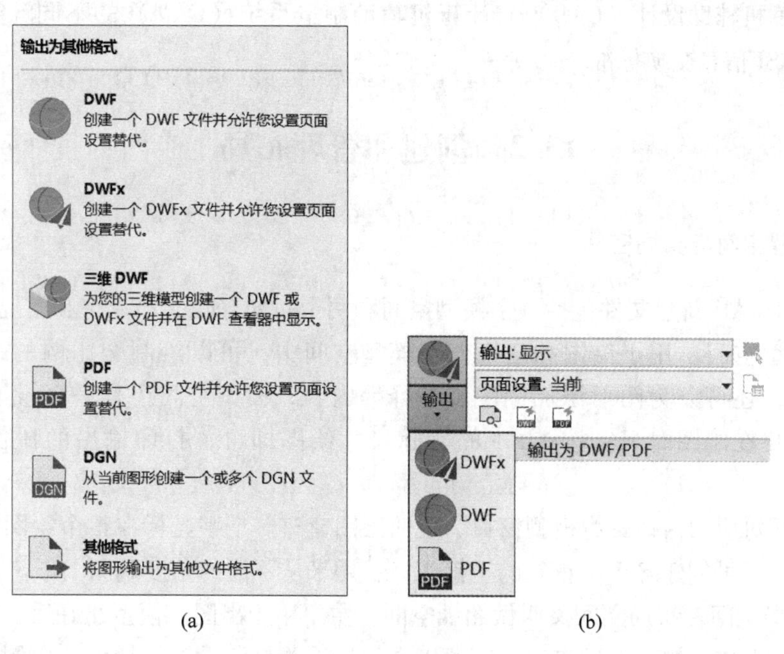

(a) (b)

图 13-1 图形“输出”对话框

（2）操作步骤。

执行图形输出命令后，根据图 13-1 中所示对话框，在文件类型列表中选择对象输出的类型，在“文件名”文本框中输入要创建文件的名称。AutoCAD 2019 包括以下输出类型。

1）BMP：独立于硬件设备的位图文件，BMP 文件格式是 Windows 环境中交换与图形有关的数据的一种标准。

2）DWF：DWF 是一种不可编辑的安全的文件格式，以 DWF 文件格式分发和检查的数字设计数据能够按照设计者的意图显示。使用 Volo View，审阅人员可以查看、标记和打印 DWF 图形，但不能修改原始图形。

3）WMF：WMF 是 Windows Metafile 的缩写，简称图元文件，是微软公司定义的一种 Windows 平台下的图形文件格式。

4）SAT：ACIS 实体对象文件，由 ACIS 核心所开发出来的应用程序的共通格式档案。

5）STL：即 Standard Template Library，标准模板库，惠普实验室开发的一系列软件的统称。

6）DXX：属性提取 DXF 文件。

7）DWG：AutoCAD 块文件。

8）DGN：是一种 CAD 文件格式，为奔特力（Bentley）工程软件系统有限公司的 MicroStation 和 Intergraph 公司的 Interactive Graphics Design System（IGDS）CAD 程序所支持。

9）IGES：图形交换标准文件。The Initial Graphics Exchange Specification（IGES）是被定义基于计算机辅助设计（CAD）& 计算机辅助制造系统（CAM）的不同计算机系统之间的通用 ANSI 信息交换标准。

13.2　创建和管理布局

13.2.1　模型空间与布局空间

通常 AutoCAD 新建文件包括一个模型空间和两个布局空间（布局 1 和布局 2）。

（1）模型空间。用于绘图和建模，在模型空间中，可以绘制全比例的二维图形或者三维模型，还可以为图形添加标注和注释等内容，模型空间还是一个没有界限的三维空间，用户在绘图时只需按 1∶1 的实际尺寸绘图即可，打印输出的比例在布局空间设置。

模型空间对应的窗口称为模型窗口，也叫绘图窗口。十字光标在整个绘图区域都处于激活状态，并且可创建多个不重复的平铺视口，用来从不同的角度观测图形。

（2）布局空间。布局空间又叫做图纸空间，主要用于出图。模型建好后，需要将模型打印到纸面上形成图样。使用布局空间可以方便地设置打印设备、纸张、比例尺、图样布局，并可以预览实际出图的效果。

布局空间对应的窗口叫做布局窗口，单击工作区左下角的布局按钮，可以从模型窗口切换到各个布局窗口。单击添加布局按钮“+”，可以在同一个 CAD 文档中创建多个不同的布局图。当需要将多个视图放在同一张图样上输出时，通过布局就可以很方便地控制图形的位置，输出比例等参数。

13.2.2 使用向导创建布局

13.2.2.1 命令执行方式

菜单栏：选择“工具”→“向导”→“创建布局”

命令行：LAYOUTWIZARD。

13.2.2.2 操作步骤

执行上述命令后，调出“创建布局”对话框，如图13-2所示。用户只需要按照该向导的提示，依次完成相关设置，即可创建一个新的布局。

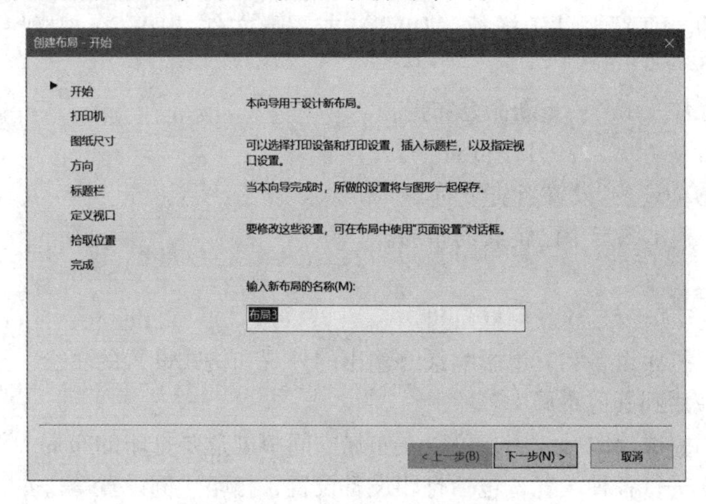

图13-2 “创建布局”对话框

利用布局向导创建布局的步骤包括以下内容。

（1）开始：创建新布局的名称。

（2）打印机：为新布局选择配置绘图仪。

（3）图纸尺寸：选择布局使用的图纸尺寸及选择图形单位。

（4）方向：选择图形在图纸上的打印方向，包括纵向和横向两种方式。

（5）标题栏：选择用于此布局的标题栏。

（6）定义视口：设置布局中浮动视口的个数和各个视口的比例。

（7）拾取位置：定义每个视口的位置。

首次单击布局选项卡时，页面上将显示单一视口。虚线表示图纸空间中当前配置的图纸尺寸和绘图仪的可打印区域。

13.2.3 创建并管理布局

13.2.3.1 命令执行方式

菜单栏：选择“插入”→“布局”→“新建布局”。

命令行：LAYOUT/LO。

快捷方式：直接单击工作区左下角的布局按钮，或者在“模型”和“布局”按钮上单击鼠标右键，从弹出的快捷菜单中选择“新建布局”。通过选择快捷菜单中的“激活前一个布局”命令，也可以激活“布局”选项卡。

13.2.3.2 操作步骤

命令:LAYOUT↙

输入布局选项［复制(C)/删除(D)/新建(N)/样板(T)/重命名(R)/另存为(SA)/设置(S)/?］<设置>: ↙

各选项含义如下。

(1)“复制（C)”：复制布局。

(2)“删除（D)”：删除布局。

(3)“新建（N)”：创建一个新的布局选项卡。

(4) “样板（T)”：基于样板（DWT）或图形文件（DWG）中现有的样板创建新布局。

(5)“重命名（R)”：重新命名布局。

(6)“另存为（SA)”：另存布局。

(7)“设置（S)”：设置当前布局。

(8)“?”：列出图形中已定义的布局。

13.2.4 页面设置

页面设置是打印设备和其他影响最终输出的外观和格式设置的集合。用户可以修改这些设置并将其应用到其他布局中。

在模型空间完成绘图后，用户可以在布局空间中创建要打印的布局。设置布局后就可以为布局的页面进行各种设置，包括打印设备设置、打印比例设置等。页面设置中指定的各种设置和布局一起存储在图形文件中。用户可以随时修改页面设置中的选项。

13.2.4.1 命令执行方式

菜单栏：单击应用程序图标→“打印”→“页面设置”。

命令行：PAGESETUP。

功能区：单击“输出”选项卡“打印”面板的“页面设置管理器”按钮。

快捷方式：在“模型”和“布局”按钮上单击鼠标右键，从弹出的快捷菜单中选择“页面设置管理器”。

13.2.4.2 操作步骤

命令:PAGESETUP↙

执行操作后弹出“页面设置管理器”对话框，如图13-3所示。

各选项的含义如下。

(1)“当前页面设置”：列出了当前可选择的布局。

(2)“置为当前（S)”：将选中的页面设置为当前布局。

(3)“新建（N)”：单击该按钮，打开“新建页面设置”对话框，从中创建新的布局。

(4)“修改（M)”：修改选中的布局。

(5)“输入（I)”：打开“从文件选中页面设置”对话框，选择已经设置好的布局。

当在“页面设置管理器”对话框中选择一个布局，并单击“修改”按钮，系统将打开“页面设置”对话框，如图13-4所示。

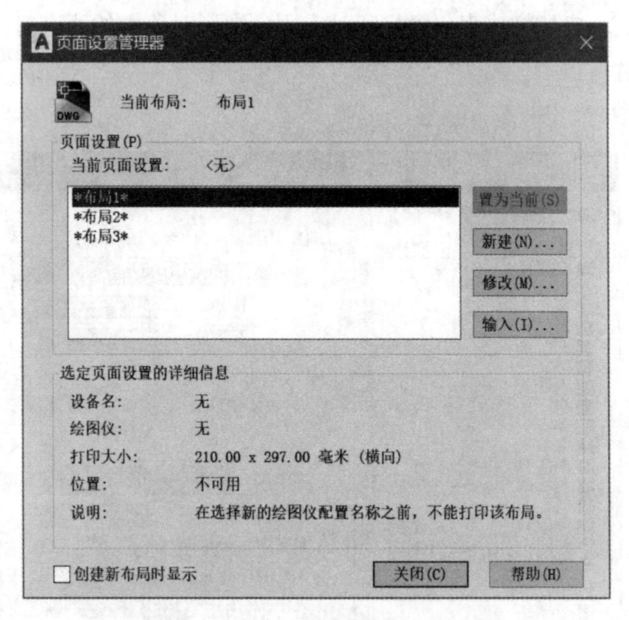

图 13-3 “页面设置管理器”对话框

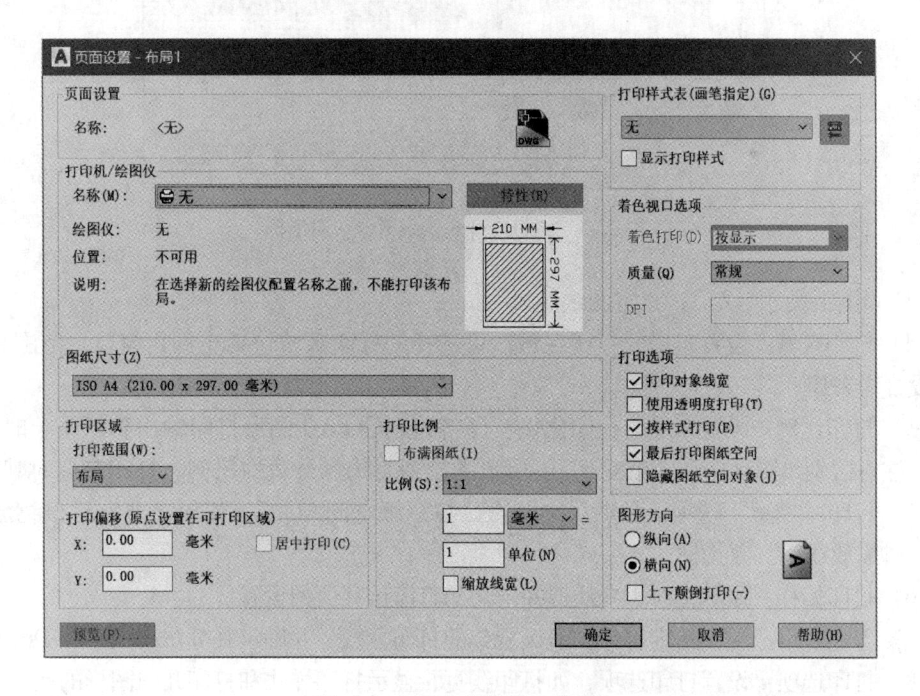

图 13-4 “页面设置”对话框

（1）“打印机/绘图仪”：设置打印机的名称、位置。单击“特性”按钮，打开“绘图仪配置编辑器”对话框，可以查看或修改打印机的配置信息。

（2）“打印样式表（G）”：为当前的布局指定打印样式和打印样式表。在下拉列表框中选择一个打印样式后，单击“编辑”按钮打开如图 13-5 所示的“打印样式表编辑器”对话框，查看或修改打印样式。打印样式表包含打印时应用到图形对象中的所有打印样式，它控制打印样式定义。

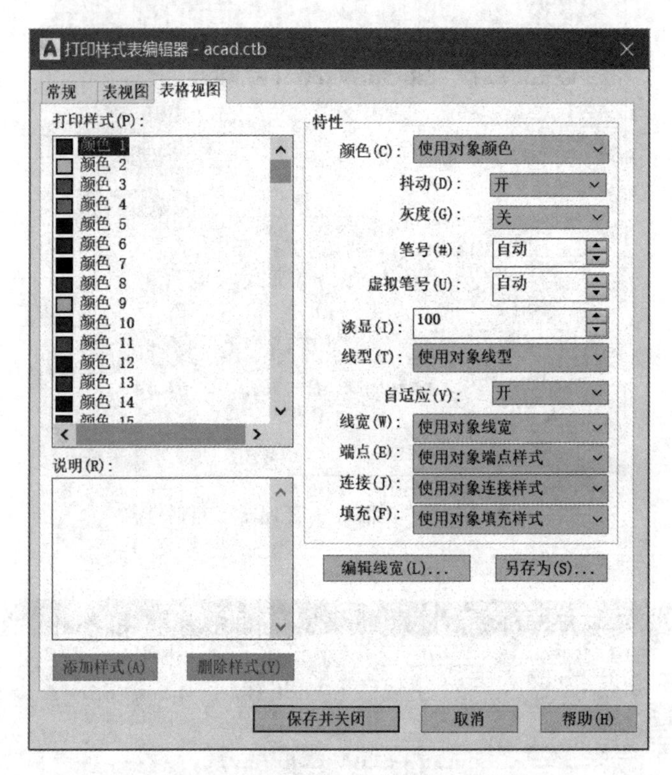

图 13-5 “打印样式表编辑器”对话框

(3)“图纸尺寸（Z)”：指定图纸的大小。

(4) 打印区域：设置布局的打印区域。可选择的打印区域包括布局、窗口、范围和显示。默认设置为布局。

(5) 打印比例：设置布局的打印比例，即将绘制的 CAD 图形打印输出到纸张上时的缩放比例（注意区别绘图比例和图纸比例）。单击下拉列表选择合适的比例。打印布局时默认比例为 1∶1。打印“模型”选项卡是默认比例为“按图纸空间缩放”。如果需要按比例缩放线宽，可选择“缩放线宽”复选框。

(6) 打印偏移：显示相对于介质源左下角的打印偏移值的设置。

(7) 着色视口选项：指定着色和渲染视口的打印方式，并确定其分辨率大小和 DPI 值。

(8) 打印选项：设置打印选项，如打印线宽、显示打印样式和打印几何图形的次序等。

(9) 图纸方向：指定图形打印的方向，包括纵向、横向和上下颠倒打印。

13.3 打印图形

在设置好布局和页面后，可以通过打印命令将模型输出到文件，或者使用打印机、绘图仪等设备输出到图纸。

13.3.1 打印预览

13.3.1.1 命令执行方式

菜单栏：单击应用程序图标→“打印”→“打印预览”。

命令行：PREVIEW。

功能区：单击“输出”选项卡“打印”面板的“预览”按钮。

13.3.1.2 操作步骤

执行打印预览命令后，系统按照当前的页面设置、绘图设备及绘图样式等在屏幕上预览显示图形在打印时的确切外观、包括线宽、填充图案和其他打印样式选项。

13.3.2 打印

13.3.2.1 命令执行方式

菜单栏：单击应用程序图标→“打印”→“打印”。

命令行：PLOT。

功能区：单击“输出”选项卡“打印”面板的“打印”按钮。

快捷方式：在“模型”和“布局”按钮上单击鼠标右键，从弹出的快捷菜单中选择“打印”。

13.3.2.2 操作步骤

执行打印命令后，系统弹出“打印”对话框，如图 13-6 所示。该对话框与“页面设置”对话框类似，但还可以设置以下内容。

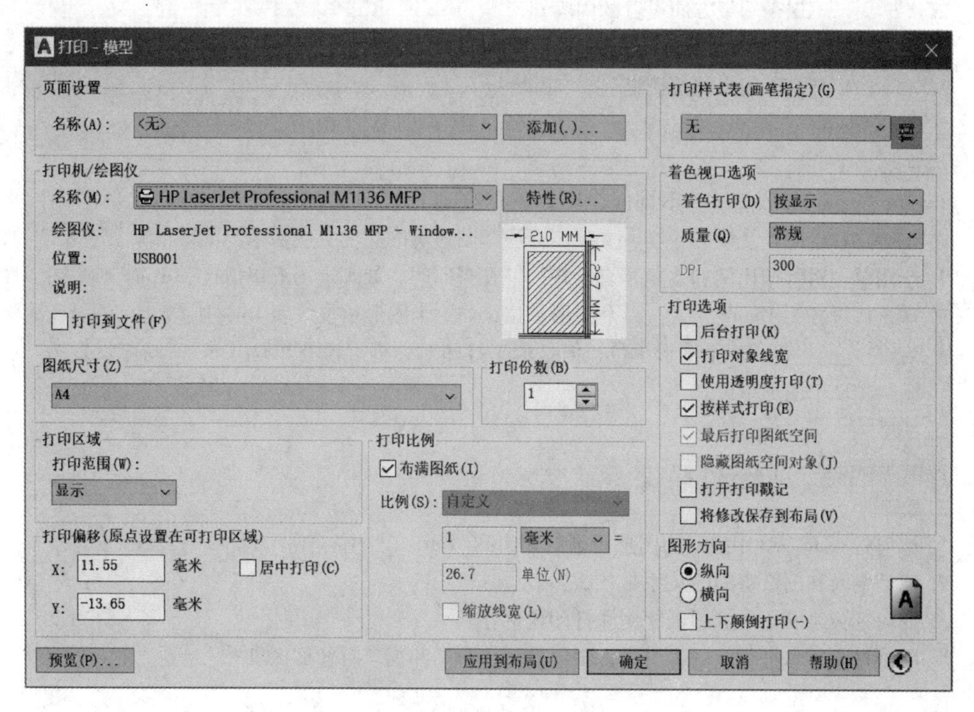

图 13-6 “打印”对话框

（1）“页面设置”中的“添加（·）”按钮可以打开“添加页面设置”对话框，从中可以将“打印”对话框中的当前设置保存到命名页面设置。可以通过“页面设置管理器”修改此页面设置。

（2）“打印机/绘图仪”选项组中的“打印到文件（F）”可以将指定的布局发送到打印文件，而不是打印机。

（3）更多的着色方式选择。单击“着色打印（D）”右侧的下拉列表可以指定视图的打印方式。“按显示”表示按照屏幕上显示的打印；“传统线框”表示以线框模式打印；“传统隐藏”表示打印消隐后的结果；“渲染”表示打印渲染后的结果。此外，还包括“概念”“真实”“着色”“带边缘着色”“灰度”“勾画”“线框”和“X射线”等选项。用户还可以通过单击“质量”选项右侧下拉列表指定着色和渲染视口的打印分辨率。草图（Draft）将渲染和着色模型空间视图设置为线框打印。

（4）“打印选项”中的“后台打印（K）”可以在后台打印图形；“打开打印戳记”可以在输出的图形上显示绘图标记；“将修改保存到布局（V）”，可以将打印对话框中的设置保存到布局中。

习　题

13-1 选择题

1. 模型空间是（　　）。

A 和图纸空间设置一样　　B 和布局设置一样

C 为了建立模型设定　　D 主要为设计建模用，但也可以打印

2. （　　）不属于图纸方向设置的内容。

A 反向　　B 横向　　C 纵向　　D 逆向

3. （　　）是打印输出的快捷键。

A Ctrl+A　　B Ctrl+P　　C Ctrl+M　　D Ctrl+Y

13-2 填空题

1. 当________与________不同时，用户就需要通过打印比例来调节，打印比例不同，就会使AutoCAD绘图环境中的长度、文字、标注和图形等的高度宽度在输出的图形中发生相应的变化。

2. 绘图单位对打印比例的选择是有影响的。在打印时，如1个图形单位代表1mm，则1∶100的打印比例设置为1mm=________个图形单位；如1个图形单位代表1m，则1∶100的打印比例设置为1________=100个图形单位，但是由于打印对话框上没有单位“m”，则应设置为________mm=100个图形单位。

13-3 练习题

使用向导创建一个新的布局。

13-4 思考题

1. 如何将AutoCAD中绘制的图形清晰的输出到Word文档中？
2. 模型空间和图纸空间的关系是什么？
3. 如何区分绘图比例、图纸比例和打印比例？
4. 图纸打印时，打印范围中窗口、图形界限、布局和视口有什么区别？

14 工程 CAD 在安全领域的应用

近年来，我国安全生产形势总体平稳，事故总量、较大事故及重特大事故数量实现“三个继续下降”。生产安全事故死亡人数从历史最高峰 2002 年的近 14 万人，降至 2018 年的 3.4 万人；生产安全事故起数和死亡人数连续 16 年、较大事故连续 14 年、重大事故连续 8 年实现“双下降”；重特大事故起数从 2001 年的 140 起下降到 2018 年的 19 起。但各种事故仍然频繁发生，死亡人数依然触目惊心，全国安全生产还处在脆弱期、爬坡期和过坎期。这些安全事故发生的原因，主要体现在安全发展理念松懈，安全基础不牢，企业安全生产主体责任落实不到位以及政府和企业部门监管不到位。其中，工程设计存在的缺陷和不规范也是导致安全事故发生的不可忽视的重要原因，甚至是直接原因。

14.1 安全生产事故中的设计问题

表 14-1 是近 10 年来我国化工和危化品、工矿商贸、消防、建筑施工、道路交通等领域的典型事故，从事故案例的原因分析中列出了与工程设计的相关原因，说明了工程 CAD 在安全生产中的重要作用。

表 14-1 典型事故案例及其与设计相关的原因

序号	事故案例	事故损失	与工程设计相关的事故原因
1	2019 年江苏响水天嘉宜化工有限公司“3·21”特别重大爆炸事故（见图 14-1）	78 人死亡、76 人重伤，640 人住院治疗，直接经济损失 198635.07 万元	1. 江苏弘盛建设工程集团有限公司规划建筑设计研究院无设计资质却出具固废仓库设计图纸； 2. 江苏中建设计研究院绘制的固废和焚烧技改项目施工图总体布置图与实际不符； 3. 盐城大丰市建设工程施工图审查中心出具的固废和废液焚烧项目施工图总图总平面图布置图与现场不符，出图手续不全
2	2018 年宜宾恒达科技有限公司“7.12”重大爆炸着火事故（见图 14-2）	19 人死亡、12 人受伤，直接经济损失 4142 万元	1. 装置未正规科学设计。该企业咪草烟和 1，2，3-三氮唑生产工艺没有正规技术来源，也未委托专业机构进行工艺计算和施工图设计； 2. 厂房设计与建设违法违规。随意变动总平面图布置设计，擅自改变设计，如调整车间层高，且不履行相关设计变更手续等； 3. 设计、施工、监理、评价、设备安装等技术服务单位未依法履行职责，违法违规进行设计、施工、监理、评价、设备安装和竣工验收

续表 14-1

序号	事故案例	事故损失	与工程设计相关的事故原因
3	2017年江苏连云港聚鑫生物科技有限公司“12.9”重大爆炸事故（见图14-3）	10人死亡、1人轻伤，直接经济损失4875万元	1. 装置未正规科学设计； 2. 厂房设计与建设违法违规； 3. 设计、监理、评价、设备安装等技术服务单位未依法履行职责，违法违规进行设计、施工、监理、评价、设备安装和竣工验收。其中，江苏中建工程设计研究院有限公司出具的安全设施设计专篇，未严格执行国家法律法规和标准规范要求。江苏智城工程设计有限公司，无相关设计和安全评价资质，非法提供项目设计及安全评价咨询服务
4	2017年北京大兴区“11.18”重大火灾事故（见图14-4）	19人死亡、8人受伤及重大经济损失	未按照建筑消防设计和冷库建设相关标准要求在民用建筑内建设冷库；冷库楼梯间与穿堂之间未设置乙级防火门；地下冷库与地上建筑之间未分别独立设计和设置安全出口和疏散楼梯
5	2016年湖北当阳马店矸石发电有限公司“8.11”重大高压蒸汽管道爆裂事故（见图14-5）	22人死亡、4人重伤，直接经济损失2313万元	厂房设计不符合标准规范要求，人员聚集的集中控制室失去安全防护作用。热电联产项目设计没有按照核准标准文件要求进行，不符合法律、法规和工程建设强制性标准要求，在对集中控制室（兼消防控制室），交接班与高温高压蒸汽管道进行布置设计时，没有考虑高温高压蒸汽管道与人员高度集中区域之间的合理避让、安全隔离
6	2015年滨州市山东富凯不锈钢有限公司“11.29”重大煤气中毒事故	10人死亡、7人受伤，直接经济损失990.7万元	1. 煤气管道工程未经正规设计，广富集团没有委托具备相应资质的单位进行工程设计。煤气管道排水器由不具备设计、设备制造资质的施工单位设计并制作，存在重大安全缺陷等； 2. 邹平县青阳镇居民李某冒用他人施工资质，违法违规设计施工煤气管道及其附属设施
7	2014年江苏省苏州昆山市中荣金属制品有限公司“8.2”特别重大爆炸事故（见图14-6）	97人死亡、163人受伤（经抢救无效陆续死亡49人），直接经济损失3.51亿元	1. 事故车间除尘系统改造委托无设计安装资质的昆山菱正机电环保设备公司设计、制造、施工安装； 2. 江苏省淮安市建筑设计研究院、南京工业大学、江苏莱博环境检测技术有限公司和昆山菱正机电环保设备公司等单位，违法违规进行建筑设计、安全评价、粉尘检测、除尘系统改造
8	2013年山东省青岛市“11.22”中石化东黄输油管道泄漏爆炸特别重大事故（见图14-7）	62人死亡、136人受伤，直接经济损失75172万元。	开发区规划、市政部门履行职责不到位，事故发生地段规划建设混乱。其中，管道与排水渠交叉工程设计不合理
9	2013年山东博兴诚力供气有限公司“10.8”重大爆炸事故	10人死亡、33人受伤，直接经济损失3200万元	项目建设和生产经营中存在严重的违法违规行为。其中，爆炸危险区域内的电气设备未按设计文件固定选型，采用了非防爆电气设备；试生产阶段供电电源不能满足《安全设施设计专篇》要求的双电源供电保障

续表 14-1

序号	事故案例	事故损失	与工程设计相关的事故原因
10	2013 年上海翁牌冷藏实业有限公司“8.31”重大氨泄漏事故	15 人死亡、7 人重伤、18 人轻伤，直接经济损失 2510 万元	翁牌公司违规设计、施工和生产。在主体建筑的南、西、北侧，建设违法构筑物，并将设备设施移至西侧构筑物内组织生产
11	2011 年“7.23”甬温线特别重大铁路交通事故（见图 14-8）	40 人死亡、172 人受伤，直接经济损失 19371.65 万元	通号集团所属通号设计院研发的 LKD2-T1 型列控中心设备设计存在严重缺陷，设备出现故障后未导向安全
12	2010 年深圳东部华侨城“6.29”重大安全事故	6 人死亡，10 人受伤	“太空迷航”在设备设计方面存在的问题包括：座舱支承系统的中导柱法兰与活塞杆之间的联接为间隙配合，使中导柱内一个直径为 16mm 的螺栓承受交变载荷，设计上没有考虑该螺栓承受交变载荷，未进行相应的疲劳验算，而且结构设计没有考虑在现场安装、维护时保证该螺栓达到预紧力的有效措施
13	G5513 长张高速公路太子庙服务区出入口路段存在严重的安全隐患	交通事故多发	整体设计存在缺陷：(1) 双向服务区与收费站互通均为一体，共用一个入口，但又未按复合型互通区分出口预告标志，导致该区间段出口预告及指路标志混乱。(2) 容量太小且行人、非机动车与摩托车通过收费站可直接进入服务区，易出现拥堵、通行混乱的现象。(3) 服务区加油站、休息区域和匝道没有有效的隔离设施和标志标线。(4) 由西往东方向服务区入口减速车道长度不够，进入服务区休息区域的车辆需掉头进入，严重影响车辆通行安全

图 14-1　江苏响水天嘉宜化工有限公司“3.21”特别重大爆炸事故

图 14-2　宜宾恒达科技有限公司“7.12”重大爆炸着火事故

图 14-3 江苏连云港聚鑫生物科技有限公司“12. 9”重大爆炸事故

图 14-4 北京大兴区“11. 18”重大火灾事故

图 14-5 湖北当阳马店矸石发电有限公司“8. 11”重大高压蒸汽管道爆裂事故

图 14-6 江苏省苏州昆山市中荣金属制品有限公司“8. 2”特别重大爆炸事故

图 14-7 山东省青岛市“11. 22”中石化东黄输油管道泄漏爆炸特别重大事故

图 14-8 “7. 23”甬温线特别重大铁路交通事故

14. 2 工程设计规范——以消防工程安全为例

设计标准或规范是所有行业设计必须遵循的规则。《中华人民共和国标准化法》将我国标准分为国家标准、行业标准、地方标准和企业标准四级。《CAD 工程制图规则》（GB/T 18229—2000）是根据我国计算机辅助设计与制图发展需要，结合国内已有机械 CAD、电气 CAD、建筑 CAD 等领域情况以及有关技术制图国家标准等资料编写而成，其规定了用计算机绘制工程图的基本规则。但实际上由于各行各业的差异性较大，CAD 标准主要以行业标准为主，其次是企业标准。本节以消防工程为例，介绍消防工程设计中涉及的规范及有关规则。

消防工程设计中，相关批准文件及资料主要包括：建设审批单位对本工程项目批准的有关文件；城市建设规划管理部门对本工程规划设计要求及红线图、建设用地平面布置图；建设单位提供的有关使用要求和生产工艺等。在设计中涉及和需要执行的法规、规范如下。

14.2.1　消防工程设计规范

消防工程设计规范具体如下：

（1）《建筑设计防火规范》（GB 50016—2014（2018 版））；

（2）《自动喷水灭火系统设计规范》（GB 50084—2017）；

（3）《消防给水及消火栓系统技术规范》（GB 50974—2014）；

（4）《火灾自动报警系统设计规范》（GB 50116—2013）；

（5）《建筑防烟排烟系统技术标准》（GB 51251—2017）；

（6）《汽车库、修车库、停车场设计防火规范》（GB 50067—2014）；

（7）《建筑内部装修设计防火规范》（GB 50222—2017）；

（8）《消防应急照明和疏散指示系统技术标准》（GB 51309—2018）；

（9）《建筑钢结构防火技术规范》（GB 51429—2017）；

（10）《建筑高度大于 250 米民用建筑防火设计加强性技术要求》（公消［2018］57 号）；

（11）《人民防空工程设计防火规范》（GB 50098—2009）；

（12）《气体灭火系统设计规范》（GB 50370—2005）；

（13）《二氧化碳灭火系统设计规范》（GB 50193—93(2010 版)）；

（14）《泡沫灭火系统设计规范》（GB 50151—2010）；

（15）《固定消防炮灭火系统设计规范》（GB 50338—2003）；

（16）《干粉灭火系统设计规范》（GB 50347—2004）；

（17）《建筑灭火器配置设计规范》（GB 50140—2005）；

（18）《城市消防规划规范》（GB 50180—2015）；

（19）《核电厂防火设计规范》（GB/T 22158—2008）；

（20）《有色金属工程设计防火规范》（GB 50630—2010）；

（21）《石油天然气工程设计防火规范》（GB 50183—2004）；

（22）《地铁设计规范》（GB 50157—2013）；

（23）《住宅建筑规范》（GB 50368—2005）；

（24）《智能建筑设计标准》（GB 50314—2015）；
（25）《老年人照料设施建筑设计标准》（JG J450—2018）；
（26）《细水雾灭火系统技术规范》（GB 50898—2013）；
（27）《关于加强超大城市综合体消防安全工作的指导意见》（公消［2016］113号）；
（28）《城市消防站设计规范》（GB 51054—2014）；
（29）《建设工程消防设计审查规则》（GA 1290—2016）；
（30）《水电工程设计防火规范》（GB 50872—2014）；
（31）《大空间智能型主动喷水灭火系统技术规程》（CECS263：2009）；
（32）《中小学校设计规范》（GB 50099—2011）；
（33）《医院洁净手术部建筑技术规范》（GB 50333—2013）；
（34）《人员密集场所消防安全管理》（GA 654—2006）；
（35）《建筑制图标准》（GB/T 50104—2010）；
（36）《建筑工程设计文件编制深度规定》；
（37）《急救中心建筑设计规范》（GB/T 50939—2013）；
（38）《房屋建筑制图统一标准》（GB/T 50001—2010）；
（39）《机械式停车库工程设计规范》（JGJ/T 326—2014）；
（40）《档案馆建筑设计规范》（JGJ 25—2010）；
（41）《电影院建筑设计规范》（JGJ 58—2008）；
（42）《博物馆建筑设计规范》（JGJ 66—2015）；
（43）《综合医院建筑设计规范》（GB 51039—2014）；
（44）《水利工程设计防火规范》（GB 50987—2014）；
（45）《坡地民用建筑设计防火规范》（DBJ61/T 93—2014）；
（46）《钢铁冶金企业设计防火标准》（GB 50414—2018）；
（47）《火力发电厂与变电站设计防火标准》（GB 50229—2019）；
（48）建设工程消防性能化设计评估应用管理暂行规定；
（49）国家其他现行有关规范规程；
（50）其他地方标准：
1）《福建省高层建筑防火设计指导意见》；
2）《重庆市大型商业建筑设计防火规范》（DBJ50—054—2013）；
3）《西安市汽车库停车场设计防火规范》（DBJ61/T 77—2013）；
4）《河南省大型商业建筑设计防火规范》（DBJ41/T 085—2008）；
5）《上海市建筑钢结构防火技术规程》（DG/TJ 08—008—2017）；
6）《江苏省住宅设计标准》（DGJ32/J 26—2017）；
7）……

14.2.2 建筑防火设计要求

14.2.2.1 工程概况说明

工程概况包括以下几点。

（1）概述项目名称、建设地点、建设单位、设计单位、用地面积、投资金额、总建筑面积、栋数等总括性指标。

（2）若有裙楼、多栋组成的应以列表的形式，列出每栋的面积、户数、层数（地上、地下）、高度、用途、停车数等分栋指标，如图 14-9 所示。

栋号	面积	户数	层数		建筑高度	用途	停车数	备注
			地下	地上				

图 14-9　建筑基本概况

（3）对于厂房、仓库等非民用建筑，除以上指标外尚应列出厂房、仓库的原料和生产产品、生产能力、火灾危险性等。

（4）该建筑的类别和耐火等级（是否符合要求，简要列举依据和理由，钢结构建筑尚应对所采用的防火隔热等保护措施进行说明）。

14.2.2.2　工艺设计

工艺设计主要针对工业建筑设置，民用建筑可不设计。工艺设计应包含如下内容。

（1）工艺流程。详细阐述整个工艺流程，使人能对整个生产工艺一目了然。

（2）主要设备选型。阐述各种厂内设备的型号，可能产生的危险性等以及采取的措施。

（3）主要物料危险性分析。对项目生产过程中的原料、辅助材料、物料反应中的中间产品及产成品进行详细列举，参照图 14-10 的形式对其进行理化性质分析。并针对该特点所采取防火措施、列出依据和理由。

（4）原材料、动力消耗定额及消耗量。可以列表的形式列举各类物料的消耗定额、月消耗量及备存情况，从而得出所在厂区各类危险物品的大致数量。并针对该特点所采取的防火措施、依据和理由。

（5）自动化水平。阐述工艺工程的自动化水平，各流水段、区域、楼层的人员密度（人数），并针对该特点所采取的防火措施、依据和理由。

（6）罐区。厂内有储罐的应阐述各类型的储罐所存物料、容积、规格、技术要求等内容，并针对该特点所采取的防火措施、依据和理由。

（7）工艺管道。阐述各工艺管道的敷设方式、管道输送介质、压力、材质及所采用的技术方案等内容，并针对该特点所采取的防火措施、依据和理由。

（8）其他对建筑物定性起影响作用的事项说明，如包装袋可燃物比例等。

序号	物质名称	分子式	相对分子质量	熔点	自燃温度	沸点	闪点	爆炸极限		空气中容许浓度/$mg \cdot m^{-3}$	毒性	备注
								下限	上限			

注：本表可根据各类物料的特性进行增补。

图14-10 主要原、辅料理化分析样表

14.2.2.3 总平面布局设计

总平面布局设计如下：

（1）该项目各栋之间的防火间距是否符合要求；该项目四周建筑物情况及防火间距是否符合要求；若防火间距不足采取了何种措施并达到了规范要求（简要列举依据和理由）。

（2）消防车道的设置（是环形还是尽端）、登高面的设置、车道宽度、高度、坡度等是否符合要求（简要列举依据和理由）；建筑物沿街长度超过150m或总长度超过220m是否设置穿过高层建筑的消防车道。

（3）其他如风向、地形等需特殊说明的问题。

14.2.2.4 建筑防火设计

建筑防火设计主要包括以下几个方面。

（1）平面布置。

1）民用建筑。

①设计项目是否存在燃油或燃气锅炉、油浸电力变压器、充有可燃油的高压电容器、多油开关、柴油发电机、消防控制室等，如何设置，它们的燃料供应设置如何，是否符合规范要求（简要列举依据和理由）。

②高层项目应阐述本项目是否存在观众厅、会议厅等人员密集场所，如何设置，是否符合规范要求（简要列举依据和理由）。

③设计项目是否存在歌舞娱乐放映游艺场所，如何设置，是否符合规范要求（简要列举依据和理由）。

2）工业建筑。

① 工业项目应阐述本项目是否存在办公室和休息室等房间，如何设置，是否符合规范要求（简要列举依据和理由）。

② 生产场所应阐述本项目是否存在液体中间储罐、中间仓库等，如何设置，是否符合规范要求（简要列举依据和理由）。

③ 甲、乙类生产场所应阐述本项目是否存在供其专用的10kV及以下的变配电站，如何设置，是否符合规范要求（简要列举依据和理由）。

（2）防火分区。

分别应阐述地下室、裙楼及其他各楼层的防火、防烟分区设置，防火、防烟分区间的分隔形式，是否符合规范要求（简要列举依据和理由）；平面上有多个防火、防烟分区的应以简图的形式显示各防火、防烟分区的布局以及大小。

（3）安全疏散。

1）安全出口，每栋楼或每个防火分区安全出口的设置形式，是否符合规范要求（简要列举依据和理由）。

2）疏散距离，各部位安全疏散距离如何，是否符合规范要求（简要列举依据和理由）。

3）疏散宽度，列出疏散楼梯、门口（出口）、走道数量和宽度的计算式，依据以及设计图实际采用的宽度，得出是否符合规范要求的结论。

4）楼梯间及前室的设置形式、大小，是否符合规范要求（简要列举依据和理由）。

5）电梯及消防电梯的数量、设置部位、载重、速度、动力及其他相关配置形式，是否符合规范要求（简要列举依据和理由）。

6）对工业建筑中，有爆炸危险的甲乙类生产厂房、仓库应阐述防爆措施的设置，泄压面积计算。

（4）避难设计。是否设置避难层、避难间，若没有则说明理由，若有则应说明设置层数、面积计算及其需要说明的问题。

（5）地下车库。有地下车库的说明地下车库的停车数量、停车形式，汽车的疏散出口设置情况，汽车出口车道宽度、距离和坡度等情况，是否符合规范要求（简要列举依据和理由）。

（6）其他。有没有存在其他功能混用的情况，如何考虑，是否符合规范要求（简要列举依据和理由）。

14.2.2.5 建筑构造防火设计

建筑构造防火设计包括以下几个方面：

（1）防火墙的设置部位等情况，是否符合规范要求（简要列举依据和理由）。

（2）建筑构件和管道井。各种管道井的设置形式，是否采取封堵措施；幕墙防火构造如何，是否符合规范要求（简要列举依据和理由）。

（3）防火门、防火窗和防火卷帘形式、开启方向、耐火极限等是否符合规范要求（简要列举依据和理由）。

（4）建筑保温材料的材质、燃烧性能、防护层厚度、防火隔离带宽度等是否符合规范要求（简要列举依据和理由）。

14.2.3 消防灭火系统设计要求

14.2.3.1 消防给水系统及灭火设备

消防给水系统及灭火设备设计如下：

（1）消防用水量的确定。根据设计工程实际，如何选用各系统的用水量，计算消防用水总量，消防水池容量等技术指标。

（2）室外消防给水管道及室外消火栓系统。室外消防给水管道的直径、设置形式，是否符合规范要求（简要列举依据和理由）；是否有室外消火栓，其形式（地上式、地下式)、数量、间距等情况，是否符合规范要求（简要列举依据和理由）。

（3）室内消火栓系统和水泵结合器。是否需设室内消火栓，其管道的直径、设置部位、间距、栓口压力等是否符合规范要求（简要列举依据和理由）；是否需设水泵结合器，其数量、部位和形式，是否符合规范要求（简要列举依据和理由）；是否需设消防水池，其设置部位、容量等情况，是否符合规范要求（简要列举依据和理由）；是否需设高位消防水箱，其设置位置、容量、最不利点水压力，消防水池的设置部位、容量等情况，是否符合规范要求（简要列举依据和理由）。

（4）自动灭火系统。是否需设自动灭火系统，有多个的应分类别分别阐述，要阐述各部位所设各个自动灭火系统火灾危险等级的确定，系统选型、设计基本参数、喷头、水泵等各组件的选型及喷头布置方式等，是否符合规范要求（简要列举依据和理由）并提供系统设计计算书。

（5）灭火器的配置。阐述设计项目火灾的种类和危险等级，以及如何选择灭火器，其依据和理由；灭火器的配置依据，是否符合规范要求（简要列举依据和理由）。

14.2.3.2 消防电气系统设计

消防电气系统设计如下：

（1）消防电源及配电。

1）所设计建筑按几级负荷进行设计，是否符合规范要求（简要列举依据和理由）。

2）一级负荷供电的后备电源如何，若采用发电机如何启动，是否符合规范要求（简要列举依据和理由）。

3）消防用电设备线路敷设、切换、用材、负荷匹配等情况，是否符合规范要求（简要列举依据和理由）。

4）消防应急电源、疏散指示和灯具的设计，是否符合规范要求（简要列举依据和理由）。

5）有爆炸和火灾危险场所尚应阐述危险区类别、等级、范围及所采用设备选型。

（2）火灾自动报警系统、应急广播和消防控制室。

1）设计工程是否需设火灾自动报警系统和应急广播系统，是否符合规范要求（简要列举依据和理由）。

2）消防控制室的设置部位，是否符合规范要求（简要列举依据和理由）。

3）若设置自动报警系统的应对系统的选型、探测器的选型、控制点的分布设置、联动等进行描述并阐述理由。

14.2.3.3 防排烟系统

先就所需设计建筑的防排烟设计进行综述，然后以下面表格的形式列出各种防排烟方式的参数和计算过程（根据实际选用表格），理由和依据。

（1）自然排烟见表14-2。

表14-2 自然排烟样表

防烟分区编号	服务区域	防烟分区面积/m^2	房间净高/m	储烟仓高度/m	清晰高度/m	有效开窗面积/m^2	排烟窗底标高/m	开启形式	备注

（2）机械排烟见表 14-3。

表 14-3 机械排烟表

风机编号	场所名称	计算排烟面积或体积 /$m^2(m^3)$	防烟分区面积 /m^2	排烟口最大允许排烟量 /$m^3 \cdot h^{-1}$	实际排烟口排烟量 /$m^3 \cdot h^{-1}$	房间净高 /m	最小清晰高度 /m	储烟仓高度/m	排风口			补风形式	补风系统编号	机械补风			系统启动方式
									名称或型号	排烟口距最远排烟点水平距离/m	安装位置			补风量 /$m^3 \cdot h^{-1}$	风机型号	数量（台）	

注：列出计算依据和计算过程，并据此得出是否符合结论。

（3）机械防烟见表 14-4~表 14-9。

表 14-4 防烟楼梯间加压送风（前室不送风）样表

系统编号	防烟楼梯间编号	设计正压值/Pa	正压送风量 /$m^3 \cdot h^{-1}$	加压风机					送风口	
				型号	风量/$m^3 \cdot h^{-1}$	风压/Pa	数量/台	安装位置	型式	工作状态（常开/常闭）

表 14-5 消防电梯间前室加压送风样表

系统编号	消防电梯间前室编号	设计正压值 /Pa	正压送风量 /$m^3 \cdot h^{-1}$	加压风机					送风口	
				型号	风量/$m^3 \cdot h^{-1}$	风压/Pa	数量/台	安装位置	型式	工作状态（常开/常闭）

表 14-6　防烟楼梯间采用自然排烟前室或合用前室加压送风样表

系统编号	前室或合用前室编号	设计正压值/Pa	正压送风量/$m^3 \cdot h^{-1}$	加　压　风　机					送　风　口	
				型号	风量/$m^3 \cdot h^{-1}$	风压/Pa	数量/台	安装位置	型式	工作状态（常开/常闭）

表 14-7　防烟楼梯间及合用前室加压送风样表

系统编号	楼梯间及合用前室编号			设计正压值/Pa	正压送风量/$m^3 \cdot h^{-1}$	加　压　风　机					送　风　口	
						型号	风量/$m^3 \cdot h^{-1}$	风压/Pa	数量/台	安装位置	型式	工作状态（常开/常闭）
	1	楼梯间										
		合用前室										
	2	楼梯间										
		合用前室										
	3	楼梯间										
		合用前室										
	4	楼梯间										
		合用前室										
	5	楼梯间										
		合用前室										

表 14-8　剪刀楼梯间加压送风样表

系统编号	剪刀楼梯间编号	设计正压值/Pa	正压送风量/$m^3 \cdot h^{-1}$	加　压　风　机					送　风　口	
				型号	风量/$m^3 \cdot h^{-1}$	风压/Pa	数量/台	安装位置	型式	工作状态（常开/常闭）

表 14-9　封闭避难层（间）加压送风样表

系统编号	面积/m^2	设计正压值/Pa	正压送风量/$m^3 \cdot h^{-1}$	加　压　风　机				
				型号	风量/$m^3 \cdot h^{-1}$	风压/Pa	数量/台	安装位置

14.3 建筑消防系统与安全设施设计实例

14.3.1 建筑消防工程设计案例

某KTV建筑面积1650m²，建筑耐火等级为一级，采用钢筋混凝土框架结构。该KTV消防工程设计依据如下。

(1) 建设单位提供的平面图。

(2)《建筑设计防火规范》GB 50016—2014（2018版），以下简称《建规》。

(3) 现行国家相关设计规范、规定、通则及云南省地方建筑设计规范、规定。

该建筑的消防工程设计专篇的内容简要说明如下。

(1) 安全疏散。根据《建规》规定，疏散楼梯该场所设置四个安全出口，疏散门设平开门，采用乙级防火门，朝疏散方向开启。

(2) 消火栓系统设计。该建筑室内消火栓系统采用临时高压给水系统，用水量按20L/S设计，火灾延续时间为2h，由原有水泵房的消防泵供给。在室内各部位设置9个消火栓箱，箱内配有口径为DN65的消火栓1个，DN65长25m的麻质衬胶水龙带1条，并设置消火栓按钮1个。消火栓系统管材采用热镀锌钢管。

(3) 自动喷水灭火系统设计。该建筑自动喷水灭火系统采用高压给水系统，用水量按25L/s设计，火灾延续时间为1h，由原水泵房的喷淋泵供给。消火栓系统管材采用热镀锌钢管，喷头采用动作温度为68℃的喷淋头。

(4) 火灾自动报警系统设计。该建筑设置有火灾自动报警系统，区域机设在电脑机房附近并通过联网卡接入该建筑原有火灾自动报警系统中，实现火警、联动信息传输。系统设有接地装置，接地电阻不大于1Ω。楼层火灾自动报警设备有感烟探测器、感温探测器、手动报警按钮、消火栓按钮、声光报警器、各类控制模块及输入模块等。

(5) 应急照明、疏散指示系统设计。应急照明、疏散指示按照二级负荷供电要求供电；疏散走道的地面水平照度不低于0.5lx，保证正常照明度；且灯光疏散指示标志间距不大于20m，在袋形走道处不大于10m，其指示标志应符合现行国家标准《消防安全标志》GB 13495的有关规定。

限于篇幅原因，本书仅给出了火灾自动报警平面图设计（见图14-11）及应急疏散平面图（见图14-12）。

14.3.2 基于BIM的应急疏散模型

由于传统CAD只能从设计层面，按照相应的设计规范表达设计者的设计意图。在实际设计中，将CAD与CAE相结合、针对具体问题和对象进行模拟和仿真已成为开展安全工程研究的重要手段。以疏散模拟为例，传统建筑安全疏散设计是通过在已有规范的基础上进行相应消防设施的设置和指标参数的设置，如：喷淋系统、消火栓系统、烟雾传感器、防火分区的划分等，从而达到控制疏散时间、保证建筑安全的目的。这种方式对于满足一般民用建筑最低疏散要求有强制约束作用，但人员疏散问题是一个涉及多参数的复杂动态过程，仅依靠参数设置等难以判断建筑设计能否满足实际疏散要求，尤其是由于人们

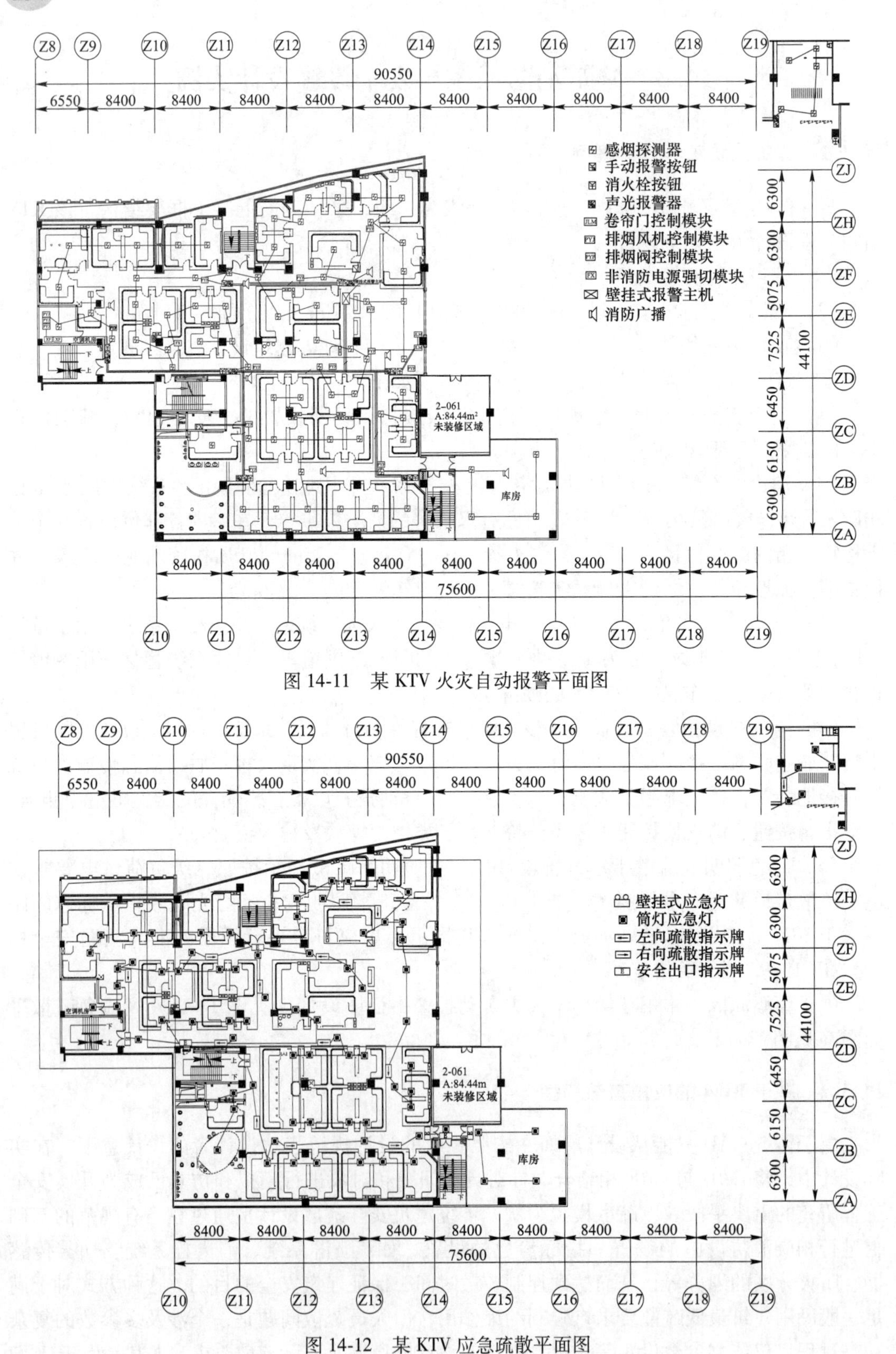

图 14-11 某 KTV 火灾自动报警平面图

图 14-12 某 KTV 应急疏散平面图

住房需求的提高，住宅建筑的楼层数也不断增加，其带来的消防安全问题也越发严峻。

近年来，将 BIM 技术作为一种新型有效的建模工具，通过建立实体与功能为一体的信息化模型，尤其是 BIM 技术所提供的准确模拟场景、疏散仿真的可靠性可以为建筑师、业主、消防部门等提供直观清晰的体验，使消防设计、疏散模拟和应急救援更加直观高效。

理论上，将 BIM 技术应用于安全疏散模拟有两种模式，一种是在 BIM 建模软件如 Revit 中附加疏散模拟模块，用以自动模拟安全疏散过程；第二种是疏散模拟模块与 BIM 模型分离的方式，具体做法是将疏散 BIM 模型中的信息抽取出来导入疏散软件中或与疏散算法建立数据链接，然后进行疏散过程的仿真模拟，如要满足可视化的最大需求，还须将疏散模拟的结果在 BIM 模型中展示出来。

如图 14-13 所示为某地铁车站火灾安全设施研究中的基础设施电梯、站台、匝机、出入口等 BIM 模型单独建立的过程。这些模型在资料收集、现场调研等基础上，采用 Revit 软件建立。

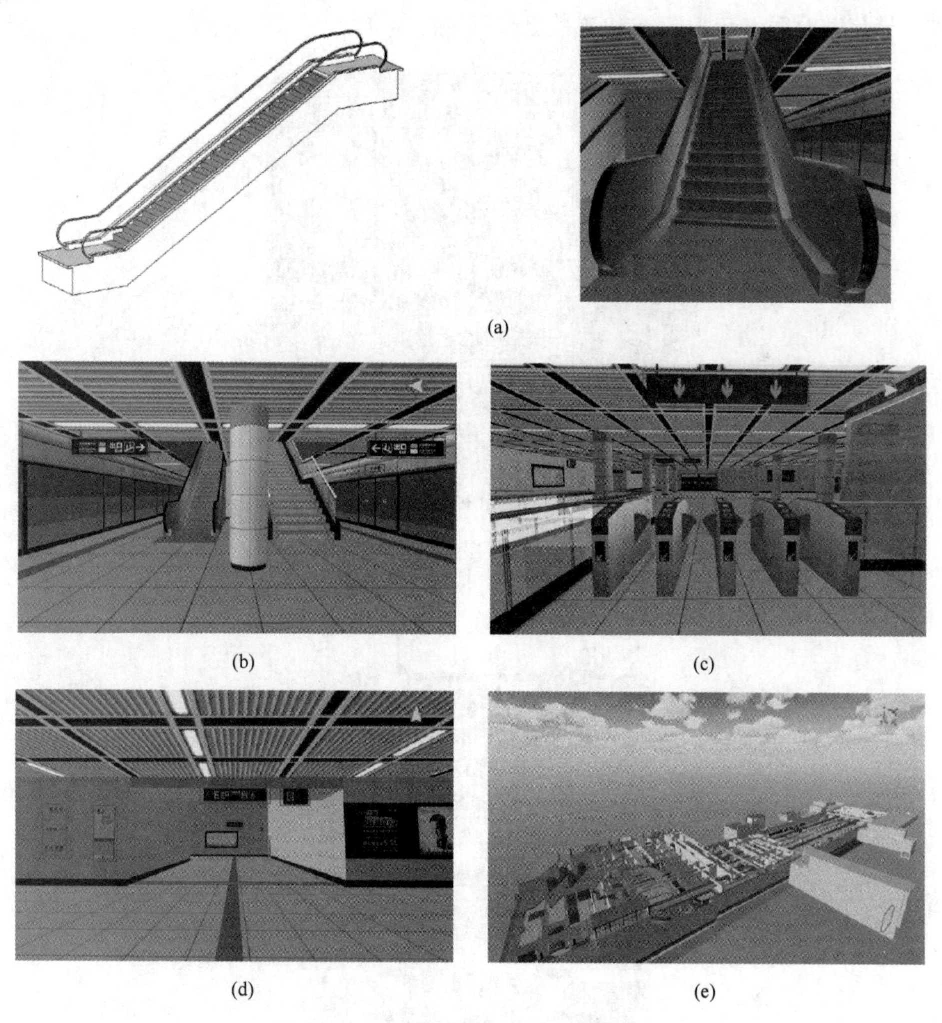

(a)

(b)

(c)

(d)

(e)

图 14-13 某地铁站建筑结构 BIM 模型

(a) 地铁站扶梯 BIM 模型渲染效果图；(b) 地铁站站台层—某端；(c) 地铁站站厅层—匝机；(d) 地铁站站厅层—出入口通道；(e) 地铁站出入口分布模型

建筑结构BIM模型根据分析的实际需要，包含了相应的信息，如尺寸大小、空间位置、材料属性等。如在Revit中建立地铁车站站厅层外墙，墙构件中可以添加构造层，并设置相应的厚度和材质信息，还可以根据建筑防火等级确定该BIM构件的耐火等级，在火灾模拟时自动将墙构件BIM模型所附带的信息转换为火灾参数信息。

图14-14为采用Revit构建的某高层住宅建筑BIM模型。该高层住宅的楼层面积$400m^2$，层高3.6m，共10层。每层楼的平面布局一致，正中间为楼梯位置，楼梯宽度为1.2m，并配置2部电梯。该高层住宅应急疏散模拟采用Pathfinder软件，通过将BIM模型导出DXF文件，再将DXF文件导入Pathfinder软件，形成初步模型。为了模型的通透性和可见性，以便观察人员逃生路线，将模型中所有外墙等结构删除，只留下平面布局。在Pathfinder软件中通过拾取相应的房间，并根据模型具体位置布置相应的门、电梯、楼梯，形成如图14-15所示的应急疏散模型。通过设置人员参数、电梯参数等约束，从而模拟分析得到人员疏散时间、疏散模式和疏散路径等模拟结果。

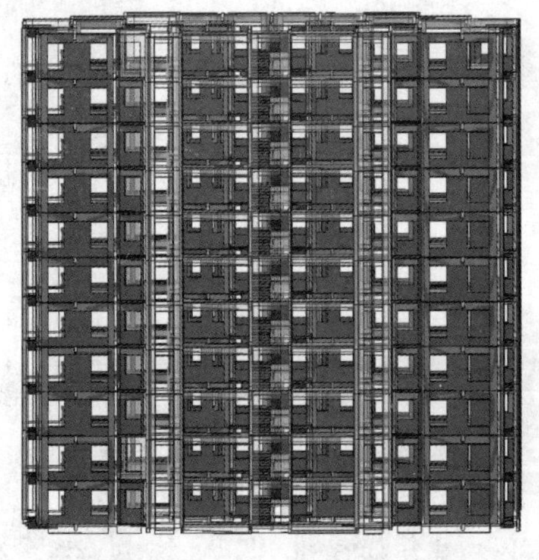

图14-14 某高层住宅BIM模型

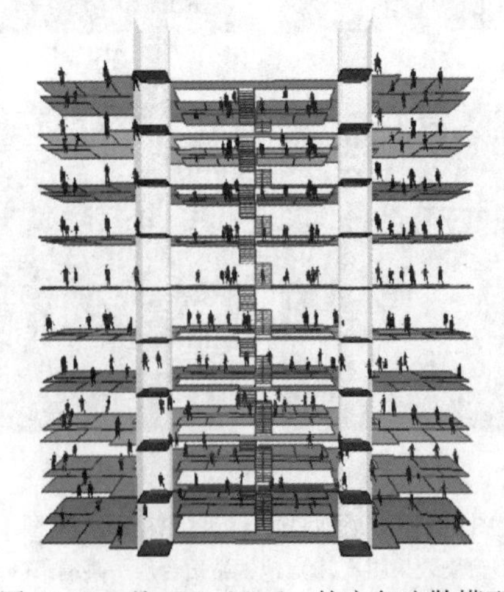

图14-15 基于Pathfinder的应急疏散模型

14.3.3 加油站配电系统设计

某新建加油站设4台30m^{3}储油罐（2台汽油储罐、2台柴油储罐），总罐容积120m^3，折合汽油90m^3，设2台4枪4油品、2台双枪双油品潜油泵型卡机连接式加油机，设计为三级加油站。限于篇幅，本书仅简要介绍该加油站配电内容设计。

14.3.3.1 设计依据

设计依据如下：

（1）《汽车加油加气站设计与施工规范》（GB 50156—2012）；

（2）《供配电系统设计规范》（GB 50052—2009）；

（3）《低压配电设计规范》（GB 50054—2011）；

（4）《爆炸和火灾危险环境电力装置设计规范》（GB 50058—1992）；

（5）《建筑照明设计标准》（GB 50034—2013）；

（6）《公共建筑节能设计标准》（GB 50189—2005）；

（7）《电力工程电缆设计规范》（GB 50217—2007）；

（8）《建筑物防雷设计规范》（GB 50057—2010）；

（9）《石油化工静电接地设计规范》（SH 3097—2000）；

（10）《建筑物电子信息系统防雷技术规范》（GB 50343—2012）；

（11）《综合布线系统工程设计规范》（GB 50311—2007）；

（12）《电子计算机场地通用规范》（GB/T 2887—2000）；

（13）中国石油天然气股份有限公司关于“中国石油加油站管理系统站级部署环境改造”技术要求（2009年版）；

（14）中国石油天然气股份有限公司《加油站建设标准设计》（2010版），建设方及各相关专业提供的设计要求等。

14.3.3.2 配电系统设计

该站用电为三级负荷，主电源引自市政电网或站内50kVA变压器。设置一台20kW发电机为站内重要负荷配电。配电系统接地型式采用TN-C-S系统，站内总空气断路器电源端接地型式转变为TN-S系统，总配电柜内引出的配电线路PE线与N线分开设置；采用放射式供电方式。

站内电力电缆和控制电缆采用铠装形式，埋深1.0m；穿墙过路出地面处穿热镀锌钢管保护，信号电缆全程穿管埋地敷设，埋深0.7m；动力、通信电缆分开敷设，两者平行敷设时，相距大于0.1m；交叉敷设时，相距大于0.25m；电缆与油管道平行敷设时，相距大于1m，交叉敷设时，相距大于0.25m；电缆与其他管道平行敷设时，相距大于0.5m，交叉敷设时，相距大于0.25m。

配电箱与电缆接头部分加电缆手套（ST-41）；液位仪与防爆密封盒之间采用三通防爆接线盒。

如图14-16所示为该加油站的配电电缆敷设设计平面图。

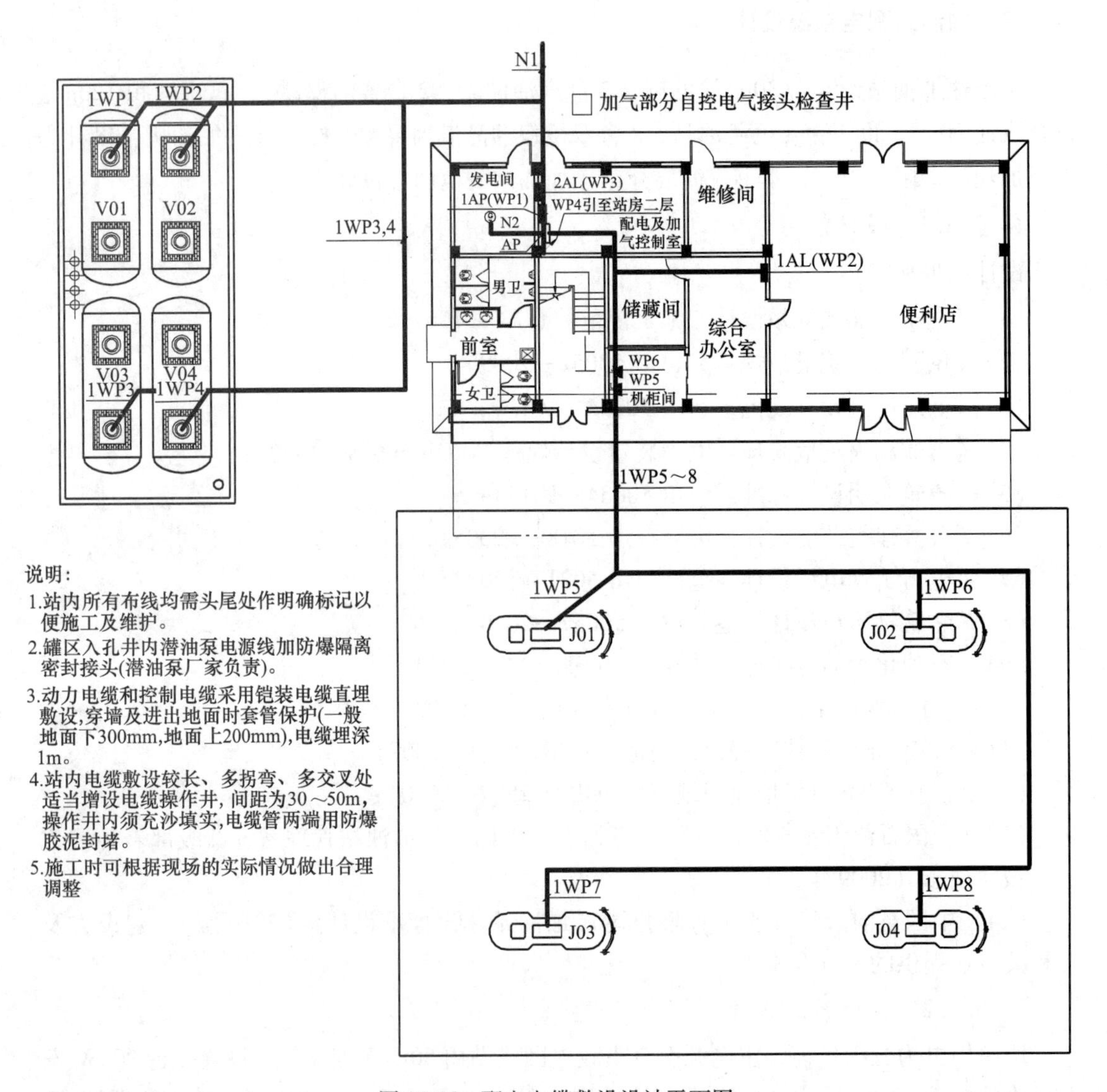

图 14-16　配电电缆敷设设计平面图

14.4　矿山安全设施及工程设计实例

14.4.1　井下避险硐室设计

避险硐室是矿山井下的主要避难场所。根据世界各国对矿井事故的调查，在火灾、爆炸等事故发生现场瞬间死亡的矿工只占事故伤亡人数的10%左右，相当一部分矿工都是因为在井下透水或火灾、爆炸后不能及时升井或逃离高温有毒有害气体现场，导致溺水、窒息或中毒死亡的，而且井下自救器又无法长时间提供氧气。因此，各国都在大力建设矿井避险硐室和研制矿用救生舱，以便为矿井发生事故无法及时撤离的矿工提供一个安全的密闭空间，对外能够抵制爆炸冲击、高温、烟气、隔绝有毒有害气体，对内能够为被困矿工提供足够的氧气、食物和水，去除有毒有害气体，赢得较长的生存时间。同时被困人员还能通过舱内通讯监测设备，引导外界救援。建立井下避险硐室，对事故幸存者来说，就是一个通向求生道路的中转加油站。矿山井下避险硐室如图 14-17 所示。

图 14-17 矿山井下避险硐室

避险硐室按服务年限可以分为永久避险硐室（见图 14-17）和临时避险硐室。永久避险硐室设置在矿井大巷或采（盘）区避险路线上，服务于整个矿井、水平或采区，服务年限一般不低于 5 年。如图 14-18 所示为某矿山的井下避险硐室设计图，该避险硐室额定人

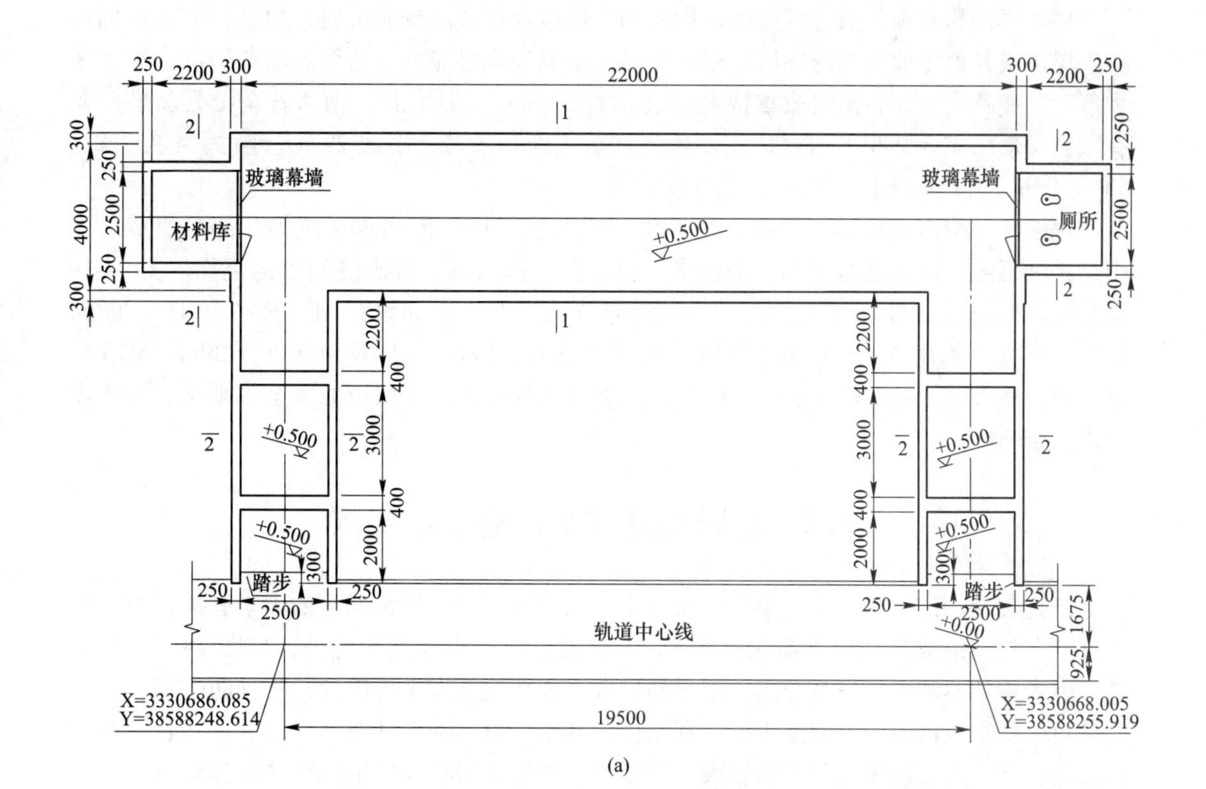

(a)

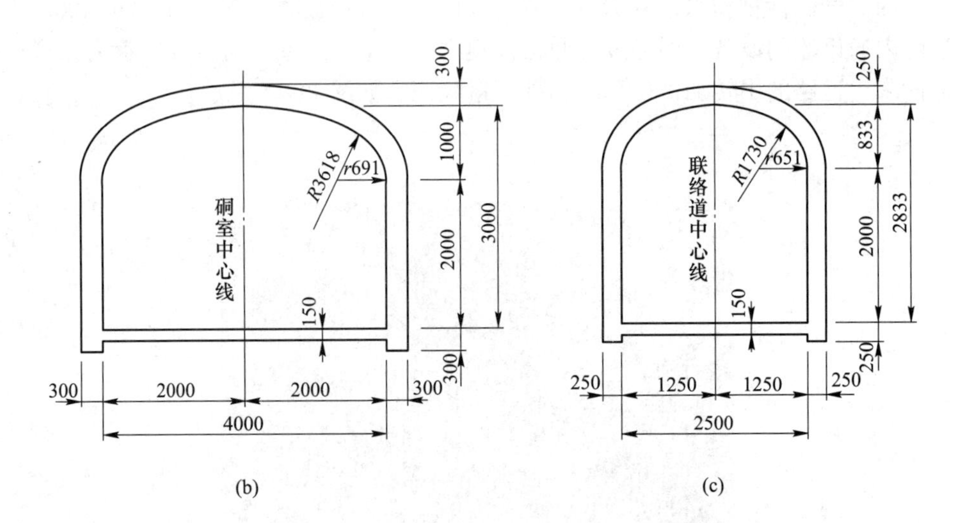

图 14-18 某矿山井下“凹”型避险硐室设计图（单位：mm）
（a）避险硐室平面布置图；（b）1—1 剖面图；（c）2—2 剖面图

数 80 人。除结构设计以外，避险硐室中还应具备安全防护、空气与氧气供给、环境检测/监测、照明及指示、动力供应、生产保障等系统。

14.4.2 尾矿库截洪沟设计

尾矿库是指筑坝拦截谷口或围地构成的，用以堆存金属或非金属矿山进行矿石选别后排出尾矿或其他工业废渣的场所。尾矿库是一个具有高势能的人造泥石流危险源，存在溃坝危险，一旦失事，容易造成重特大事故。如 2008 年 9 月 8 日，山西省襄汾县新塔矿业有限公司新塔矿区 980 平硐尾矿库发生特别重大溃坝事故，造成 277 人死亡、4 人失踪、33 人受伤，直接经济损失达 9619.2 万元。

尾矿库一般由尾矿堆存系统、尾矿库排洪系统、尾矿库回水系统等几部分组成。其中，排洪系统一般包括截洪沟、溢洪道、排水井、排水管、排水隧洞等构筑物。图 14-19 为某尾矿库排水纵断面示意图。图 14-20 为截洪沟左岸断面设计图，其坡度 1%，断面 0.7m×0.7m（右岸 0.8m×0.8m），均采用 M7.5 砌石结构；内侧及顶部进行 30mm M10 砂浆抹面，底部铺 10mm C10 混凝土垫层；截洪沟两侧用素填土回填夯实至沟帮顶，密实度要求大于 90%。

14.5 公路交通安全设施设计实例

研究表明，产生道路交通事故的原因中，约 95%的交通事故与人的因素有关；约 28%的交通事故与道路环境因素有关；约 8%的交通事故与车辆因素有关，如图 14-21 所示。三个因素中的不利条件组合起来，就容易导致交通事故的发生。因此，从预防交通事故发生的角度要积极消除三个因素中的不利条件。其中，以“人”为参考标准，通过良好的道路设计，使其能适应于人的能力极限，对于减少交通道路事故发生具有重要意义。

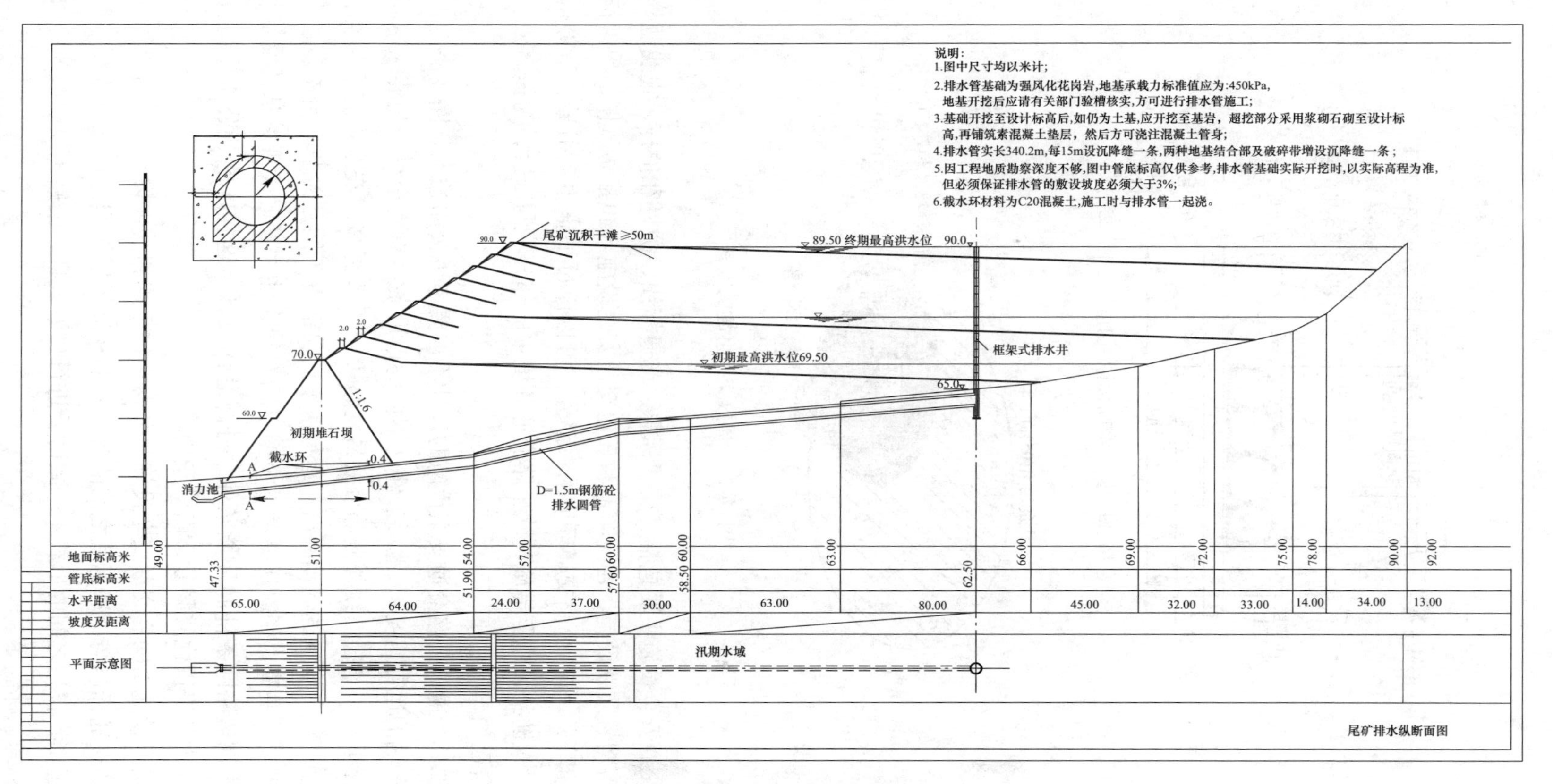

图 14-19　某尾矿库排水纵断面示意图

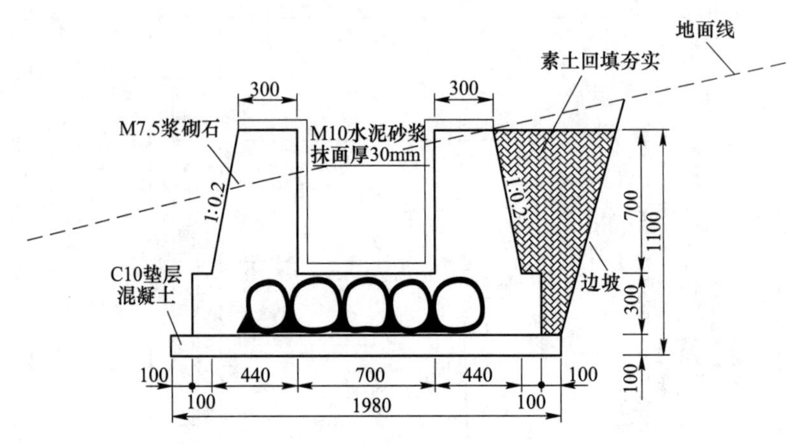

图 14-20 截洪沟断面图（比例尺 1∶25）

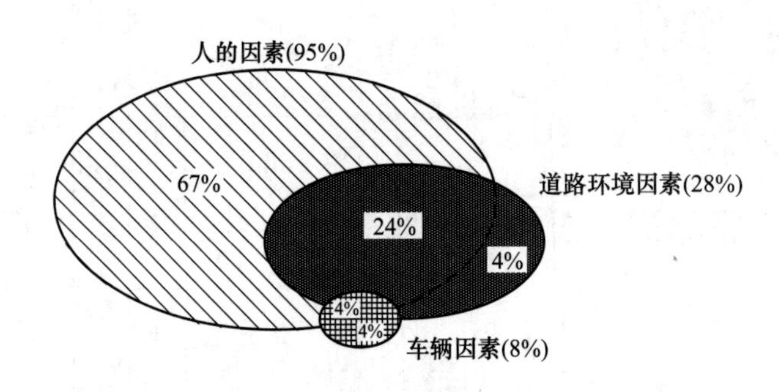

图 14-21 导致交通事故的因素

公路交通安全设施主要包括：交通标志、交通标线、护栏和护杆、视线诱导设施、隔离栅、防落网、防眩设施、避险车道和其他交通安全设施（包括防风栅、积雪标杆、限高架和凸透镜等）。作为公路交通环境的一部分，可以通过加强主动引导、完善路侧宽容设计、适度设置防护设施等措施消除公路交通环境中的部分不利因素，为提高公路交通安全水平发挥自己的作用。

为实现其功能，公路交通安全设施的设计不但要考虑公路技术条件（决定了公路的线形指标和车辆的运行速度）、地形条件（不同的地形条件对安全设施的要求不同，如山区公路长大陡坡、小半径曲线外侧等事故易发路段，要求更高的安全设施设置标准）、交通条件（车型不同，车辆的制动距离、运行速度、灵活度不同；大型车辆较多时，对护栏等设施的防护要求更高，同时还要考虑小型车辆驾驶人能否及时发现并认读交通标志），而且还要考虑周边路网条件和环境条件，进行总体设计，这样才能从公路使用者的角度出发，更好地为其提供优质服务，确保安全。

交通安全设施之间、交通安全设施与公路土建工程和其他设施之间需要互相协调、配合使用。如交通标志与交通标线之间的含义不能相互矛盾，交通标志与监控外场设备之间不能互相遮挡，护栏之间的形式不一致时要进行过渡处理，公路上设置减速丘时要设置相应的交通标志、标线等。

为满足公路使用者安全行车的需要，公路交通安全设施要具有四类使用功能分别为：主动引导、被动防护、全时保障、隔离封闭。其中，主动引导、全时保障、隔离封闭设施可以起到事故预防的作用，有效避免交通事故的发生，而被动防护设施的合理设置可以有效降低事故的严重程度。公路交通安全设施在设计时，对于已开展公路交通安全评价的项目，建议以评价结论为基础；未开展公路交通安全评价的项目，需要进行交通安全综合分析。从公路使用者的角度出发，要优先设置主动引导设施，根据实际需要，合理设置被动防护设施，以充分体现驾驶人及其他公路使用者的需求，为其安全、便捷、舒适的出行提供多方面的支持和保障。

公路在运营过程中，当路面技术指标低于规定值时，需要采取加铺、罩面等措施，使得部分交通安全设施，如护栏的高度、交通标志的高度等受到一定程度的影响，严重的会影响其使用功能。对这些情况，需要在设计时采取一定的措施，如适当增加交通标志的高度；混凝土护栏可适当加高并采用单坡型；波形梁或缆索护栏立柱适当加长并预留连接孔，也可采用迫紧器抽换式混凝土基础的方式来安装立柱。图 14-22 为常见公路护栏。

(a) 钢筋混凝土组合式护栏

(b) 波形梁护栏

(c) 缆索护栏

图 14-22　护栏

此外，改扩建公路工程需要充分考虑既有公路的交通安全运营特征，在对其进行调查与综合分析的基础上，结合改扩建后的公路条件（包括公路等级设计速度等）、交通条件、环境条件等进行交通安全设施的设计。对于既有的交通安全设施，从资源节约和环境保护的角度来说，需要合理利用并对存在的缺陷加以完善。

近年来，国内外公路交通安全设施领域的新技术、新材料、新工艺、新产品不断出现，在设计中采用时，需要注意以下几个方面的因素。

首先，需要满足安全和使用功能方面的要求，要通过有关权威机构的试验验证，符合相关标准、规范的要求。如护栏方面的产品可按照现行《公路护栏安全性能评价标准》(JTGB501) 的规定确定该产品能否达到相应的防护性能；标线涂料防眩板能否满足相关规范中规定的功能要求等。

其次，还要考虑耐久性、建设成本、养护成本、美观、防盗等因素。

在必要的条件下，需要经过现场试验段的检验。

经上述充分论证后，才可以采用公路交通安全设施的新技术、新材料、新工艺和新产品。对于经实践验证为可靠的新技术、新材料、新工艺和新产品，要积极推广使用。

14.5.1　迫紧器抽换式混凝土基础

护栏作为公路上的基本安全设施，对公路上的交通安全起着积极作用，但同时护栏本身也是一种障碍物。其中，路侧护栏的设置应遵循以下原则。

路侧护栏主要分为路堤护栏和障碍物护栏两种形式。路侧护栏的最小设置长度为70m，两段护栏之间相距小于100m 时，宜在该两路段之间连续设置。夹在两填方路段之间长度小于100m 的挖方路段，应和两段填方路段的护栏相连续。根据《公路交通安全设施设计规范》(JT J01—88)，在路侧护栏设计中，凡符合下列情况之一者，必须设置护栏。

道路边坡坡度 i 和路堤高度 h 在图 14-23 的阴影范围之内的路段。

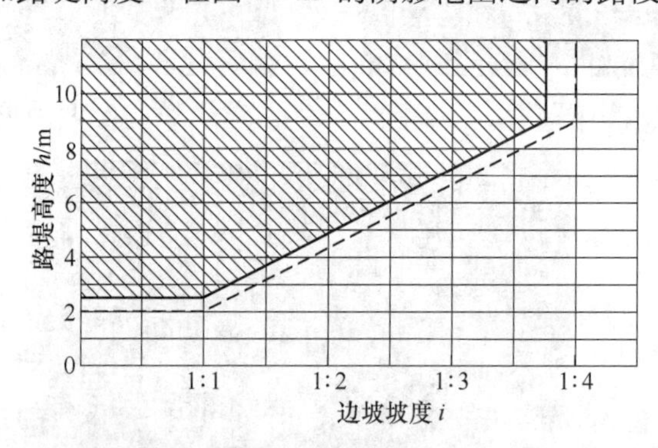

图 14-23　边坡坡度、路堤高度与设置护栏的关系

(1) 与铁路、公路相交，车辆有可能跌落到相交铁路或其他公路上的路段。

(2) 高速公路或汽车专用一级公路在距路基坡脚 1.0m 范围内有江、河、湖、海、沼泽等水域，车辆掉入会有极大危险的路段。

(3) 高速公路互通式立体交叉进、出口匝道的三角地带及匝道的小半径弯道外侧。

在需要设置路侧护栏的路段，大、中桥侧采用钢筋混凝土组合式护栏（见图 14-22 (a))，在土路基段及小桥、通道、涵洞上采用波形梁钢板护栏（见图 14-22 (b))。一般路侧护栏在土路基段采用普通型钢板护栏，立柱间距为 4.0m，在小桥、通道及设有挡土墙的路段采用加强型钢板护栏，立柱间距 2.0m。路侧护栏立柱采用 ϕ140×4.5 钢管，横梁为 310mm×85mm×3mm 变截面波形梁，护栏高度一般采用 60cm，当护栏立柱位于构造物上时，立柱应采用紧迫器链接。图 14-24 为采用铸钢材料制作的迫紧器抽换式混凝土基础示意图。

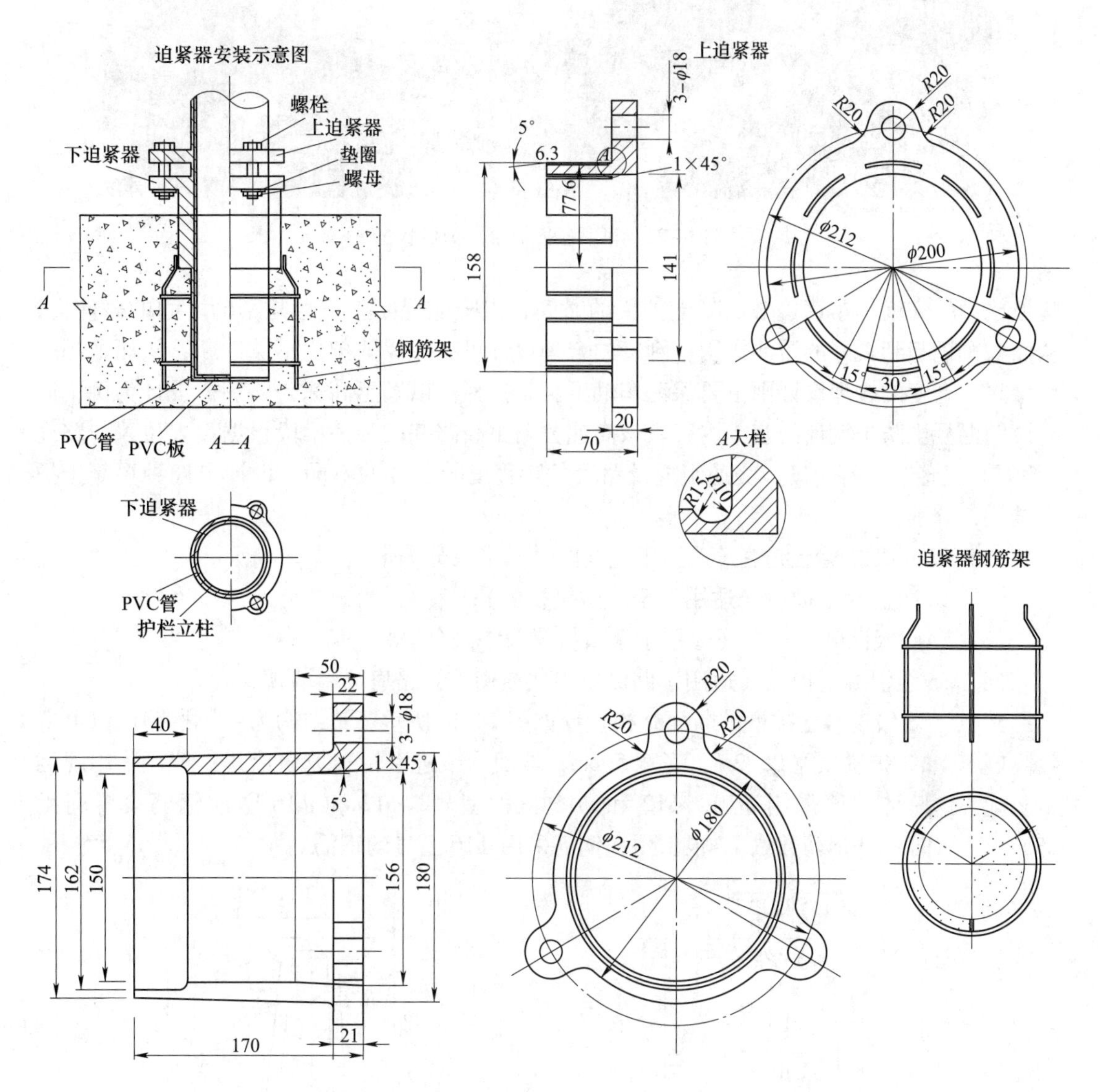

图 14-24　紧迫器抽换式混凝土基础示意图（ϕ140 规格）（尺寸单位：mm）

14.5.2　混凝土护栏设计

混凝土护栏隶属于刚性护栏结构，车辆碰撞时基本不变形，主要通过利用坡面使车辆爬升（或倾斜）并利用刚度使车辆转向来吸收碰撞能量，从而达到有效保护乘员的效果。实践表明，混凝土护栏具有防护能力强，造价与养护费用低的优点，被广泛应用，如图 14-25 所示。

混凝土护栏设计的关键技术体现在坡面、刚度和高度，坡面的合理设计能使车辆适度

图 14-25 车辆碰撞混凝土护栏状态

爬坡或倾斜来增加车辆接触混凝土护栏的时间，以降低混凝土护栏与车辆之间的碰撞力，从而对车辆起到良好的缓冲作用；刚度的合理设计可有效保证护栏不被冲断，从而抵挡车辆穿越；高度的合理设计则主要保证车辆不翻越护栏。以潮惠高速公路护栏设计为例，简要说明混凝土防护设计的基本内容。该高速公路主线路基段和桥梁段根据设置位置、路线（桥梁）线形、运行速度、交通组成及路段危险程度等条件的不同，设计了四种混凝土护栏结构，分别为：

（1）SAm 级混凝土护栏（适用于全线路基段中央分隔带）；

（2）SS 级混凝土护栏（适用于全线桥梁桥侧）；

（3）SAm 级混凝土护栏（适用于全线桥梁段中央分隔带）；

（4）SS 级混凝土护栏（适用于路侧重力式或衡重式路肩挡墙墙顶）。

其中，SS 级混凝土护栏的断面结构设计如图 14-26 所示。其结构为：护栏路面以上有效高度 1. 1m，护栏顶宽 25. 2m、底宽 50cm；坡面为改进型标准坡面形式；护栏采用现浇工艺施工。墙体钢筋采用 ϕ10、ϕ12 和 ϕ16 三种型号，ϕ12 和 ϕ16 竖向钢筋设置间距 150mm，纵向 ϕ10 钢筋数量 17 根，预埋钢筋采用 ϕ16 型号的钢筋。

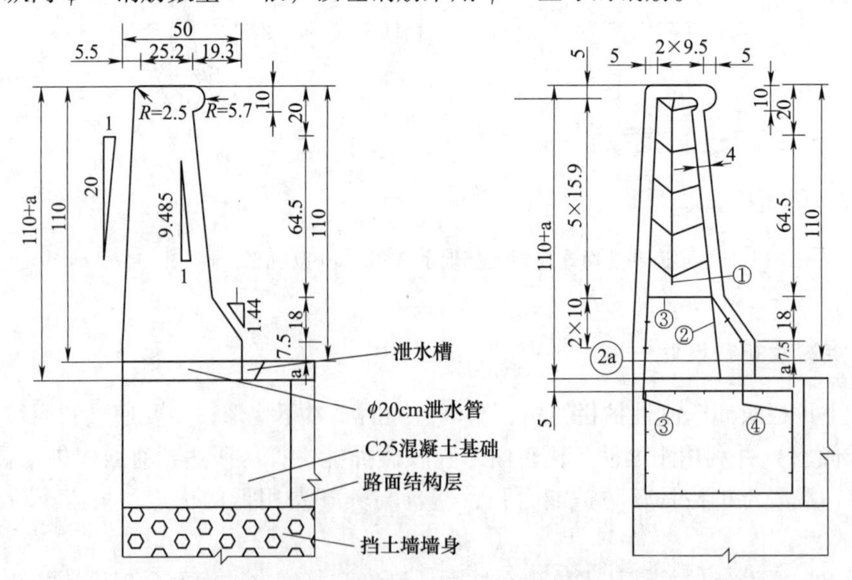

图 14-26 路基段路侧混凝土护栏断面结构布置图（单位尺寸：cm）

根据《公路交通安全设施设计规范》（JTG D81—2017）和《公路交通安全设施设计细则》（JTG/T D81—2017）中关于路侧SS级混凝土护栏的断面设计（见图14-27），可以发现，潮惠高速路公路基段路测混凝土护栏断面结构与规范规定的SS级加强型路侧混凝土护栏一致，符合规范。

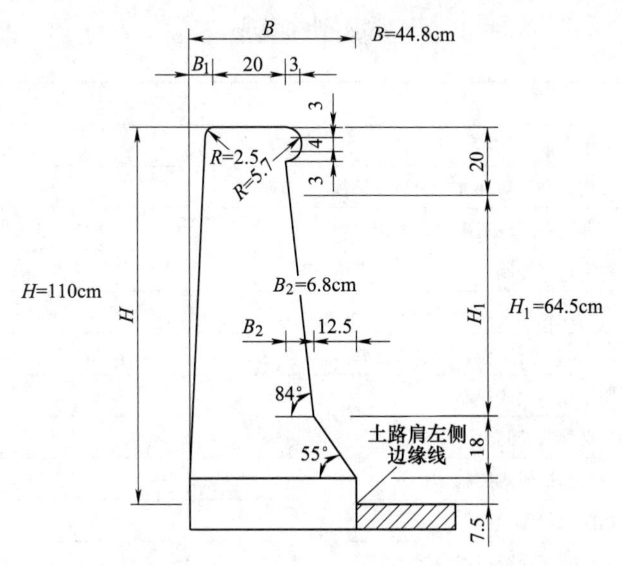

图14-27　规范中规定的SS级加强型混凝土护栏（单位：cm）

14-1　结合安全事故案例，说明工程CAD在安全工程中的重要性。

14-2　从安全工程专业的角度，阐述设计工作应遵守的基本原则。

附录　AutoCAD 2019 常用快捷键

常用快捷键

快捷键	功　　能
<F1>	显示帮助
<F2>	实现绘图窗口和文本窗口的切换
<F3>	控制是否实现对象自动捕捉
<F4>	数字化仪控制
<F5>	切换等轴测平面
<F6>	控制状态行中坐标的显示方式
<F7>	栅格显示模式控制
<F8>	正交模式控制
<F9>	栅格捕捉模式控制
<F10>	切换“极轴追踪”
<F11>	对象捕捉追踪模式控制
<F12>	切换“动态输入”
<Ctrl>+<A>	选择图形中未锁定或冻结的所有对象
<Ctrl>+<B>	切换捕捉模式
<Ctrl>+<C>	将选择的对象复制到剪贴板上
<Ctrl>+<D>	切换“动态 UCS”
<Ctrl>+<E>	在等轴测平面之间循环
<Ctrl>+<F>	切换执行对象捕捉
<Ctrl>+<G>	切换栅格显示模式
<Ctrl>+<H>	切换 PICKSTYLE
<Ctrl>+<I>	切换坐标显示
<Ctrl>+<J>	重复执行上一个命令
<Ctrl>+<K>	插入超链接
<Ctrl>+<L>	切换正交模式
<Ctrl>+<M>	重复上一个命令
<Ctrl>+<N>	新建图形文件
<Ctrl>+<O>	打开图形文件
<Ctrl>+<P>	打印当前图形
<Ctrl>+<Q>	退出应用程序
<Ctrl>+<R>	在“模型”选项卡上的平铺视口之间或当前命名的布局上的浮动视口之间循环
<Ctrl>+<S>	保存文件
<Ctrl>+<T>	切换数字化仪模式

续附表

快捷键	功　　能
<Ctrl>+<U>	极轴模式控制（<F10>）
<Ctrl>+<V>	粘贴剪贴板上的内容
<Ctrl>+<W>	切换选择循环
<Ctrl>+<X>	将所选内容剪切到剪贴板上
<Ctrl>+<Y>	取消前面的“放弃”动作
<Ctrl>+<Z>	恢复上一个动作
<Ctrl>+<0>	切换“全屏显示”
<Ctrl>+<1>	打开“特性”选项板
<Ctrl>+<2>	切换“设计中心”
<Ctrl>+<3>	切换“工具选项板”窗口
<Ctrl>+<4>	切换“图纸集管理器”
<Ctrl>+<6>	切换“数据库连接管理器”
<Ctrl>+<7>	切换“标记集管理器”
<Ctrl>+<8>	切换“快速计算器”选项板
<Ctrl>+<9>	切换“命令行”窗口
<Ctrl>+<Home>	切换到“开始”选项卡
<Ctrl>+<PgUp>	切换到上一个布局选项卡
<Ctrl>+<PgDn>	切换到下一个布局选项卡
<Ctrl>+<Tab>	切换到下一个文件选项卡
<Ctrl>+<Shift>+<A>	切换组
<Ctrl>+<Shift>+<C>	使用基点将对象复制到 Windows 剪贴板
<Ctrl>+<Shift>+<H>	使用 HIDEPALETTES 和 SHOWPLETTES 切换选项板的显示
<Ctrl>+<Shift>+<I>	切换推断约束
<Ctrl>+<Shift>+<L>	选择以前选定的对象
<Ctrl>+<Shift>+<P>	切换“快捷特性”界面
<Ctrl>+<Shift>+<S>	另存为
<Ctrl>+<Shift>+<V>	将剪贴板中的数据作为块进行粘贴
<Fn>+<Ctrl>+<F2>	显示文本窗口
<Fn>+<Ctrl>+<F4>	关闭当前图形
<Fn>+<Ctrl>+<F6>	切换到下一个文件选项卡（同<Ctrl>+<Tab>）
<Alt>+<F4>	关闭应用程序窗口
<Alt>+<F8>	显示“宏”对话框
<Alt>+<F11>	显示“Visual Basic 编辑器”
<Delete>	删除

注：在“自定义用户界面”编辑器中，可以查看、打印或复制快捷键列表和临时替代键列表。列表中的快捷键和临时替代键是程序中已加载的 CUIx 文件所使用的此类按键。

参 考 文 献

[1] 何学秋，等．安全科学与工程［M］．徐州：中国矿业大学出版社，2008.
[2] 邹玉堂，路慧彪，刘德良，等．AutoCAD 2018 实用教程［M］．北京：机械工业出版社，2017.
[3] 龙马高新教育．AutoCAD 2019 实战从入门到精通［M］．北京：人民邮电出版社，2019.
[4] 李庆华，刘晓杰．AutoCAD 实例绘图教程［M］．北京：北京大学出版社，2012.
[5] 晁阳．浅谈 CAD 技术的应用现状和发展趋势［J］．杨凌职业技术学院学报，2015，14（3）：12-14.
[6] 马德仲，刘凯辛，任锁，等．《安全工程 CAD》课程教学综合改革研究与实践［J］．高教学刊，2016（22）：138-139.
[7] 王毅坤．CAD 软件行业研究报告［J］．计算机光盘软件与应用，2014（12）.
[8] 欧阳东．BIM 技术：第二次建设设计革命［M］．北京：中国建筑工业出版社，2013：8-13.
[9] 高兴华，张洪伟，杨鹏飞．基于 BIM 的协同化设计研究［J］．中国勘察设计，2015（1）：77-82.
[10] 谢建坤，崔璨，宋嘉宝．BIM 技术在建筑安全管理中的应用研究［J］．建筑与预算，2019（3）：24-26.
[11] 吴水根，游育林．基于 BIM 与 Pathfinder 的高层住宅应急疏散模拟研究［J］．结构工程师，2017，33（4）：83-89.
[12] 秦艳．基于 BIM 的地铁车站火灾安全疏散研究［D］．武汉：华中科技大学，2016.
[13] GB/T 18229—2000，工程 CAD 制图规则［S］．北京：中国标准出版社，2005.
[14] 中国标准出版社第二编辑室．金属非金属矿山安全规程相关标准汇编［M］．北京：中国标准出版社，2009.
[15] JTG D81—2017，公路交通安全设施设计规范［S］．2017.
[16] JTG B50—01—2013，公路护栏安全性能评价标准［S］．2013.
[17] 北京中路安交通科技有限公司、广东省公路学会．潮惠高速公路混凝土护栏设计优化报告［R］．2015.